水利工程施工与河道维护

刘 磊 成锦林 彭 冲 主编

吉林科学技术出版社

图书在版编目（CIP）数据

水利工程施工与河道维护 / 刘磊，成锦林，彭冲主编. -- 长春：吉林科学技术出版社，2024.3
ISBN 978-7-5744-1088-6

Ⅰ.①水… Ⅱ.①刘… ②成… ③彭… Ⅲ.①水利工程—工程施工②河道整治 Ⅳ.①TV512 ②TV85

中国国家版本馆 CIP 数据核字 (2024) 第 057344 号

水利工程施工与河道维护

主　　编　刘　磊　成锦林　彭　冲
出 版 人　宛　霞
责任编辑　王凌宇
封面设计　周书意
制　　版　周书意
幅面尺寸　185mm×260mm
开　　本　16
字　　数　370 千字
印　　张　16.375
印　　数　1~1500 册
版　　次　2024 年3月第1 版
印　　次　2024年10月第1次印刷

出　　版　吉林科学技术出版社
发　　行　吉林科学技术出版社
地　　址　长春市福祉大路5788 号出版大厦A 座
邮　　编　130118
发行部电话/传真　0431-81629529 81629530 81629531
81629532 81629533 81629534
储运部电话　0431-86059116
编辑部电话　0431-81629510
印　　刷　廊坊市印艺阁数字科技有限公司

书　　号　ISBN 978-7-5744-1088-6
定　　价　90.00元

前言

随着国家对水利水电行业的重视并提供相关政策与资金的支持，我国的水利工程建设事业正面临着良好的发展机遇。与此同时，人们也越来越重视对水利水电建设项目规范的管理和科学的评估。

长久以来，水利工程作为我国基础的设施建设，为我国社会的稳定发展打下坚实的基础，进行水利工程建设不但可以有效抵御洪水，还能够起到蓄水的功能，帮助农业进行灌溉，使得水利工程附近地区的地区其经济水平都能得到明显的提升，可以说，水利工程是一项非常重要的工程，因此应当对水利工程的管理与建设引起高度重视，其中水利工程的运行管理是整个水利工程中非常重要的组成部分，只有对水利工程进行良好地管理，才能确保水利工程的建设目标能够实现，促进我国社会的稳定发展，进而提升我国国民经济的整体水平。另外，河道管理作为一个关键水利治理领域，几千年来，一直受到广大人民群众和历代执政者的重视，尤其是新中国成立以来，各届政府无不投入大量的人力、物力和财力，并制定严格的管理制度予以维护，取得了显著的经济效益和社会效益，保障我国人民群众的安全及利益。

本书参考了大量相关文献资料，借鉴、引用了诸多专家、学者和教师的研究成果，其主要来源已在参考文献中列出，如有个别遗漏，恳请作者谅解并及时和我们联系。本书的写作过程得到很多专家学者的支持和帮助，在此深表谢意。由于能力有限，时间仓促，编者虽极力丰富本书内容，力求著作完美无瑕，仍难免有不妥与遗漏之处，恳请专家和读者指正。

目录

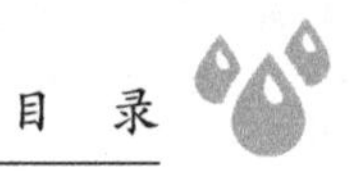

第一章
水利水电工程的发展

第一节 水利现代化

水利是国民经济社会发展的基础设施，是国家推进现代化进程的命脉、支撑和保障。因此，我国水利现代化问题是适应现代化建设而提出的，水利现代化不仅是国家推进现代化进程的重要组成部分，而且是其他部门实现现代化的支撑和保障。

一、水利现代化的内涵

水利现代化是一个综合的、发展的、动态的概念，随着整个国家现代化进程而推进。不同的历史时期、不同的经济水平，现代化的标准是不同的，随着经济发展和社会进步，水利现代化标准也是不断变化的。社会为了发展，首先要求水利建设要确保防洪安全；其次是满足社会生产发展对供水的需求。当社会的温饱问题基本解决，社会生产力已经能够满足人们生活的基本需求，人们将有多余的财力用于其他消费，且开始追求生活的舒适。其中首先被关注的就是生活空间的舒适，如居住空间、城市空间、休闲空间等，人们自然而然地会要求在水边有清洁、舒适的休闲娱乐空间。

全社会环境保护意识的加强，环境质量的改善，可进一步促进生产力的发展。当社会变得比较富裕，旅游事业有大的发展时，人们对水域周边景观将会有较高的要求。同时，可持续发展理论的提出，使人们越来越认识到保护生物多样性的重要，自觉地将保护其他生物的生存环境与保护人类生存环境视为同等重要。但现实与人们的意愿相反，由于在社会的长期发展过程中，人们已经严重地破坏了自然生态环境，因此要求在水利建设中将修

复水生态系统、改善水生态环境作为水利建设的重要内容。这需要有较大的投资，没有足够的经济基础也是难以实现的。因此，水利现代化既是社会、经济、文化、科技、管理等各个领域相互促进、协调发展的历史过程，又是一个国家或地区一定发展阶段的必然结果。它是指在水利领域，用现代的思维转变人类传统水利观念的过程，是广泛采用当今世界上先进的科学技术、现代的工艺设施、新型的仪器设备、科学的管理方法和网络化的信息系统装备和管理水利，优化配置和高效利用水资源、保护水环境、防治水污染，建立供需协调发展机制和决策科学化、信息化的管理体制，实现水资源可持续利用的过程。

随着国家现代化进程的加快，必然加快水利现代化建设，水利现代化必然与整个国家现代化存在相互依赖的关系。因此，水利现代化必然以国家现代化的目标为依据。现代化是一个涉及全社会的系统改造工程，从经济到社会、从社会到个人、从物质到精神、从宏观到微观都将发生质的变化。现代化理论既能够对“自然—经济—社会”这个复杂巨系统的演化规律进行深刻的揭示，又能反映当今信息时代的鲜明特征，是一个规范性和价值判断范畴。

水利现代化内涵不仅包括水利部门生产力的发展，而且包括生产关系的调整和变革。但在经济社会的不同发展阶段，不同经济水平下，社会对水利的要求是不同的。国家全面建设小康社会与基本实现现代化建设，对水利现代化建设提出了新的目标和任务。要搞好水利现代化，首先要有治水思想和观念的现代化。没有现代化的观念，就不会有现代化的水利。其次是水利现代化要有经济实力作为支撑。只有当经济发展到一定阶段，才会有水利现代化的要求和建设水利现代化的可能。由于我国特定的自然地理条件和气候与水文特点，决定了水利与经济社会发展的密切关系，决定了水利现代化在国家现代化进程中的基础、命脉、保障地位，主要表现在饮水安全、经济安全、社会安全、食物安全、维护良好生态与环境等各个领域，最终还是体现在水利设施的综合能力，综合能力决定了水利对支撑和保障经济社会和环境协调发展可能达到的发展水平。因此，全面建设小康社会和推进国家现代化的进程必然要求加快水利发展的步伐，加快水利现代化进程。

二、国家水利现代化的评价指标体系的设置

现代化评价是一项复杂的系统工程，是一个对动态的评价过程，评价方法包括定性评价、定量评价和综合评价。定性评价比较全面，但人为因素较多；定量评价比较客观，人为因素较少，数据来源稳定，主要反映水利的现代化程度，具有较高的可检验性，但数据来源受统计资料质量影响很大。

评价指标必须具有统计资料的可靠性、可操作性和可对比性，各地应根据全国统一的评价指标，评价各自的水利现代化的进程。统一标准的评价指标权重相同，不存在“大小”“高低”“强弱”的差异，这样可以通过对比，获取各自的优势和不足，便于调整各

自的发展重点。

（一）指标体系设置原则

坚持可持续发展和科教兴国战略，体现以人为本，着眼于全面、协调发展；体现富裕度、安全度、舒适度、文明度的有机结合；注重社会、经济、生态环境三者效益的兼顾；简明、综合，具有科学性与可操作性；定性与定量评价相结合；具有代表性和可比性。

（二）资料来源及指标确定方法

为使评价指标具有可操作性，主要指标资料从水利统计年鉴资料中选取；少数指标从国家统计年鉴资料中选取，以保证指标可靠真实，应组织有关专家共同进行分析筛选评估审定。

（三）水利现代化的定性目标

为了全面、综合反映水利现代化达到的实际水平，体现不同条件下、不同类型地区的现代化模式，从定性上我们归纳为10个方面：

（1）水利基础设施建设基本达到国家审定的规划目标，基本实现水资源开发、利用、配置、节约、保护的一体化，工程布局合理，设施功能完备，城乡供水、防灾减灾、水安全保障及其应对机制体系比较完善；

（2）基本满足国民经济发展对水的需求，逐步走向水资源可持续利用，逐步实现“人与水”和谐，水资源与经济社会协调发展；

（3）水利发展机制比较完善，建立和健全投资体制、水价机制、良性运行机制，基本适应社会主义市场经济体制；

（4）生态与环境保护能力显著提高，水土流失减少，水环境有明显改善；

（5）依靠科技创新和技术进步，基本达到信息通畅、管理高效、运行安全；

（6）统筹城乡水利建设，缩小城乡、东中西部地区水利发展的差距；

（7）水管理及其管理人员能力建设显著提高；

（8）水资源及涉水事务的统一管理体制基本形成；

（9）水法规监测、监督体系比较健全；

（10）水文化及水利人精神文明建设得到健康发展。

为保证上述10个方面内容的实施，需要构建十大体系：饮用水安全保障体系；防灾减灾水安全及其应对机制保障体系；水资源配置网络体系；水环境与生态保护体系；区域和城乡协调发展保障体系；科技进步与创新保障体系；水管理和社会管理与公共服务保障体系；水法规和监管保障体系；投入保障体系；精神文明建设保障体系。

三、国家各行政区水利现代化的综合评价

根据我们对全国各行政区水利现代化定量评价的分析，我国各省、市、区间现代化水平实现程度存在着明显的差距。国家明确了21世纪中叶国家基本实现现代化的整体目标，通过努力，中国水利在21世纪中叶有可能基本实现水利现代化。水利现代化的进程要与国家基本实现现代化的进程同步。就全国而言它是平均情况的评价，由于地区间差异性很大，因此，全国宜采取分区、分期推进实现水利现代化水利战略。各地应根据各自的自然、经济、社会等现实条件考虑，以经济社会和水利条件为基础，制定切实可行的目标以推进水利现代化进程的战略。

四、关于水利现代化及其评价指标的几个问题

水利现代化建设不是封闭式的，而是要在国家整个现代化进程的大背景下，制定水利现代化的指标体系，与全国、全省及其他相关部门的现代化进程相衔接，因为水是整个经济社会发展的重要支撑和保障。

水利现代化的实施是否应分地区制定不同的指标呢？笔者认为现代化应当是统一的综合指标，各地可以根据当地实际情况在综合评价指标中通过二级指标或在二级指标中采取不同的权重来体现，但水利现代化必须与当地经济社会发展水平相匹配。

水利现代化建设是纲要性质的，是制定规划的基本依据，规划是按纲要制定的。因此，水利现代化建设不要等同于水利发展规划；有些是工程标准，属于设计规范要求的，也不要与现代化指标混淆。现代化应当是一个动态的、纲领性的、综合性的、反映现代化水平的指导性文件。现代化的评价指标也是综合性的，比如，上海在制定自来水指数时，是由五项指标评价组成的，即供水量、供水平均服务压力、管网综合合格率、出厂水平均浊度、管网水平均浊度。

水利现代化的指数是反映现代化水平的指标，不要与工作目标混为一谈，比如，水行政许可、审批（审查）率要达到100%，水事纠纷的调查处理率和水事案件的办结率均要达到90%以上。这样的指标在不是实施现代化的地区也应该达到。

从国际上的经验来看，水利上有三项指标是能直接反映现代化水平的。一个国家的年人均综合用水量是衡量一个国家经济发达水平的指标；用水结构是衡量一个国家工业化程度和生活水平的指标；单方水的效益是衡量一个国家科技水平的尺度。

现代化指标指数的制定应以水利统计资料为基础，经过筛选后，选择能直接反映现代化水平的指标，以权重形式，按百分制打分形成综合评价指数。虽然综合指数评价复杂一些，但能综合反映现代化的水平。现代化指标的制定并非越高越好，应当是体现进入现代化建设底线（或进入现代化门槛的指标）的指标。

现代化水利体系和评价指标，从定性和定量这两个方面评价就能充分反映水利现代化的实际水平。但现代化指标不宜过多、过于复杂，应切实可行，具有可操作性。有些指标不是本行业为主体的，应尽可能不列入本行业的指标体系，比如绿化指标等。

中国地域辽阔，南北差异性极大，南是涝，北是旱。南方水多，北方水少，防洪、灌溉、排水和供水都不一样，因此指标体系采取综合评价，主要是体现水利行业在一定时期内的综合水平，是推进水利现代化进程必不可少的标志，达到这些目标就表示水利开始进入现代化的行列。

关于现代化建设的过程，有的将评价指标分为起步、初步和基本实现现代化三个发展阶段，分别制定发展指标。笔者认为既然现代化是一个动态的发展进程，在制订指标时应以底线为指标，即进入现代化进程的起始目标为基准即可，作为规划可以按照现代化建设的纲要目标，制定具体实施的步骤。各地水利现代化的进程，应由各地根据自己的条件和各地发展的规划目标制定。

第二节　水利与经济社会发展

一、水利经济

水利经济是国民经济的一个重要组成部分。水利经济的核心是研究水利与国民经济发展的关系，使水利事业能以较少的投入获得较多的产出，获得尽可能大的经济、社会和环境效益，促进国民经济健康快速地向前发展。

（一）水利经济的性质、任务和内容

要了解水利经济的性质，首先要明确水利事业的性质。水利是国民经济发展最根本、最重要的基础设施。没有水就没有一切，水不仅是农业的命脉，也是工业和整个国民经济发展的基础。水利包括了两类不同性质的事业，一类属于纯社会公益性和半社会公益性，纯社会公益性的如防洪、除涝等，半社会公益性的如灌溉、水土保持等；另一类属于经营性事业，或称不属于完全市场竞争意义上的产业，如水力发电、城镇工业和生活供水等。过去有人误认为水利事业的发展可以走“以水养水”或者水利产业化的道路，其实这是行不通的，也是不对的。水利从整体上讲不是一个产业部门，不是企业，不可能自负盈

亏，整个水利不可能实现产业化。所以，水利是一个特殊的事业部门。

水利经济研究的任务，就是把水资源与国民经济和社会发展紧密联系起来，进行综合开发，科学管理，最大程度地发挥水利事业的经济、社会和环境效益。

根据水利经济的性质和任务，其研究内容是水资源的开发、利用、治理、优化配置、节约和保护的发展战略及措施，使其更好地促进国民经济的发展。

（二）水利效益及其特性

经济效益是水利建设项目决策的重要依据。在谈经济效益之前，还要谈一下经济效果，所谓经济效果就是对人们各种社会实践活动在经济上的合理性程度的评价。经济效果有好有坏，如果经济效果中的有益部分（即经济效益）大于消耗的费用，即“得”大于“失”，说明经济效果是好的。否则，就得不偿失，经济效果就差。有人常把经济效益和经济效果混淆，其实效益与效果是两个不同的概念，效果有好有坏，有“得”有“失”，而效益则指“好”的效果和有“所得”，不包括“坏”的效果和“所失”。

在经济学中，经济效益是指物质资料生产部门在生产和再生产过程中，活劳动、物化劳动和劳动成果的比较，也就是投入与产出的比较，要以尽量少的投入获得尽量多的产出。

1.水利效益分类

水利效益包括经济效益、社会效益和环境效益三大类，按其表现形式还可分为直接效益和间接效益、有形效益和无形效益、正效益和负效益。

经济效益指通过修建水利工程或采用非工程措施，给国家和地区或单位所带来的经济效益，如减免洪、涝灾害的经济损失，发展灌溉提供城镇工业和生活用水、修建水电站、改善航运条件、发展水产养殖等取得的各种经济收益。经济效益又可分为国民经济效益和财务效益两种。前者指从国家和社会角度，所获得的各种有形和无形效益，后者是指企业法人或工程管理单位所得到的财务收益。

社会效益是水利工程设施在保障社会安定和促进社会发展中所起的作用，如提供更多的就业岗位，提高人民的生活水平；避免或减少疾病的发生，改善卫生和劳动条件，提高人民的健康水平；减少水旱灾害带来的颠沛流离和生命威胁，保护国家和人民财产安全，有利于社会的安定团结；以及促进文化、科学、教育等事业的发展，推动精神文明建设。

环境效益主要指水利工程设施在维护和改善生态环境方面所获得的效益，如改善水质、改良土壤、美化环境，以及调节和改善地区小气候等。

上面所说的都是正效益，但水利工程在实施过程中和实施以后，有时也会带来一些负效益。有些负效益甚至是比较严重的、长期性的，需要在工程的可行性研究中仔细研究，设法避免或减轻，例如：由于兴建水库造成的淹没损失和移民搬迁。有些淹没往往涉及文

物景观和生态环境，而大量的移民搬迁又常常损害了移民的利益，长期降低了他们的生活水平。我国迄今仍有数百万移民生活困难，安置遗留问题没有得到解决，这就是例证。此外，水利工程的兴建，往往占用了宝贵的土地资源，有时还对铁路公路、电力、电信和厂矿企业造成很大影响和损失等。下面再简要说明一下直接效益和间接效益，有形效益和无形效益。

直接效益和间接效益。直接效益指兴建水利工程后，给国家和人民带来的直接效益，如减免水旱灾害、水力发电、城镇工业和生活供水等；间接效益指修建水利工程后，给国家或地区带来的间接好处，如增加的税收、减少国家对灾区补贴救济款以及对社会、生态环境、政治等方面带来的有利影响等。

有形效益和无形效益。有形效益指可用实物指标或货币指标表示的效益；无形效益指不易定量的，不能用实物或货币数量表示，只能用文字加以描述的效益。例如，防洪工程可以大量减免洪灾造成的人员伤亡和疾病、瘟疫流行；供水工程可以改善人民的卫生条件，减少疾病、促进精神文明建设等。

2.效益指标和特性

水利经济的效益指标可分为以下三类。

水利效果指标：指常用的水利工程除害兴利能力指标，如：提高防洪和治涝标准，增加防洪和兴利库容，增加供水量、灌溉面积、发电能力和通航里程等。

实物效益指标：指水利工程给社会增加的实物量，如：粮食和经济作物数量，水果、林木、蔬菜数量，发电量，客货运量等。

货币效益指标：指可以用货币来表示的上述各项效益指标，如减少洪涝灾害经济损失的货币数值、灌溉增产的货币数值、发电量增加的货币价值等。水利经济效益主要有以下几个特性。

（1）随机性

由于各年的水文情况不同，有的年份水多、有的年份水少。防洪治涝工程逢大水年份效益大、遇小水年份作用小，甚至没有发挥效益。灌溉工程在旱年增产多、在丰水年份增产少。还有一些工程设施，如水库的非常溢洪道，只有在特大洪水年才会使用，在一般年份都闲置不用，没有丝毫效益。

（2）综合性

大型水利工程往往是多目标开发的综合利用工程，具有防洪、灌溉、排水、城镇工业和生活供水、水力发电、航运、旅游等多方面的功能。这些功能产生的效益之间往往又互相影响，如防洪库容（防洪效益）过大就会影响发电、供水效益，因此，需要进行投资分摊以及全面的综合分析论证，选出综合效益最大、投资相对较小的最优方案。

（3）政策性

水利工程是国民经济的基础设施，关系社会各部门、各方面的利益。水利事业涉及许多政策问题，如国家的财政体制、税收政策、市场经济中的价格波动等。在经济评价和方案选优时，对各类问题都要仔细分析研究，采取对策，避免失误。

（4）可持续性

水利规划必须重视水资源的可持续利用，这是我国经济发展的战略问题，其核心是提高用水效率，防治水污染，搞好流域水资源的合理配置，协调好生产、生活和生态用水的关系；要大力发展节水型农业、工业和服务业，建立节水型社会，抓紧治理水污染，实现水资源的可持续利用。

（三）水利项目的经济评价

经济评价的目的，就是根据经济效益的大小对各种技术上可行的方案进行评价和选优。这就是在满足社会主义建设需要的条件下，为达到同一目的，用相同的投入，获得最大的产出；或者用相同的投资，获得最大的经济效益，或者为获得一定量的产出（效益），选择投入为最小的方案。

对国民经济建设来说，为了满足同一个目的，可以拟订各种不同的技术方案。例如，为了满足对电力的需要，可以在不同坝址修建水电站，也可以修建火电站或核电站，或者采用水、火、核电站的综合方案。又如，为了解决华北平原的缺水问题，可以采用东线南水北调工程方案，从长江下游江苏江都水利枢纽开始，大体上沿古老的大运河路线，沿途修建十多个低扬程的梯级泵站，在东平湖附近穿过黄河将长江水送到华北；也可以从中游丹江口水库自流引水穿过黄河送水到华北；还可以采用西线引水，即从长江上游的大渡河、雅砻江、通天河等支流引水；甚至可以设想采用以色列、科威特海水淡化的办法，在华北沿海把海水淡化后送水到华北。总之，解决华北缺水的方案很多，这就需要从技术可能性、经济合理性等方面进行综合分析和评价。

当然，对任何工程方案来说，首先要研究工程投资能否得到偿还，资金的收益是否合算，这就需要进行工程方案的财务评价。目前国内外水利工程采用的财务评价方法有不考虑资金时间价值的静态经济分析方法和考虑资金时间价值的动态经济分析方法。为了加速资金周转，加快基本建设速度，提高经济效益，动态经济分析是目前公认的一个好方法。静态经济分析有效益系数、还本年限、抵偿年限和计算支出最小等四种方法，前两种方法的计算成果可以作为某一个方案的经济指标，后两种方法的计算成果可以作为两个方案或多个比较方案的经济指标。

动态经济分析有效益费用比、净（效益）现值、内部收益率、贷款偿还期、投资回收期等方法，各种方法的计算成果也就是工程方案的经济指标。

静态经济分析方法不考虑资金的时间价值，资金使用者可以不承担资金积压的经济责任，存在很大的弊端。因此，我国现行的经济评价方法以采用动态分析为主，静态分析为辅。因为静态分析方法简单直观，有的地方仍然采用，也符合现行财务制度规定。采用动态经济分析法时，对参与比较的各个方案或同一方案的不同工程，不论开工时间是否相同，都应按选定的同一基准年（点）进行时间价值的折算。因为不同时间的资金，其价值不同，为使参与比较的各个方案或同一方案的不同工程，对不同时间的资金可以进行比较，可将不同时间的资金，用社会折现率或资金来源利率或财务基准收益率（国家计委规定的社会折现率为12%，水利部规定的财务基准收益率为10%），折算成同一基准年的现值，然后进行比较。

1.国民经济评价和财务评价

经济评价包括国民经济评价和财务评价两部分，这两部分的评价，各有其任务与作用，其主要区别是：

（1）评价角度不同

国民经济评价是从国家整体角度来考察项目需要国家付出的代价和对国家的贡献，即国民经济净效益，据此评价项目的经济合理性。财务评价是从财务角度，考察项目财务收支和盈利状况及借款偿还能力，研究项目的财务可行性。

（2）效益和费用的含义及内容不同

财务评价的效益是指项目实施后，财务核算单位的实际财务收入，其费用是指财务核算单位的实际财务支出。国民经济评价是站在国家的立场上，研究项目实施后国家所能获得的效益（包括直接效益、间接效益、有形效益、无形效益）和国家为此付出的代价（耗费的资源）。基于此，属于国民经济内部转移的税金、利润、国内借款利息以及各种补贴等，均不应计入项目的费用或效益。

（3）评价采用的价格不同

财务评价对投入物和产出物均采用财务实际支付的现行价格。国民经济评价则采用符合产品价值的影子价格。

（4）评价参数不同

国民经济评价采用国家统一测定的影子汇率和社会折现率，财务评价则采用实际支付的汇率和财务基准收益率或资金来源利率。

由于上述区别，两种评价有时可能得出相反的结论。一般情况下，财务评价和国民经济评价都合理可行的方案，才能被通过。国民经济评价结论不可行的项目，一般应予否定；对某些国计民生急需的项目，如国民经济评价合理，而财务评价不可行，应重新考虑替代方案，使项目既能满足国民经济发展的需要，又具有财务生存能力。

2.经济评价指标和评价准则

（1）国民经济评价

水利建设项目的国民经济评价，可根据经济内部收益率、经济净现值及经济效益费用比等评价指标和评价准则进行。

（2）财务评价

水利建设项目的财务评价，可采用财务内部收益率投资回收期、财务净现值、资产负债率、投资利润率、投资利税率、固定资产投资借款偿还期等指标。

（四）水利项目的社会和环境评价

1.水利项目社会评价

（1）水利建设项目社会评价的作用

水利是国民经济的基础设施，它与国民经济、社会发展及人民生活密切相关，社会各行各业和人民生活都离不开“水”，因此对水利项目进行社会评价更加重要。其主要作用有：

①有利于国家与社会发展目标的顺利实现。做好项目的社会评价，实现项目与社会相互协调发展，可以促进社会进步、促进宏观调控和社会效益不断提高，拉动经济增长，有利于国民经济与社会发展目标的顺利实现。

②有利于国民经济的可持续发展。进行社会评价，可以减少或避免社会风险，提高项目效益的可持续性。在社会评价中开展收入分配分析，设置地区分配效果指标，有利于贯彻国家的社会发展和地区经济的有关政策，促进老、少、边、穷地区经济发展，从而推动各地区经济均衡发展，有利于社会稳定，有利于可持续发展。

③有利于提高项目决策水平。开展社会评价，可以提高项目决策的科学水平，有利于提高投资效益，可以避免或减少决策失误，有利于选择经济效益、社会效益、环境效益兼顾的最优方案。

④有利于非自愿移民和扶贫移民的妥善安置。开展项目社会评价，实行公众参与项目的决策立项，广泛听取移民群众的意见，大家共同协商共同调研，避免强迫命令，这样必然有利于移民安置工作。

⑤有利于吸收外资，促进水利事业的发展。开展社会评价，是世行、亚行等金融机构的要求。只有做好社会评价，才能吸引外方投资或贷款。

（2）水利建设项目社会评价的内容和方法

水利建设项目社会评价的内容可分为社会环境和社会经济两方面。

社会环境方面：包括项目对社会安定、公平分配、人口、就业、妇女、儿童、文化、教育、卫生、扶贫、脱贫等方面的影响。

社会经济方面：包括项目对国家经济发展目标的影响，对流域经济、地区经济发展的影响，对农业、工业、交通、运输、电信、林业、牧业、副业、渔业、旅游事业的影响，对科学技术进步的影响以及对其他社会经济方面的影响。

在从事社会环境和社会经济方面的研究时要特别重视群众“参与”，走群众路线，注意做好项目与国家、地区发展，当地人民需求等社会相互适应性分析，并研究项目可能遇到的社会风险、对项目受损人民群众的补偿措施以及项目的可持续性研究等。水利项目社会评价的方法主要是在定量与定性分析的基础上，采用有无（项目）对比分析法和多目标综合分析评价法。

有无对比分析法是指有项目情况与无项目情况的对比分析，在分析中要注意它和前后对比分析法是不同的，前后对比分析法是指项目前和项目后对比分析，这种分析方法不能用于社会评价。

多目标综合分析评价法有矩阵分析法、层次分析法和模糊数学层次分析法，社会评价中最好采用模糊数学层次分析法。

2.水利建设项目的环境评价

水利建设项目环境影响评价是针对工程兴建可能对自然环境和社会环境造成的影响进行评价，使有利影响得到合理利用，不利影响得到减轻或改善，为工程方案论证和领导部门决策提供环境影响方面的科学依据。水利建设项目环境影响评价的内容包括：环境状况调查、环境影响识别、预测和综合评价等。

环境影响评价的程序是：收集河流（或河段）规划和拟建工程的开发任务、建设条件及工程特性等资料，并进行初步查勘；编制建设项目环境影响评价工作大纲；调查建设项目影响地区的环境状况，并进行必要的测试工作；识别建设项目环境影响的主要环境因子，预测、评价建设项目对它的影响，并对不利影响提出减免或改善措施；进行建设项目对环境影响的综合评价；综合研究环境保护措施，估算相应投资，进行环境影响经济损益简要分析，提出评价结论；提出环境监测规划和下一个设计阶段需要研究的环境影响课题及建议；编写环境影响报告书及其附表。

在进行环境影响评价时，应抓住重点，针对项目影响的主要环境因子进行预测和评价；对含有水库的建设项目，其评价范围一般应包括：库区、库区周围及水库下游影响河段，以库区及库区周围为重点；对流域调水工程、分（滞）洪工程、排灌工程等，也应根据工程特性确定其评价范围。

（1）环境状况调查

环境状况调查的基本内容为：气象、水文、泥沙、水温、水质、地质、土壤、陆生生物、水生生物以及人口、土地、工业、农业、矿产、人群健康、景观与文物、污染源等，可用文字及表格表示。

（2）环境影响因子识别和预测

根据建设项目特性，结合工程影响地区的环境特点，从下列环境因子中初选部分因子，进行环境影响识别。

自然环境：局地气候——气温、降水、蒸发、湿度、风、雾等；水文——水位、水深、流量、流速等；泥沙：淤积、冲刷等；水温——水温结构、下泄水温等；水质——有机质、有毒有害物质、营养物质等；环境地质——诱发地震、库岸失稳、水库渗漏等；土壤环境——土壤肥力、土壤侵蚀、土壤演化等；陆生植物——森林经济林，草场、珍稀植物等；陆生动物——野生动物、珍稀动物等；水生生物——鱼类、珍稀水生生物等。

社会环境：人群健康——自然疫源性疾病、虫媒传染病、地方性疾病等；景观与文物——风景名胜、文物古迹、自然保护区、疗养区、旅游区等；重要设施：政治设施军事设施等；移民：人口状况、土地及水域利用、生产条件、生活水平等；工程施工——大气、水质噪声、弃渣及景观、工区卫生等。

预测结果，应与无工程时的环境状况对比，并结合国家和地方颁发的有关环境质量标准进行评价。

（3）综合评价

综合评价应在因子预测、评价基础上进行，其目的是评价工程对环境的综合影响，并为比较、选择工程方案提供依据。

综合评价方法的选择，应根据环境状况调查提供的基础资料情况、环境影响预测的精度和工程对环境影响的程度确定。一般可采用矩阵分析法。如基础资料较好，影响预测有一定精度，则可采用环境质量指标法。如受影响的因子不多，且有可类比的已建工程，则可采用类比分析法。

在估算工程对环境的综合影响时，应慎重确定各环境因子在环境总体中的相对重要程度，即权重值。权重的分析计算，可采用层次分析法或专家评估法。对选定的工程方案，要进一步综合研究环境保护措施，估算相应投资，并进行环境影响损益简要分析，提出评价结论。

对环境影响较大的工程，应编制环境监测规划，其内容包括：监测站网布设原则，监测项目与要求，监测机构的设置与人员编制、设备及费用等。

二、水文化与水利精神

（一）水文化的内涵与本质

1.水与文化

水是生命的源泉，既是一切生物存在的基本物质条件，也是人类社会的文化和文明

之源。在人类社会发展、演变的沧桑岁月中，人们世世代代不断地开发水、治理水、利用水，以兴水利、除水害的实践有力地推动着历史车轮前进，创造了丰富的物质财富和精神财富。文化有广义与狭义之分，广义的文化通指人类在社会实践中所创造的物质财富和精神财富的总和，分为物质文化和精神文化；狭义的文化专指精神方面的文化，只包括科学技术、社会意识形态以及与之相适应的组织机构等方面。社会不同的社会实践，不同的地域、民族及物质条件，产生不同的相应类型的文化。

水与中华民族文化的发展关系十分密切。我国传统文化是在农业——宗法的社会土壤中孕育、滋长起来的。在以农立国的历史进程中，农业优先进步发展的地区往往就是文化首先繁荣发展的地区；而农业经济发达，人民安居乐业的地区又必然是水资源富饶且水害较少的地区。我国文化的主体集中地发祥于湿润半湿润的大河大陆型典型地理区域（如长江、黄河、珠江的哺育范围等）也说明了一点。因为水在几千年自给自足的农业经济发展中往往起决定性的作用，水运曾长期在沟通全国大部分地区的联系方面发挥重要作用，而江河灾害常常导致社会动荡等原因，使得我国劳动人民和历代统治者都极为重视水利建设。水也始终与中国政治、经济、文化、军事的发展演变直接相关。

古代许多政治家、思想家高度赞颂水，极为重视水在社会生活中的作用。如老子称颂“水善利万物而不争”，管子更是将水看作“万物之本源也，诸生之宗室也，美恶贤不肖、愚俊之所产也”，甚至认为社会好坏的关键、圣人治事的关键在于水，并将兴水利、除水害看作安邦治国应优先解决的大事之一；汉代史学家司马迁在《史记》中专以一卷《河渠书》记述古代治水的史实和主要水利成就，并极为感慨地写道：“甚哉!水之为利害也!”水与文化的关系主要体现在以下几方面。

在社会组织方面，几乎每朝每代都设有专司管水治水的部门和官吏。据《荀子·王制·序官》和《礼说月令》所载，我国很早就在中央政权中设有地位很高的司空一职，掌管“修堤梁，通沟浍，行水潦，安水臧”。秦汉以后，从中央到地方都设有专官管理大小水利工程设施，特别重要的工程则派钦差大臣或中央高级官吏主持。如元代贾鲁是以工部尚书身份主持河防；明代在黄河、运河上设总理河道，以尚书、侍郎级官吏出任；清代设河道总督，相当于几个省的最高官吏，且明确各省、府、州、县的官吏均兼有河防职责，等等。

在有关制度、法令、史籍文献方面，早在秦代起有《水令》，明清以后的法规已颇详细具体，而有关水利方面的史、志和专著文献更是不胜枚举，仅治理黄河的书籍就有“汗牛充栋”之称。

在水利工程、建筑设施方面，从古代的郑白渠、都江堰、大运河到现在的青铜峡、三门峡、丹江口、葛洲坝、三峡等，从古到今，从南到北，大大小小的水利设施布满了全国各地，连现代所谓“二十四文化名城”及各地风景名胜、名楼、名园等，几乎都是因水或

傍水而成。“水利观念”已深入民族心中，因而对水利有贡献的人深受人们爱戴、敬仰和崇敬。

可以看出，我们的祖先们不仅始终从事着极其广泛的治水实践，还给我们留下了许多物质形态的文化遗产及有关的组织制度、政策法令和浩瀚的文献典籍等财富，关于水的观念也早已根植于我们心中。水除了是人体的大部分成分，也是我们民族精神的一个重要组成部分。在我国政治、经济、文化事业中，也都随处可见显现的或隐藏于其中的水文化的印记。

2.水文化的内涵

水文化既是人类社会文化的重要组成部分，又因其为人们在从事水事活动中创造的具有水利特点的文化，拥有鲜明的水利行业的特点，因此是一种行业文化。

（1）水文化的主要构成

①表层。有关的水利建筑设施、工程面貌、水利标志、雕饰、水产品，经人工改造后的水土变化，风景、生态变化等，构成水文化的表层或外壳。表层是直观的物质文化或物化了的文化成果，是外在化的文化，但往往是治水实践的目的和结果。其中既反映了科学技术管理水平的程度，反映一定时期生产力水平与政治经济制度的历史状况，也能体现当时的治水思想、价值观念、治水者的素质与心态。

②浅层。透过表层，我们看到的是正在或曾经在从事挖渠坝、抗洪抢险、围堰造堤等活动的人群，如古代的治水官吏、农民群众、现代的水利职工队伍等，他们及他们的活动本身构成水文化的浅层。浅层文化具有浓烈的生活气息和生动鲜明的时代性、区域性色彩，既较为集中地反映着一定阶段水文化的基本倾向，又是贯通水文化各个层次的能动载体和水文化的实践主体。

③中层。各级水行业管理部门，组织机构、管理制度及功能，水法、水令和有关规章制度，水行业群体内的基本人际关系等构成水文化的中层。中层主要是体制方面的内容，水文化表层、浅层和中层中出现的很多问题，往往都能在中层中找到原因。也可以说，水文化中层的结构和特征，影响、制约着其他文化层次的发展变化。

④深层。深层指从传统中逐渐积淀形成的贯穿于整个行业中，并影响支配着整个水群体行为的共同价值观念、行为准则。深层主要是心理品质方面的因素，是水群体特有和共有的行为规范与心理素质的综合反映。其性质和倾向，取决于浅层与中层的基本结构，受表层成果的影响，但又直接影响着浅层的稳定、变化。现阶段水文化深层的建设和发展，必须与社会主义精神文明建设和发展同步。

（2）水文化主要包含的内容

①水文明。水文明的内容非常广泛，从时间上可以分为古代社会文明和现代社会文明；从空间上可以分为不同国家、民族和地区的水文明；从内涵上涉及政治、经济、文

化、艺术、军事、人民生活等。

②水精神。水精神，是人们在从事水事活动中，在治理水、开发利用水、认识和欣赏水的各种实践活动中所形成的观念、情感等意识形态的总和。水精神是水文化的精髓和核心之所在。

③水哲学。水哲学指人们认识水和从事水事活动的世界观和方法论，主要包括物质观、实践观、辩证观、社会观四个方面的内容。如何看待水利和水患这对矛盾体，如何与水这一自然资源和谐共处，一直是千百年来无数哲人在思考、探索的问题。

④水文艺。水文艺主要指题材与水有关的文艺创作，包括文学作品、戏剧、音乐、绘画、摄影、体育、民俗与水有关建筑的艺术等。水文艺是水文化中最绚丽多彩也最富于精神感召力的部分。

⑤水法规。水法规主要指上层建筑中反映统治者意志、强制推行的有关水事活动的规定，水法规是治水经验高层次、规范化的总结，是维护水事活动顺利进行的重要保证。

3.水文化的本质

作为一种行业性的组织文化，水文化主要来源于对水的实践，反映水利实践的过程和结果。因此，水文化在不同的历史时期和不同的地理条件下会有不同的表现形式，甚至会形成一些相对独立的群体文化，但就其“水”的同一性和兴水利除水害的历史一贯性而言，它又确实具有较稳定一致的共同特征，并以此为基础与其他类型的文化相互作用于总体文化之中。

我们可以看到，一方面，水文化与诸如旅游文化、企业文化、酒文化、茶文化、军事文化、政治文化等一起，共同构成总体文化的若干支系统，既受总体文化的制约影响，在总体文化的包容、指导下发展，又以各自发展的成就补充、完善和促进总体文化的发展；另一方面，水文化与其他类型的行业文化、组织文化之间，也是既相对独立，又互相渗透、互相交流、互相补充、共同发展，构成了我国文化发展演变的绚丽多彩的和谐历史。

水文化具有与其他文化一样的一般属性和职能，体现人类在一定历史阶段上控制自然界和社会自发力量所达到的程度。作为总体文化的一个组成部分，水文化一般可以归属于社会上层建筑的范畴，其精神的、思想意识的方面，直接受到一定经济制度的制约。不过，这并不等于一切关于水的活动都完全取决于社会生产关系和经济基础的性质，水以及兴水利除水害本身并没有社会制度的差别。奴隶社会的水与封建社会的水并没有本质区别，洪水与旱涝的发生规律也不会单纯因为社会制度的改变而改变。相反，无论是在何种社会制度下，人们的社会生活和生产都离不开水，都必须不断进行治水活动。

总之，水文化是一定社会性、生产性、科学性、艺术性、自然性的综合统一体，有着区别于其他文化的自身特点和相对独立性。我们在把握水文化本质时，不能因为它属于总体文化的一个方面而简单地将之归到某一特定范畴，而应该从水的特殊性出发，从其历史实践中具体地研究水文化的本质和规律，从而辩证地、多角度去认识水文化建设水文化、发展水文化。

（二）水利精神

1.水利精神的含义

精神是指人的思维、意识活动的一般心理状态，主要包括对崇高理想的憧憬、对某种信念的执着追求、高尚的道德情操、踏实奋进的人生态度等方面。精神往往是在一定民族文化传统的基础上，在人们长期的社会实践中逐步形成的一种较稳定持久的心理素质，是人们价值观念、利益原则、行为规范的集中反映，通常表现为观念定式、思维定式和人际关系准则。

精神是人们从事一切社会活动都需要的内在动力和支柱，是一切先进人物、民族精英之所以流芳千古的重要思想原因，也是水利事业不断克服困难，取得成就，一直延续发展到今天的巨大思想源泉。在我国几千年的治水实践中，无数治水精英和广大劳动人民发扬中华民族的优秀精神传统，致力于兴水利除水害的艰苦斗争，逐步积淀成为指导水利行业成员生活方式的共同价值观念和行为规范体系，即水利精神。水利精神既具有浓厚的民族传统特征和时代特征，又具有明显的水利属性，是民族传统、时代性质与水利行业成员思想意识的聚合体，对广大水利职工具有凝聚力、感召力和约束力，能够增强水利职工对水利事业的荣誉感、自豪感和责任感，团结、教育和激励全体水利从业人员为实现共同目标而努力。

2.水利精神的内容

水利精神的主要内容包括：

（1）献身水利、促进水利事业发展的理想

这是崇高社会理想和奉献精神在水利职工身上的具体表现和运用，包括为提高水利在社会中的地位，促进水利行业在经济、政治、文化、科学技术发展等方面的理想与追求，以及为实现这一目标所愿意做出的努力奉献。

（2）强烈的社会群体意识

水利是农业和国民经济的命脉，但水利事业的发展，兴水利、除水害目标的实现绝不是仅靠个人或少数人就能做到的。它必须依靠集体的力量，通过人民群众的协作劳动共同完成。所以水利系统的职工更需具有强烈的社会群体意识，需要处理好各种人际关系，团结一致，形成合力，才能在建设和发展水利事业的实践中做出自己应有的贡献。

（3）吃苦耐劳、努力诚实的劳动态度

水利工程大多在比较偏僻的地方，有的甚至地处荒山僻野，工作生活条件比较艰苦，劳动强度大，遇到的困难往往很多，因此水利工作者在长期的艰苦斗争中养成注重实

干、吃苦耐劳、努力拼搏、诚实劳动的可贵精神与态度。

（4）强烈的社会责任感

水利行业职工以兴水利除水害为己任，通过修建各种水利工程为社会提供水源、水电产品，承担防洪、抗旱、排涝、供水等重要任务。无论是从事水文观测、堤坝管护、水库管理或是施工、灌溉的职工都直接承担着不能有丝毫疏忽的巨大社会责任，我们的工作一旦出现差错，就可能给社会和人民带来严重损失，甚至造成毁灭性的灾害。

（5）正确的价值观念和行为准则

人们的价值观和行为准则是在一定文化传统、信仰等条件下，在长期社会实践活动中逐步形成的，它体现了人们对社会、事物的一般看法和基本行为原则，影响着人的理想、道德观念和人生态度的形成。水利行业的共同价值和行为准则是水利从业人员所共同具有的一般看法和思维方式、行为原则。这是水利事业兴旺发达的重要精神源泉，其性质受当时生产力水平和生产资料所有制的制约，反映一定社会水利职工的基本精神面貌。

3.水利精神的作用

在继承和发扬民族治水传统精神的基础上，有目的地倡导、培育水行业的共同价值观念和行为原则、工作作风，形成新时期的“水利精神”，对增强水利职工队伍的凝聚力和战斗力，团结广大职工为水利产业的建设与发展努力拼搏，有着重要的激励和感染作用，对加强和促进水利行业的两个文明建设也有着现实的重要作用。水利精神的作用主要体现在以下几个方面：

（1）凝聚作用

共同的理想、期望和价值观，使人们产生共同的语言、共同的荣誉感和责任心，从而增强组织的归属感和凝聚力。它像黏合剂一样把水利职工的个人需求、动机和行为凝聚到全行业的同一目标上来，形成强烈的向心力，使全体职工认识到水利事业的前途与发展直接关系到自己的前途与命运。

（2）激励作用

激励是激发人的某种行为动机、调动人的工作积极性的心理过程，包括内激励和外激励。当某种需要、愿望或责任成为职工的内心向往后，就会产生出一种内驱力，鼓励人们自觉为实现这一目标而努力奋斗。水利精神是广大水利职工共同的理想、信念、希望和追求的集中反映，具有强烈的鼓动性和号召力，能激励职工在对水利事业美好未来的追求中，充分发挥自己的主动性、积极性和创造性。

（3）规范作用

水利精神体现着广大水利职工的共同意志，是规范化了的群体意识和价值观念，对水利职工的行为、情绪和内心向往有着潜移默化的影响和心理调控作用。

（4）感染作用

水利精神来源于水利职工的实践和创造，又经过科学总结与升华，体现水利工作者的时代风貌，易于在职工思想和感情上引起共鸣，产生强烈的感染力。这种感染力在职工中传播、扩展开来，有助于形成积极向上、努力进取的良好行业风气，同时又可以辐射到行业之外，对整个社会风气的转变发挥一定的感染、促进作用。

第三节 水电工程的发展与挑战

水能资源是我国最丰富的能源资源。总量世界第一，人均也能接近世界平均水平。水电能源是中国现有能源中唯一可以大规模开发的可再生能源。水电能源考虑的时间段越长，其总量越大。中国的能源资源中，水电能源和煤炭能源处在大体相同的水平。其他能源，如核能、风能、太阳能、生物质能都是今后发展的方向。

一、水电发展的机遇

（一）温室气体减排的压力

水力发电主要的环境效益是减少污染物的排放，改善空气质量。由于人类活动，特别是CO_2排放引起的全球变化将会加速我国的生态与环境的恶化。在全球变化的影响下，中国的气候、生态和环境均产生了显著、深刻和多方面的变化，近百年中国的气候也在变暖，平均地面温度上升了0.6℃～0.7℃，极端的天气气候事件如旱涝灾害发生的频率和强度呈现上升趋势。造成大气质量严重污染的主要原因是中国的能源结构以煤为主。

（二）水电工程的综合效益促进其发展

水电工程一般都具有发电、防洪、供水等综合效益。严重洪灾和持续干旱是最大的生态环境灾难，大坝对减轻严重洪灾和持续干旱有重要作用。大坝在防洪、灌溉、供水方面的作用，本质上就是减轻和防止生态环境灾难的发生。三峡工程运行以来，除了发电、防洪效益外，在增加枯期流量，保障航运和生态需求方面也发挥了重要的作用。

（三）水能资源的可再生性决定了水电是不会枯竭的资源型产业

水电也是资源型产业，最终的开发量是有限的，但水能资源的可再生性决定了水电是不会枯竭的资源型产业，这是与火电不同的。火电依赖的煤、油、天然气均是不可再生的，一旦燃料枯竭，火电便无法生产；而水电会以开发的最大容量继续运转，机电设备和土建工程的老化是可以更新的。这一优势使得多数发达国家都是优先开发水电。

（四）其他方面的环境影响

（1）库区淤积对土壤盐碱化的影响；

（2）滑坡与水库诱发地震，边坡开挖对植被和景观的影响；

（3）泄洪冲刷及雾化对岸坡的影响；

（4）开挖弃渣和混凝土废料对环境的影响等；

（5）一些高坝水库蓄水后，水温结构发生变化，可能对下游农作物产生冷害；

（6）水库蓄水后因河流情势变化会对坝下与河口水体生态环境产生潜在影响。

这些影响可以通过各种技术和管理措施加以避免或减轻。

二、以科学发展观为指导，走可持续的水电开发之路

在未来较长一段时间内水利水电建设仍是国民经济的重要基础产业，防洪、供水、灌溉、发电等水利水电工程对社会经济发展起到重大支撑作用，但工程对生态环境的影响也日益受到社会各界的关注。能源资源的开发利用与生态环境保护是我国全面建设小康社会时需面临的最重要的问题之一。

（一）加强国家对水资源（包括水力资源）的统一管理

政府应该对水资源的综合规划（包括水力资源规划）加强统一管理，超前组织对尚未进行规划的河流开展综合规划与审查；对于争论较多的河段与工程，应该采取积极的方针组织多学科研究。

（二）因地制宜、选择适当的开发目标

过去的水力资源规划，按照流域梯级开发模式，往往追求100%的开发率。由于移民和耕地的补偿费用会越来越高，同时考虑社会稳定和保护耕地资源，在规划时应因地制宜、选择适当的开发目标，对于移民和淹没耕地少、生态环境问题少的河流，可以百分百开发；对于移民和淹没耕地多、生态环境问题大的河流，可以放弃部分河段的开发；参照多数发达国家的情况，充分考虑中国的人口和土地压力、生态环境的制约因素，水电资源

开发65%～75%是可行的。

（三）开发与运行方式要兼顾生态环境的要求

不同的水电工程开发与运行方式，对生态环境的影响不同。在自然条件许可的情况下，采用“龙头水库”加多级引水式开发的模式可以减少淹地移民、减轻对生态环境的影响。但把全部流量引走造成脱水河段的开发方式是不可取的。水电的运行方式，以调峰运行经济价值最高，但为了兼顾生态环境影响，应该安排一定的机组按基荷运行。工程还应该在低部位设置放水设施，以保证在机组全停时也能下泄最低生态流量，同时保证下游河段的供水需要。

（四）研究和完善移民政策，使移民能长期共享水电开发的效益

我国水库移民经历了安置型和开发型两个阶段，国家还出台了库区后期扶持政策。为了保障移民走上可持续发展的道路，有专家建议研究“投资型”移民政策。其主要思路是将淹没的土地、房屋及其他有价设施进行评估，加上对生态环境的补偿作为股份，参与水电开发建设，使移民和开发方形成利益共同体，使移民能长期共享水电开发的效益，建设期安置移民的费用采用预支若干年应得收益解决。移民区地方政府和移民代表作为股东参与工程建设的决策管理。但投资型移民是新概念、新模式，还有许多问题需要深入研究。

（五）开展生态环境友好的大型水电工程建设体系的科学技术研究

这部分的科学技术研究包括水利水电规划环境影响评价理论和方法；大型水利水电工程的生态环境效应及对策；对环境影响最小的新型枢纽布置和工程精细设计、施工及加固新技术；鱼道或鱼梯技术等。该部分工作量和覆盖范围很大，同时需要具体的基础工作来配合这些技术研究，如开展引导水电可持续发展的政策研究，建立符合中国国情的、可持续发展的、与生态环境友好的水电工程的评价标准，在设计审查和竣工验收时采用该标准进行评价，对完全符合标准的工程在电价和税收政策上给予优惠，引导水电走可持续发展之路。

第四节　水坝水电站工程的生态影响和生态效应

一、对水生物的影响问题

河流被水坝阻断了水生物的通道，必然改变了鱼类的生存环境，特别是洄游鱼类，阻断了它们繁殖产卵的途径，可能导致某些鱼类的消亡。我们应该科学地研究原有河流的水生物的种类种群、数量和生活习性，在选择建坝方案时应尽可能避开鱼类的产卵繁殖场，研究开辟新的繁殖场；建坝时要考虑建设鱼道的可能性，保护鱼类的通道，采用人工繁殖技术，保护鱼种的繁殖，建立鱼类保育中心；对某些已经濒临消亡的鱼种，从保护生物多样性的角度建立基因库；为了满足人类获得更多食用鱼的需求，，可以在水库放养优良品种的鱼类，提高经济价值。上述这些对策有很多成功的例子，如美国哥伦比亚河上梯级电站的坝上修建了一系列的鱼道，巴西伊泰普水电站新建成的鱼道，长江三峡工程的中华鲟人工繁殖研究所，新安江水库（千岛湖）的人工放养等，都是值得推广的。应该看到，当前我国内河的鱼类数量急剧减少的主因是水质的污染、捕捞过量和航运及人类活动的干扰，并非都是水坝惹的祸。

二、水库淹没土地的损失问题

兴建水库虽然要淹没土地，但同时获得了水面。我国是一个大陆国家，960万平方千米的国土面积内湖泊水面只有71787km^2，约占国土总面积的0.0075%，这一自然状况说明了我国大陆的储水能力太低。损失一些陆地面积换取一些水面，从总体来说是有利于我国生态与环境改善的。当然，在水库水坝以及流域规划过程中，要千方百计减少甚至避开肥沃的平原和繁茂的森林植被。事实上，在我国的西部，河流的水电开发基本在河流的上游，绝大部分属峡谷型水库，淹没损失的土地大多数是贫瘠的坡地。从防洪减灾看，洪水灾害本质上是人与水争夺陆地面积。人类不能无限制地围湖开垦，占夺水面，应该理性地让出一点陆地面积，如兴建水库和在下游设置分洪区，以容纳超量的降水。以三峡水库为例，陆城面积转换为水面积为638km^2，其中耕地2.38万公顷（即238km^2），经济林地0.49万公顷（即49km^2），其他351km^{2}为贫瘠的岩石边坡，而得到的是下游肥沃的江汉平原4万km^{2}土地的安全保障。换句话说，是用劣质的、少量的土地换得优质的平原土地，同

时给超量的洪水留出了陆地储蓄能力。

三、水库移民问题

（一）水库移民

按其意愿分为两类：一类是自愿移民，一般是指为了生存、发展的需要，自愿迁移到新的地区永久居住的人口；另一类是非自愿移民，主要是因为较大规模的工程建设或为了某种特殊需要，居民的房屋和土地等主要的生产生活资料将被占用或被淹没，现有生存条件将不复存在，受到直接或间接影响必须迁移的人口。

按导致的原因和现象，可以分为工程性移民（由水利、电力、交通等各类工程建设引起）、灾害性移民（洪水、地震等引起）、生态环境性移民（沙漠化地区、湿地、水源地、自然保护区等）、战争性移民、政治性移民、经济性移民（包括扶贫、自主迁移等）。

（二）水库移民的主要特点

水库移民主要具有以下特点:

1.长期性

水库移民迁建大致可以分为三个阶段：一是前期淹没处理阶段，需3~5年甚至更长的时间；二是移民迁建实施阶段，需要3~5年；三是后期扶持恢复发展生产阶段，需要10~20年。

2.补偿性

基于公平与市场原则以及为了赢得受影响人口的配合，工程业主单位一般要给予受影响人口一定的经济补偿。

3.时限性

一般以工程建设的进展及其实际发生作用的时间安排为依据，所受影响人口必须在规定时间内完成搬迁工作。

4.社会性

水库移民迁安在不同程度上均会涉及移民的社会重建。低估或处理不当水库移民的社会性，都会严重影响工程经济和社会效果。

5.风险性

工程设计中移民安置规划往往与工程建设后的效益和移民生活水平的恢复与提高密切相关，同时移民安置是一个极其复杂的过程，其成败取决于规划的落实。

6.政策性

水库移民是一项政策性极强的工作，因为许多大规模的工程建设都是以政府发动或以政府部门为业主单位的形式来进行的，在工程建设和移民安置过程中必须严格执行国家有关法规政策。

对老水库移民，各级政府给予了扶持；对新建水库的移民都提高了补偿标准，明确了后扶持政策，加强了移民开发区的各项政策，从总体上说，移民的生活质量得到了提高。以三峡工程为例，可以说我国水库移民已走出了一条切实可行的成功道路。我国的水库绝大多数是建在贫困的山区，土地资源匮乏，为解决山区贫困居民的脱贫致富，进行合理的搬迁，走进现代人的生活环境，水库移民对于一个民族来讲是一个进步。

四、水库泥沙淤积问题

任何一条河流河水中都有泥沙，是由降雨对陆上岩土层的侵蚀造成的。上游冲刷下游淤积，形成出海口的冲积平原，这是自然规律。这一自然演变的后果是下游河床抬高，行洪能力降低，容易造成洪水灾害。在上游河段兴建了水库，部分泥沙必然沉积于水库中，其中粗颗粒的砂石淤积于水库的末端，堵塞上游河道，造成上游洪水位的升高。

以长江三峡水库为例，一直有人担忧三峡水库会走河南省三门峡市的老路。经过多年的论证分析所积累的泥沙资料，进行大规模的泥沙模型试验，并模拟水库运行方式，得出泥沙淤积的量级分析资料，结论是采用蓄清排浑的水库运行方式，通过合理调度水库，可以长期保持80%以上的库容，不会出现河南省三门峡市的现象。三峡水库自蓄水以来，通过严密的监测，入库的泥沙量逐年递减，主要原因是上游干支流水库逐个形成，部分泥沙分散在上游的水库中，加上上游植被的保护以及暴雨分布的随机性等多种因素，三峡水库的淤积量比预计的要少，当然这还要经过长期严密的监测才能得出最终的结论。部分泥沙淤积在水库里，大坝下泄的水变清了，在一段时间内对下游河道的冲刷，会导致下游河道水位下降，也会造成不良影响。因此须对重点部位开展一定的保护措施，河道最终会达到冲淤平衡，趋向稳定。

总之，以科学的态度对待水库泥沙淤积问题，采取一定的综合措施，最终达到冲淤平衡，是可以避免灾害性的淤积的。

五、水质污染问题

“流水不腐，户枢不蠹”，形成水库，流速减缓，会造成水库水质的污染：污水和废物的排放后发酵腐朽，氮磷含量的增加会造成水质的污染。对于热带地区的多年调节水库，这类水质污染问题尤为严重；而对于其他年（季）调节水库，因为水体更新快，不致发生这类污染现象。水坝水电站本身并不排放废水废物，污染源均来自沿水库周边人居城

镇的生活、工业废物废水的排放及农业面源污染。治污必须治源，江河不能成为排污的通道。没有水库也应加快治污，才能真正地保护江河环境；有了水库促进了库区城镇垃圾和污水处理工程的建设，要理顺管理体制，依法执行，同时加大执法力度，早日实现我国的江河湖水库的水质达到国家规定的标准。这是中国人民的一件大事，也是全人类自己的事。

从本质上讲，水资源的紧缺是过多地一次性地利用了清洁的水，排放了污水。而对大自然来说，水分子（H_2O）一个也没有减少。为此要大力提倡节约用水，发展污水处理技术和设备，加强中水的再利用，提高水资源的利用效率。

六、地震及地质灾害问题

水库抬高了原有的水位，对河床岩面增加了水的重量。在每平方米的岩面上水深增加10m就是10t，如水深增加100m就是100t，这些重量改变了库区地层的受力情况，在岩层应力调整过程中地质构造会产生微量的变形，引起的地震称为水库诱发地震。根据国际大坝委员会的统计，全世界大型水库发生诱发地震的概率为0.2%。我国是一个多地震的国家，据统计，库容1亿立方米以上的大型水库出现诱发地震的概率平均为5%。是否会出现诱发地震取决于坝区、库区的地质构造。诱发地震一般烈度不大，我国新丰江水库蓄水过程中曾出现6.1级地震，是世界上水坝最大诱发地震的第4位，其他水库都远低于这一震级。在原发地震高发地带，都应根据中国地震局提供的该地区地震基本烈度，在大坝设计的设防烈度上留有足够的安全余地。对水库库岸的安全稳定问题，应在水库蓄水前进行全面的查勘，必要的地段要进行加固。移民安置区应该规避可能出现滑坡和坍塌地带，避免地质灾害的出现。

七、水坝工程自身的安全问题

水坝工程的安全一直是人们关心的重要问题，自古以来因溃坝所造成的灾害并不少见。溃坝事故造成的次生灾害比任何其他工程损毁更为严重，水利工程师必须清醒地认识到这一点，要对社会负起责任来。

水坝工程损毁的可能性来自人为和自然两个方面。人为因素中最令人关注的是战争破坏以及现代社会的诸多不测因素，都可能造成人为的损毁。在工程设计中必须考虑相应的对策和预案，如及时放空水库的可能和结构上有足够的抗暴能力，在任何情况下都能避免发生次生灾害。自然的因素如洪水和地震超过了预设标准，引起水坝工程损毁，这就需要不断认识自然，探索自然规律。为避免可能造成的次生灾害，在设计和施工中宁可保守一点，切不可为降低造价而降低标准。

八、文物古迹问题

自古以来人类都依水而居，兴建水库会淹没一部分文化古迹，有一部分在地表容易得到保护，有的可以原地保护，也有的可以迁移保护，都是容易做到的；有一部分埋在地下的，则应认真勘探，待考古学家鉴定后进行发掘保护。如埃及阿斯旺水库古庙的搬迁，我国三峡水库的张飞庙、屈原祠，以及白鹤梁的水下古迹，既保护了历史文物，又保护了民族文化。

上述列举了水坝工程形成水库对环境影响的主要方面，其实还不止这些。由此引起的生态影响是可以用科学的手段和办法，尽力缩小或规避的，在工程实践中应该不断地加深对客观事物的认识，提出相应的对策，但绝不是能不可知的和无可作为的。这些也绝不可能构成不能建坝的理由。

水利工程本质上是要改善已经失去的平衡，保护良好的环境。一直困惑我国的、制约我国经济持续健康发展发展的是北方缺水和能源电力的紧缺。我国黄河流域缺水，黄河断流频繁，而黄河流域经济要发展，人民生活质量亟待提高，用水量必然增加，这是一对难以克服的矛盾。黄河流域的问题本身就是生态失衡的表现，只能依靠大规模的调水工程来解决这一矛盾。长江流域有丰富的水资源，南水北调是最优的选择，而它的工程措施就是由一系列复杂的水利工程组成，这也是水利工程最重要的生态效应。

再从我国能源资源和经济可持续发展对能源的需求看，也存在着供需的不平衡，其中作为二次能源的电力是直接关系到整个社会的安全、稳定的重要因素。现代生活几乎一刻都离不开电力，我国产生电力的一次能源资源主要依靠煤炭。我国有丰富的煤炭资源，但煤炭是化石能源，是不可再生能源，用一点就少一点。从环境影响看，13亿t煤的燃烧要排放二氧化碳近26亿t，还会产生造成酸雨的二氧化硫、一氧化氮等有害气体，这对我国乃至全球的环境都是严重的污染。然而我国的资源情况决定了煤电是主力。水力发电是利用水的热能发电，不产生任何废气、废水和固体废物，是清洁可再生的能源，这是最简单的原理。为了保护环境，要尽可能少用煤电，多开发水电是能源电力的大策。《京都议定书》等重要国际公约也都主张多开发水电，我国的能源政策是大力开发水电，这是完全正确的。水电站的最重要的工程就是水坝工程，从这一点看就是水坝工程的生态效应。

一切环境和生态的最终尺度是人，我们保护自然界的一切生物、自然景观、文化古迹都是为了人类的可持续发展，环境保护是为了我们明天的生态，这就是以人为本。水利工程尤其是水坝水库工程的生态效应是巨大的，科学地规划，认真地设计、建造和规范运行极其重要，是可以减少和避免生态的负面影响的。

第二章
水利水电工程项目建设

第一节　项目管理与基本建设概述

一、项目管理的概述

（一）项目的概念

项目通常定义的作为管理对象，在一定约束条件下完成的，具有明确目标的一次性任务。项目既可以是一项基本建设，如建设一座水库、一座水电站、一个灌区、一处调水工程或建一座大楼、修一条公路等，又可以是一项新产品的开发，如新材料的研发，新技术、新工艺的应用等，还可以是科研活动。

（二）项目的特性

作为被管理的对象，项目具有以下特性。

1.一次性

这是项目的最主要特征。所谓一次性（或非重现性），也称为项目的单件性，是指就任务本身和最终成果而言，没有与这项任务完全相同的另一任务。

2.目的性

项目的目的性是指任何一个项目都是为实现特定的组织目标和产出物目标服务的。任何一个项目都必须有明确的组织目标和项目目标，其中项目目标包括两个方面，一是项目

工作本身的目标，是项目实施的过程；二是项目产出物的目标，是项目实施的结果。

3.生命周期

任何一个项目都有自己明确的时间起点、实施和终点，都是有始有终的，是不能被重现的。起点是项目开始的时间，终点是项目的目标已经实现，或者项目的目标已经无法实现，从而终止项目的时间。无论项目持续多久，都是有自己的生命周期的。当然，项目的生命周期与项目所创造出的产品或服务的全生命周期是不同的，多数项目本身相对是短暂的，而项目所创造的产品或服务是长期的。

4.整体性

任何项目都不是一项孤立的活动，而是一系列活动的有机组合，从而形成一个不能分割的完整过程。

5.不确定性

项目的不确定性主要是由于项目的独特性造成的，因为一个项目的独特之处多数需要进行不同程度的创新，而创新就包括各种不确定性；项目的非重复性也使项目的不确定性增加；项目的环境多数是开放的和相对变动较大的，这也造成项目的不确定性。

6.制约性（或约束性）

项目的制约性是指每个项目都在一定程度上受到内在和外在条件的制约。项目只有在满足约束条件下获得成功才有意义。内在条件的制约主要是对项目质量、寿命和功能的约束（要求）。外在条件的制约主要是对项目资源的约束，包括人力资源、财力资源、物力资源、时间资源、技术资源、信息资源等方面。项目的制约性是决定一个项目成功与失败的关键特性。

（三）工程项目的概念及其特点

1.工程项目的概念

工程项目是以实物形态表示的具体项目。在我国，工程建设项目是固定资产投资项目的简称，包括基本建设项目（新建、扩建、改建等扩大生产能力的项目）和更新改造项目（以改进技术、增加产品品种、提高质量、治理“三废”、执业健康安全、节约资源等为主要目的的项目）。

2.工程项目的特点

与企业一般的生产活动、事业机关的行政活动和其他经济活动相比较，工程建设项目有它的特殊性，除了具有项目的一般特点外，还有其自身的特点及规律性。

（1）工程项目的特殊性

①固定性：工程建设项目往往具有庞大体型和较为复杂的构造，多以大地为基础建造在某一固定的地方，不能移动，只能在建造的地点作为固定资产使用，因此它不同于一般

工业产品，消费空间受到限制。

②系统性：工程项目是一个复杂的开放系统，这也是工程项目的重要特征。工程项目是由若干单项工程和分部分项工程组成的有机整体。从管理的角度来看，一个项目系统是由人、技术、资源、时间、空间和信息等多种要素组合到一起，为实现一个特定的项目目标而形成的有机整体。

③单件性：建筑产品不仅体型庞大、结构复杂，而且由于建造时间、地点、地形、地质及水文条件、材料来源等各不相同，因此，建筑产品存在着千差万别的单件性。

（2）工程项目的建设特性

由于工程项目多以基本建设的形式体现，因此，在建设过程中还具有一些特殊的技术经济性质。

①生产周期长：一般工业生产都是一边消耗人力、物力和财力，一边生产产品、销售产品，较快地回收资金。工程项目建设周期长，往往在较长时间内耗用大量的资金。由于建设项目体型庞大，工程量巨大，建设周期长，只有待项目基本建成后才能开始回收投资。在漫长的项目建设期内，大量耗用人力、物力、财力，长期占用大量的资金而不产出任何完整的产品，当然也不能获得收益。因此，应在保证工程质量的前提下尽可能缩短工期，按期或提前建成投产，尽早形成生产能力。

②高风险性：工程项目往往投资较大，尤其是水利水电工程类项目规模大、建设周期长，一旦失事将对国民经济和人民生命财产带来重大损失，受自然环境的影响也较大（可能遇到不可抗力和特殊风险损失），项目的非重现性特点要求项目必须一次成功，因而项目承受风险也较大。

③建设过程的连续性和协作性：项目建设过程的连续性是由工程项目的特点和经济规律所决定的。建设过程的连续性意味着项目各参与单位必须有良好的协作，在项目建设各阶段、各环节、各项工作都必须按照统一的建设计划有机地组织起来，在时间上不间断、在空间上不脱节，使建设工作有条不紊地进行。项目如果管理不力或在某个过程受阻或中断，就会导致停工、窝工和资源损失，导致拖延工期。

④生产的流动性：流动性是指施工过程中体现出的流动，也是由建设项目的固定性决定的。作为劳动对象的建设项目固定在建设地点不能移动，则劳动者和劳动资料就必然要经常流动转移。一个建设项目开始实施时，建设者和施工机具就要从其他地点迁移到本建设项目工地，项目建成后再转移到另一工地，这是大的流动。在一个项目工地上，还包含着许多小的流动，如一个作业队和施工机具在一个工作面上完成了某项专业工作后，就要撤离下来，转移到另一个工作面上。

⑤受自然和环境的制约性强：基本建设项目往往因其规模大、固定不动，而且常常处在复杂的自然环境之中，受地形、地质、水文、气象等诸多自然因素的影响大。在工

程施工中，露天、水下、地下、高空作业多，还往往受到不良地质条件威胁。工程的投资或成本、质量、工期和施工安全常因此而受到严重影响。

（四）工程项目管理

工程项目管理的类型可归纳为业主进行的项目管理、设计单位进行的项目管理、施工单位进行的项目管理、咨询公司进行的项目管理、政府部门的建设管理。

1.业主的项目管理

业主作为项目的发起人和投资者，与项目建设有着最为密切的利害关系，因此，必须对工程项目建设的全过程加以科学、有效和必要的管理。因为业主的项目管理委托了监理公司，所以偏重重大问题的决策，如项目立项、咨询公司的选定、承包方式的确定及承包商的确定。另外，业主及其项目管理班子要做好必要的协调和组织工作，为咨询公司、承包商的项目管理提供必要的支持和配合工作。

业主的项目管理贯穿于建设项目的各个组成部分和项目建设的各个阶段，即业主的项目管理是全面的、全过程的项目管理。就一个项目管理而言，业主的项目管理处于核心地位。

2.设计单位项目管理

设计质量是决定工程质量的重要环节。没有优秀设计就不可能有优良工程。只有按照一个好的设计文件施工，才能完成一件高质量产品。所以对一项工程质量的好坏、投资是否经济、外观是否美观、能否建成一项精品工程来说，主要取决于设计成果。

为此设计单位要遵循《建设工程勘察设计管理条例》和《工程建设标准强制性条文》的规定，组织精兵强将完成设计任务。在施工中向工地派驻设计代表，随时解答、变更和优化施工中的具体设计问题。

设计方作为项目建设的一个参与方，其项目管理主要服务于项目的整体利益和设计方本身的利益。

3.施工项目管理

施工项目管理即为承包单位（建筑企业）的工程项目管理。从系统的角度看，施工项目管理是通过一个有效的管理系统进行管理。这个系统通常分为若干子系统：

（1）方案及资源管理系统

方案及资源管理系统的基本任务是确定施工方案，做好施工准备。其主要包含以下几项内容。

①通过对施工方案的技术经济比较，选定最佳的方案。

②选择适用的施工机械。

③编制施工组织设计，确定各种临时设施的数量和位置。

④确定各种工人、机具和材料物资的需要量。

（2）施工管理系统

施工管理系统的基本任务是编制施工进度计划，在施工过程中检查执行情况，并及时进行必要的调整，以确保工程按期竣工。

（3）造价管理系统

造价管理系统的基本任务是投标报价，签订合同，结算工程款，控制成本、保证效益。

施工项目管理的对象是施工项目寿命周期各阶段的工作，施工项目寿命周期可分为投标、签约阶段，施工准备阶段，施工阶段，交工验收阶段和保修期服务等。

4.工程咨询的项目管理

工程咨询是第三方进行工程项目管理的一种方式，是工程项目管理发展到一定阶段分化出的一个分支学科和管理方式。随着工程建设规模的增加，工程技术日趋复杂，工程项目管理更加专业化。通常情况下，业主缺乏这类专业管理人员，因此，专门从事工程咨询活动的专业公司应运而生。工程监理是工程咨询的一种最典型的咨询活动。这是一项目标性很明确的具体行为，它包括视察、检查、评价、控制等一系列活动，来保证目标的实现。工程监理通过对工程建设参与者的行为进行监控、督导和评价，并采用相应的管理措施，保证工程建设行为符合国家法律、法规和有关政策；制止建设行为的随意性和盲目性，促使工程建设费用、进度、质量按计划实现，确保工程建设行为具有合法性、科学性、合理性和经济性。

5.政府的建设管理

政府项目管理包括以下几项内容。

（1）审批项目建议书。

①审批基本建设项目建议书。

②审批技术改造项目建议书。

③审批涉外项目的项目建议书。

（2）审批可行性研究报告。

（3）管理建设用地和拆迁补偿。

（4）管理项目建设程序。

（5）工程质量监督。

（6）对参与项目建设各方进行资质管理。其主要包括对设计单位、施工单位和监理单位的资质管理。

二、基本建设的概念

（一）基本建设概念

基本建设就是指固定资产的建设，即建筑、安装和购置固定资产的活动及其与之相关的工作，是通过对建筑产品的施工、拆迁或整修等活动形成固定资产的经济过程，它是以建筑产品为过程的产出物。基本建设需要消耗大量的劳动力、建筑材料、施工机械设备及资金，还需要多个具有独立责任的单位共同参与，需要对时间和资源进行合理有效的安排配置，是一项复杂的系统工程。

在基本建设活动中，以建筑安装工程为主体的工程建设是实现基本建设的关键。

（二）基本建设的主要内容

基本建设包括以下几方面工作。

1.建筑安装工程

建筑安装工程是基本建设的重要组成部分，是通过勘测、设计、施工等生产活动创造建筑产品的过程。其包括建筑工程和设备安装工程两个部分。建筑工程包括各种建筑物和房屋的修建、金属结构的安装、安装设备的基础建造等工作。设备安装工程包括生产、动力、起重、运输、输配电等需要安装的各种机电设备的装配、安装试车等工作。

2.设备及工器具的购置

设备及工器具的购置是建设单位为建设项目需要向制造业采购或自制达到标准（使用年限一年以上和单件价值在规定限额以上）的机电设备、工具、器具等的购置工作。

3.其他基本建设工作

其他基本建设工作指不属于上述两项的基本建设工作，如勘测、设计、科学试验、淹没及迁移赔偿、水库清理、施工队伍转移、生产准备等工作。

（三）基本建设工程项目的分类

建设项目可以按不同标准进行分类，常见的有以下几种分类方法。

1.按性质划分

基本建设项目按其建设性质不同，可划分成基本建设项目和更新改造项目两大类。一个建设项目只有一种性质，在项目按总体设计全部建成之前，其建设性质始终不变。

（1）基本建设项目

基本建设项目是投资建设用于进行以扩大生产能力或增加工程效益为主要目的的新建、扩建工程及有关工作。具体包括以下几项内容。

①新建项目：指以技术、经济和社会发展为目的，从无到有的建设项目。即原来没

有，现在新开始建设的项目。有的建设项目虽然并非从无到有，但其原有基础薄弱，经过扩大建设规模，新增加的固定资产价值超过原有固定资产价值的三倍，也可称为新建项目。

②扩建项目：指企业为扩大生产能力或新增效益而增建的生产车间或工程项目，以及事业和行政单位增建业务用房等。

③恢复项目：指原有企业、事业和行政单位，因自然灾害或战争，使原有固定资产遭受全部或部分报废，需要进行投资重建来恢复生产能力和业务工作条件、生活福利设施等的建设项目。

④迁建项目：指企事业单位，由于改变生产布局或环境保护和安全生产，以及其他特别需要，迁往外地的建设项目。

（2）更新改造项目

更新改造项目是指建设资金用于对企事业单位原有设施进行技术改造或固定资产更新，以及相应配套的辅助性生产、生活福利等工程和有关工作。更新改造项目包括挖潜工程、节能工程、安全工程、环境工程。更新改造措施应按照专款专用，少搞土建，不搞外延原则进行。

更新改造项目是以提高原有企业劳动生产率，改进产品质量，或改变产品方向为目的，而对原有设备或工程进行改造的项目。有的为了提高综合生产能力，增加一些附属或辅助车间和非生产性工程，也属于改建项目。

2.按用途划分

基本建设项目按其用途不同，可划分为生产性建设项目和非生产性建设项目。

（1）生产性建设项目

生产性建设项目指直接用于物质生产或满足物质生产需要的建设项目，如工业、建筑业、农业、水利、气象、运输、邮电、商业、物资供应、地质资源勘探等建设项目。主要包括以下四个方面。

①工业建设，包括工业国防和能源建设。

②农业建设，包括农、林、牧、水利建设。

③基础设施，包括交通、邮电、通信建设、地质普查、勘探建设、建筑业建设等。

④商业建设，包括商业、饮食、营销、仓储、综合技术服务事业的建设等。

（2）非生产性建设项目

非生产性建设项目是只用于满足人民物质生活和文化生活需要的建设项目，如住宅、文教、卫生、科研、公用事业、机关和社会团体等建设项目。

非生产性建设项目包括用于满足人民物质和文化、福利需要的建设和非物质生产部门的建设，主要包括以下几个方面。

①办公用房，如各级国家党政机关、社会团体、企业管理机关的办公用房。

②居住建筑，如住宅、公寓、别墅等。

③公共建筑，如科学、教育、文化艺术、广播电视、卫生、体育、社会福利事业、公用事业、咨询服务、宗教、金融、保险等建设。

④其他建设，不属于上述各类的其他非生产性建设等。

3.按建设规模或投资大小划分

基本建设项目按建设规模或投资大小分为大型项目、中型项目和小型项目。国家对工业建设项目和非工业建设项目均规定有划分大、中、小型的标准，各部委对所属专业建设项目也有相应的划分标准，如水利水电建设项目就有对水库、水电站、堤防等划分为大、中、小型的标准。

4.按隶属关系划分

建设项目按隶属关系可分为国务院各部门直属项目、地方投资国家补助项目、地方项目、企事业单位自筹建设项目等。

5.按建设阶段划分

建设项目按建设阶段分为预备项目、筹建项目、施工项目、建成投产项目、收尾项目和竣工项目等。

（1）预备项目（或探讨项目）

预备项目是指按照中长期投资计划拟建而又未立项的建设项目，只做初步可行性研究或提出设想方案供参考，不进行建设的实际准备工作。

（2）筹建项目（或前期工作项目）

筹建项目是指经批准立项，正在建设前期准备工作而尚未开始施工的项目。

（3）施工项目

施工项目是指本年度计划内进行建筑或安装施工活动的项目，包括新开工项目和续建项目。

（4）建成投产项目

建成投产项目是指年内按设计文件规定建成主体工程和相应配套辅助设施，形成生产能力或发挥工程效益，经验收合格并正式投入生产或交付使用的建设项目，包括全部投产项目、部分投产项目和建成投产单项工程。

（5）收尾项目

收尾项目是指以前年度已经全部建成投产，但尚有少量不影响正常生产使用的辅助工程或非生产性工程，在本年度继续施工的项目。

第二节　基本建设程序

一、水利工程建设项目的分类

根据《水利基本建设投资计划管理暂行办法》，将水利基本建设项目类型划分为：

（1）水利基本建设项目按其功能和作用分为公益性、准公益性和经营性三类。

①公益性项目指具有防洪、排涝、抗旱和水资源管理等社会公益性管理和服务功能，自身无法得到相应经济回报的水利项目，如堤防工程、河道整治工程、蓄滞洪区安全建设工程、除涝、水土保持、生态建设、水资源保护、贫苦地区人畜饮水、防汛通信、水文设施等。

②准公益性项目指既有社会效益又有经济效益的水利项目，其中大部分是以社会效益为主，如综合利用的水利枢纽（水库）工程、大型灌区节水改造工程等。

③经营性项目是指以经济效益为主的水利项目，如城市供水、水力发电、水库养殖、水上旅游及水利综合经营等。

（2）水利基本建设项目按其对社会和国民经济发展的影响分为中央水利基本建设项目（简称中央项目）和地方水利基本建设项目（简称地方项目）。

①中央项目是指对国民经济全局、社会稳定和生态环境有重大影响的防洪、水资源配置、水土保持、生态建设、水资源保护等项目，或中央认为应对其负有直接建设责任的项目。

②地方项目是指局部受益的防洪除涝、城市防洪、灌溉排水、河道整治、供水、水土保持、水资源保护、中小型水电站建设等项目。

（3）水利基本建设项目根据其建设规模和投资额分为大中型和小型项目。大中型项目是指满足下列条件之一的项目。

①堤防工程：一、二级堤防。

②水库工程：总库容1亿立方米以上（含1亿立方米，下同）。

③水电工程：电站总装机容量5万千瓦以上。

④灌溉工程：灌溉面积30万亩（1亩≈666.67m²）以上。

⑤供水工程：日供水10万吨以上。

⑥总投资在国家规定的限额以上的项目。

二、管理体制及职责

国家对水资源实行流域管理与行政区域管理相结合的管理体制。国务院水行政主管部门负责全国水资源的统一管理和监督工作。国务院水行政主管部门是在国家确定的重要江河、湖泊设立的各流域管理机构，在其所管辖的范围内行使法律、行政法规规定的和国务院水行政主管部门授予的水资源管理和监督职责。县级以上地方人民政府水行政主管部门按照规定的权限，负责本行政区域内水资源的统一管理和监督工作。国务院有关部门按照职责分工，负责水资源开发、利用、节约和保护的有关工作。县级以上地方人民政府有关部门按照职责分工，负责本行政区域内水资源开发、利用、节约和保护的有关工作。

《水利工程建设项目管理规定（试行）》进一步明确：水利工程建设项目管理实行统一管理、分级管理和目标管理。逐步建立水利部、流域机构和地方水行政主管部门以及建设项目法人分级、分层次管理的管理体系。水利工程建设项目管理要严格按建设程序进行，实行全过程的管理、监督、服务。水利工程建设要推行项目法人责任制、招标投标制和建设监理制，积极推行项目管理。水利部是国务院水行政主管部门，对全国水利工程建设实行宏观管理。水利部建设司是水利部主管水利建设的综合管理部门，在水利工程建设项目管理方面，其主要管理职责是：

（1）贯彻执行国家的方针政策，研究制定水利工程建设的政策法规，并组织实施。

（2）对全国水利工程建设项目进行行业管理。

（3）组织和协调部属重点水利工程的建设。

（4）积极推行水利建设管理体制的改革，培育和完善水利建设市场。

（5）指导或参与省属重点大中型工程、中央参与投资的地方大中型工程建设的项目管理。

流域机构是水利部的派出机构，对其所在流域行使水行政主管部门的职责，负责本流域水利工程建设的行业管理。

省（自治区、直辖市）水利（水电）厅（局）是本地区的水行政主管部门，负责本地区水利工程建设的行业管理。

水利工程项目法人对建设项目的立项、筹资、建设、生产经营、还本付息以及资产保值增值的全过程负责，并承担投资风险。代表项目法人对建设项目进行管理的建设单位是项目建设的直接组织者和实施者，负责按项目的建设规模、投资总额、建设工期、工程质量，实行项目建设的全过程管理，对国家或投资各方负责。

三、各阶段的工作要求

（一）项目建议书阶段

（1）项目建议书应根据国民经济和社会发展规划、流域综合规划、区域综合规划、专业规划，按照国家产业政策和国家有关投资建设方针进行编制，是对拟进行建设项目提出的初步说明。

（2）项目建议书应按照相关的法律规定进行编制。

（3）项目建议书的编制一般委托有相应资质的工程咨询或设计单位承担。

（二）可行性研究报告阶段

（1）根据批准的项目建议书，可行性研究报告应对项目进行方案比较，对技术上是否可行和经济上是否合理进行充分的科学分析和论证。经过批准的可行性研究报告，是项目决策和进行初步设计的依据。

（2）可行性研究报告应按照《水利水电工程可行性研究报告编制规程》（SL 618–2013）编制。

（3）可行性研究报告的编制一般委托有相应资质的工程咨询或设计单位承担。可行性研究报告经批准后，不得随意修改或变更；在主要内容上有重要变动时，应经过原批准机关复审同意。

（三）初步设计阶段

（1）初步设计是根据批准的可行性研究报告和必要而准确的勘察设计资料，对设计对象进行通盘研究，进一步阐明拟建工程在技术上的可行性和经济上的合理性，确定项目的各项基本技术参数、编制项目的总概算，其中概算静态总投资原则上不得突破已批准的可行性研究报告估算的静态总投资。由于工程项目基本条件发生变化，引起工程规模、工程标准、设计方案、工程量的改变，其静态总投资超过可行性研究报告相应估算静态总投资在15%以下时，要对工程变化内容和增加投资提出专题分析报告；超过15%（含15%）时，必须重新编制可行性研究报告并按原程序报批。

（2）初步设计报告应按照《水利水电工程初步设计报告编制规程》（SL 619–2013）编制。初步设计报告经批准后，主要内容不得随意修改或变更，并作为项目建设实施的技术文件基础。在工程项目建设标准和概算投资范围内，依据批准的初步设计原则，一般非重大设计变更、生产性子项目之间的调整，由主管部门批准。在主要内容上有重要变动或修改（包括工程项目设计变更、子项目调整、建设标准调整、概算调整）等，应按程序上报原批准机关复审同意。

（3）初步设计任务应选择有项目相应资格的设计单位承担。

（四）施工准备阶段（包括招标设计）

施工准备阶段是指建设项目的主体工程开工前，必须完成的各项准备工作，其中招标设计指为施工及设备材料招标而进行的设计工作。

（五）建设实施阶段

建设实施阶段是指主体工程的建设实施，项目法人按照批准的建设文件，组织工程建设，保证项目建设目标的实现。

（六）生产准备（运行准备）阶段

生产准备（运行准备）阶段指为工程建设项目投入运行前所进行的准备工作，完成生产准备（运行准备）是工程由建设转入生产（运行）的必要条件。项目法人应按照建管结合和项目法人责任制的要求，适时做好有关生产准备（运行准备）工作。生产准备（运行准备）应根据不同类型的工程要求确定，一般包括以下主要工作内容。

（1）生产（运行）组织准备：建立生产（运行）经营的管理机构及相应管理制度。

（2）招收和培训人员：按照生产（运行）的要求，配套生产（运行）管理人员，并通过多种形式的培训，提高人员的业务素质，使之能满足生产（运行）要求。生产（运行）管理人员要尽早介入工程的施工建设，参加设备的安装调试工作，熟悉有关情况，掌握生产（运行）技术，为顺利衔接基本建设和生产（运行）阶段做好准备。

（3）生产（运行）技术准备：主要包括技术资料的汇总、生产（运行）技术方案的制订、岗位操作规程制定和新技术准备。

（4）生产（运行）物资准备：主要是落实生产（运行）所需的材料、工器具、备品备件和其他协作配合条件的准备。

（5）正常的生活福利设施准备。

（七）竣工验收

竣工验收是工程完成建设目标的标志，是全面考核建设成果、检验设计和整体工程质量的重要步骤。竣工验收合格的工程建设项目即可以从基本建设转入生产（运行）。竣工验收按照《水利水电建设工程验收规程》（SL 223-2008）进行。

（八）项目后评价

（1）工程建设项目竣工验收后，一般经过1~2年生产（运行）后，要进行一次系统的项目后评价，主要包括以下几项内容。

①影响评价：对项目投入生产（运行）后对各方面的影响进行评价。

②经济效益评价：对项目投资、国民经济效益、财务效益、技术进步和规模效益、可行性研究深度等进行评价。

③过程评价：对项目的立项、勘察设计、施工、建设管理、生产（运行）等全过程进行评价。

（2）项目后评价一般按三个层次组织实施，即项目法人的自我评价、项目行业的评价、计划部门（或主要投资方）的评价。

（3）项目后评价工作必须遵循客观、公正、科学的原则，做到分析合理、评价公正。

第三节　水利水电工程的前期工作与施工准备

一、水利水电工程的前期工作

（一）项目建议书

项目建议书（又称立项申请）是项目建设筹建单位或项目法人，根据国民经济的发展、国家和地方中长期规划、产业政策、生产力布局、国内外市场、所在地的内外部条件等因素，提出的某一具体项目的建议文件，是对拟建项目提出的框架性的总体设想。

对于大中型项目，尤其是工艺技术复杂，涉及面广，协调量大的项目，还要编制可行性研究报告，作为项目建议书的主要附件之一。

项目建议书阶段主要是对投资机会进行研究，以便形成项目设想，虽然这一阶段的工作比较粗糙，对量化的进度要求不高，但从定性的角度来看则是十分重要的，便于从总体上、宏观上对项目做出选择。

项目建议书的作用通常表现为三个方面：一是选择建设项目的依据，项目建议书批准后即为立项；二是批准立项的工程可进一步开展可行性研究；三是涉及利用外资的项目，只有在批准立项后方可对外开展工作。

1.项目建议书的编制

项目建议书、可行性研究报告和初步设计报告等前期工作技术文件的编制必须由具有相应资质的勘测设计单位承担，条件具备的要按照国家有关规定采取招投标的方式，择优选择设计单位。项目建议书的编制以党和国家的方针政策、已批准的流域综合规划及专业规划、水利发展中长期规划为依据；可行性研究报告的编制以批准的项目建议书为依据（立项过程简化者除外）；初步设计报告的编制以批准的可行性研究报告为依据（立项过程简化者除外）。项目建议书、可行性研究报告、初步设计报告的编制应执行国家和部门颁布的编制规程规范。

水利基本建设项目的项目建议书、可行性研究报告和初步设计报告由水行政主管部门或项目法人组织编制。

中央项目的项目建议书、可行性研究报告和初步设计报告由水利部（流域机构）或项目法人组织编制；地方项目的项目建议书、可行性研究报告和初步设计报告由地方水行政主管部门或项目法人组织编制，其中省际水事矛盾处理工程的前期工作由流域机构负责组织。

水利水电工程项目建议书应根据国民经济和社会发展长远规划、流域综合规划、区域综合规划、专业规划，按照国家产业政策和国家有关投资建设方针进行编制，是对拟进行建设项目的初步说明。

2.项目建议书的内容

项目建议书的内容视项目的不同而有繁简不一，但一般应包括以下几方面内容。

（1）项目的必要性、理由和依据。

（2）项目的目标。

（3）项目的基本要求。

（4）项目规模与范围的初步设想。

（5）项目最终交付物或成果的要求。

（6）项目的任务说明。

（7）项目的时间与进度要求。

（8）项目的条件和资源情况。

（9）项目的投资估算、资金筹措设想。

（10）项目的任务和进度安排。

（11）项目的经济效益和社会效益初步估算。

（12）对投标或申请承担项目任务的要求，以及相应的评价标准。

（13）项目合同的类型（使用承包商或供应商时）和付款方式。

项目建议书上报应具备的必要文件中有水利基本建设项目的外部建设条件，涉及其他

省、部门等利益时，必须附具相关省和部门意见的书面文件、水行政主管部门或流域机构签署的规划同意书、项目建设与运行管理初步方案、项目建设资金的筹集方案及投资来源意向。

3.项目建议书的审批

项目建议书按要求编制完成后，应根据建设规模分别报送有关部门审批。按现行规定，大中型及限额以上项目的项目建议书首先应报送行业归口主管部门，同时抄送国家发展和改革委员会。行业归口主管部门根据国家中长期规划要求，着重从资金来源、建设布局、资源合理利用、经济合理性、技术政策等方面进行初审，通过后报国家发展和改革委员会。国家发展和改革委员会再从建设总规模、生产力总布局、资源优化配置及资金供应可能性、外部协作条件等方面进行综合平衡后审批。凡行业归口主管部门初审未通过的项目，国家发展和改革委员会不予审批。

中央大中型水利基本建设项目项目建议书、可行性研究报告上报后，由水利部组织技术审查，其他中央项目项目建议书、可行性研究报告，由水利部或委托流域机构等单位组织技术审查。

地方大中型水利基本建设项目项目建议书、可行性研究报告，由省级计划主管部门报送国家发展和改革委员会，并抄报水利部和流域机构，由水利部或委托流域机构负责组织技术审查。地方其他水利基本建设项目项目建议书、可行性研究报告完成后由省级水行政主管部门组织技术审查；其中省际边界工程，须由流域机构组织对项目建议书、可行性研究报告进行技术审查。

中央项目的初步设计由流域机构报送水利部，其中大中型项目由水利部组织技术审查，一般项目由流域机构组织技术审查。地方大中型项目初步设计，由省级水行政主管部门报送水利部，由水利部或委托流域机构组织技术审查。地方其他项目初步设计由省级水行政主管部门组织审查，其中地方省际边界工程的初步设计须报送流域机构组织技术审查。

项目建议书、可行性研究报告的审批权限：大中型水利基本建设项目的项目建议书、可行性研究报告，经技术审查后，由水利部提出审查意见，报国家发展和改革委员会审批；其他中央项目的项目建议书、可行性研究报告由水利部或委托流域机构审批；其他地方项目，使用中央补助投资的由省有关部门按基本建设程序审批；涉及省际水事矛盾的地方项目，项目建议书和可行性研究报告应报经流域机构审查、协调后再行审批。

项目建议书、可行性研究报告批准后，未能在3年内按要求条件报送下一程序文件的，需重新编报项目建议书、可行性研究报告。

（二）项目法人

1.项目法人组建

项目主管部门应在可行性研究报告批复后、施工准备工程开工前完成项目法人组建。组建项目法人要按项目的管理权限报上级主管部门审批和备案。中央项目由水利部（或流域机构）负责组建项目法人。流域机构负责组建项目法人的报水利部备案。地方项目由县级以上人民政府或其委托的同级水行政主管部门负责组建项目法人并报上级人民政府或其委托的水行政主管部门审批，其中总投资在2亿元以上的地方大型水利工程项目由项目所在地的省（自治区、直辖市及计划单列市）人民政府或其委托的水行政主管部门负责组建项目法人，任命法定代表人（简称法人代表）。

新建项目一般应按建管一体的原则组建项目法人。除险加固、续建配套、改建扩建等建设项目，原管理单位基本具备项目法人条件的，原则上由原管理单位作为项目法人或以其为基础组建项目法人。

一、二级堤防工程的项目法人可承担多个子项目的建设管理，项目法人的组建应报项目所在流域的流域机构备案。

（1）组建项目法人需上报材料的主要内容

①项目主管部门名称。

②项目法人名称、办公地址。

③法人代表姓名、年龄、文化程度、专业技术职称、参加工程建设简历。

④技术负责人姓名、年龄、文化程度、专业技术职称、参加工程建设简历。

⑤机构设置、职能及管理人员情况。

⑥主要规章制度。

（2）大中型建设项目的项目法人应具备的基本条件

①法人代表应为专职人员。法人代表应熟悉有关水利工程建设的方针、政策和法规，有丰富的建设管理经验和较强的组织协调能力。

②技术负责人应具有高级专业技术职称，有丰富的技术管理经验和扎实的专业理论知识，负责过中型以上水利工程的建设管理，能独立处理工程建设中的重大技术问题。

③人员结构合理，应包括满足工程建设需要的技术、经济、财务、招标、合同管理等方面的专业技术和管理人员。大型工程项目法人具有高级专业技术职称的人员不少于总人数的10%，具有中级专业技术职称的人员不少于总人数的25%，具有各类专业技术职称的人员一般不少于总人数的50%。中型工程项目法人具有各级专业技术职称的人员比例，可根据工程规模的大小参照执行。

④有适应工程需要的组织机构，并建立完善的规章制度。

2.项目法人的职责

（1）项目法人是项目建设的责任主体，对项目建设的工程质量、工程进度、资金管理和生产安全负总责，并对项目主管部门负责。项目法人在建设阶段的主要职责一般包括以下内容。

①组织初步设计文件的编制、审核、申报等工作。

②按照基本建设程序和批准的建设规模、内容、标准组织工程建设。

③根据工程建设需要组建现场管理机构并负责任免其主要行政及技术、财务负责人。

④负责办理工程质量监督、工程报建和主体工程开工报告报批手续。

⑤负责与项目所在地地方人民政府及有关部门协调解决好工程建设外部条件。

⑥依法对工程项目的勘察、设计、监理、施工和材料及设备等组织招标，并签订有关合同。

⑦组织编制、审核、上报项目年度建设计划，落实年度工程建设资金，严格按照概算控制工程投资，用好、管好建设资金。

⑧负责监督检查现场管理机构建设管理情况，包括工程投资、工期、质量、生产安全和工程建设责任制情况等。

⑨负责组织制订、上报在建工程度汛计划、相应的安全度汛措施，并对在建工程安全度汛负责。

⑩负责组织编制竣工决算。

⑪负责按照有关验收规程组织或参与验收工作。

⑫负责工程档案资料的管理，包括对各参建单位所形成档案资料的收集、整理、归档工作进行监督、检查。

（2）现场建设管理机构是项目法人的派出机构，其职责应根据实际情况由项目法人制定，一般应包括以下主要内容。

①协助、配合地方政府开展征地、拆迁和移民等工作。

②组织对施工用水、电、通信、道路和场地平整等准备工作及必要的生产、生活临时设施的建设。

③编制、上报年度建设计划，负责按批准后的年度建设计划组织实施。

④加强施工现场管理，严格禁止转包、违法分包行为。

⑤按照项目法人与参建各方签订的合同进行合同管理。

⑥及时组织研究和处理建设过程中出现的技术、经济和管理问题，按时办理工程结算。

⑦组织编制度汛方案，落实有关安全度汛措施。

⑧负责建设项目范围内的环境保护、劳动卫生和安全生产等管理工作。

⑨按时编制和上报计划、财务、工程建设情况等统计报表。

⑩按规定做好工程验收工作。

⑪负责现场应归档材料的收集、整理和归档工作。

3.对项目法人的考核管理

项目主管部门负责对项目法人及其法定代表人和技术、经济负责人的考核管理工作。项目主管部门要根据项目法定代表人、技术负责人和经济负责人等各自岗位的特点，分别确定考核内容、考核指标和考核标准，对其实行年度考核和任期考核，重点考核工作业绩，并建立业绩档案。

（1）考核的主要内容

①遵守国家颁布的固定资产投资、资金管理与建设管理的法律、法规和规章的情况。

②年度建设计划和批准的设计文件的执行情况。

③建设工期、工程质量和生产安全情况。

④概算控制、资金使用和工程组织管理情况。

⑤生产能力和国有资产形成及投资效益情况。

⑥土地、环境保护和国有资源利用情况。

⑦精神文明建设情况。

⑧信息管理、工程档案资料管理情况。

⑨其他需考核的事项。

（2）建立奖惩制度

根据项目建设的考核情况，项目主管部门可在工程造价、工期和生产安全得到有效控制，工程质量优良的前提下，对为建设项目做出突出成绩的项目法定代表人及有关人员进行奖励，奖金可在工程建设结余中列支；对在项目建设中出现较大工程质量和生产安全事故的项目法定代表人及有关人员则应进行相应处罚。

（三）项目可行性研究

项目可行性研究是通过对与项目有关的工程、技术、经济等各方面条件和情况的调查、研究、分析，对各种可能的建设方案进行比较论证，并对项目建成后的经济效益进行预测和评价的一种科学分析方法。工程建设项目可行性研究是项目建议书批准后，确定项目是否立项之前，国家对建设项目在技术上是否可行和经济上是否合理进行的科学分析和论证。凡可行性研究未通过的项目，不得编制向上报送的可行性研究报告和进行下一步工作。我国工程建设项目可行性研究是对项目建议书或提案的进一步全面、深入的细化论

证，主要内容包括：项目前景与范围、资源与条件、各备选方案及其实施安排、各备选方案的环境保护评价、财务与国民经济评价等。它主要评价项目技术上的先进性和适用性、经济上的盈利性和合理性、建设的可能性和可行性。

可行性研究是项目前期工作的重要内容，它是从项目建设和生产经营全过程考察分析项目的可行性，目的是回答项目是否有必要建设、是否可能建设和如何进行建设的问题，其结论可为投资者的最终决策提供直接的依据。可行性研究阶段需要编写可行性研究报告。

根据《水利工程建设程序管理暂行规定》，可行性研究应对项目进行方案比较，对其可行性和合理性进行论证。经过批准的可行性研究报告，是项目决策和进行初步设计的依据。可行性研究报告，由项目法人（或筹备机构）组织编制。

可行性研究报告，按国家现行规定的审批权限报批。申报项目可行性研究报告，必须同时提出项目法人组建方案及运行机制、资金筹措方案、资金结构及回收资金的办法，并依照有关规定附具有管辖权的水行政主管部门或流域机构签署的规划同意书、对取水许可预申请的书面审查意见。审批部门要委托有项目相应资格的工程咨询机构对可行性报告进行评估，并综合行业归口主管部门、投资机构（公司）、项目法人（或项目法人筹备机构）等方面的意见进行审批。

可行性研究报告经批准后，不得随意修改和变更；在主要内容上有重要变动时，应经原批准机关复审同意。项目可行性报告批准后，应正式成立项目法人，并按项目法人责任制实行项目管理。

根据《水利基本建设投资计划管理暂行办法》，可行性研究报告上报应具备的必要文件如下：

（1）项目建议书的批准文件。

（2）项目建设资金筹措各方的资金承诺文件。

（3）项目建设及建成投入使用后的管理体制及管理机构落实方案，管理维护经费开支的落实方案。

（4）使用国外投资、中外合资和BOT方式建设的外资项目，必须有与国外金融机构、外商签订的协议和相应的资信证明文件。

（5）其他外部协作协议。

（6）环境影响评价报告书及审批文件。

（7）需要办理取水许可的水利建设项目，要附具对取水许可预申请的书面审查意见以及经审查的建设项目水资源论证报告书。

（四）初步设计

设计是对拟建工程的实施在技术上和经济上所进行的全面而详尽的安排，是基本建设计划的具体化，是组织施工的依据。初步设计是根据批准的可行性研究报告和必要而准确的设计资料，对设计对象进行通盘研究，阐明拟建工程在技术上的可行性和经济上的合理性，规定项目的各项基本技术参数，编制项目的总概算。初步设计任务应择优选择有项目相应资格的设计单位承担，依照有关初步设计编制规定进行编制。我国一般工程建设项目是进行两阶段设计，即初步设计和施工图设计。根据建设项目的不同情况，可根据不同行业的特点和需要，增加技术设计阶段。

1.初步设计报告上报应具备的必要文件

（1）可行性研究报告的批准文件。

（2）资金筹措文件。

（3）项目建设及建成投入使用后的管理机构批复文件和管理维护经费承诺文件。

根据《水利基本建设投资计划管理暂行办法》，中央项目的初步设计由流域机构报送水利部，其中大中型项目由水利部组织技术审查，一般项目由流域机构组织技术审查。地方大中型项目初步设计，由省级水行政主管部门报送水利部，由水利部或委托流域机构组织技术审查。地方其他项目初步设计由省级水行政主管部门组织审查，其中地方省际边界工程的初步设计须报送流域机构组织技术审查。

2.由水利部或流域机构审批的初步设计项目

（1）中央项目。

（2）地方大中型堤防工程、水库枢纽工程、水电工程以及其他技术复杂的项目。

（3）中央在立项阶段决定参与投资的地方项目。

（4）全国重点或总投资2亿元以上的病险水库（闸）除险加固工程。

（5）省际边界工程。

二、水利水电工程的施工准备

（一）施工准备工作的任务和意义

水利水电工程施工是一个复杂的组织和实施过程。开工之前，必须认真做好施工准备工作，以提高水利水电工程施工的计划性、预见性和科学性，从而保证工程质量、加快施工进度、降低工程成本，保证施工能够顺利进行。施工准备工作是为了保证工程顺利开工和施工活动正常进行而必须事先做好的各项准备工作。它是基本建设程序中的重要环节，不仅存在于整体工程开工之前，而且贯穿在整个施工过程之中。为了保证工程项目顺利地进行，必须做好施工准备工作。施工准备之所以重要是因为水利水电工程施工是一项非常

复杂的生产活动，往往需要处理复杂的技术问题，耗用大量的物资，使用众多的人力，动用许多机械设备，涉及的范围广。

1.施工准备工作的任务

（1）办理各种施工文件的申报与批准手续，以取得施工的法律依据。

（2）通过调查研究，掌握工程的特点和关键环节。

（3）组织人力调查各种施工条件。

（4）从计划、技术、物资、劳动力、设备、组织、场地等方面为施工创造必备的条件，以保证工程顺利开工和连续施工。

（5）预测可能发生的变化，提出应变措施，做好应变准备。

2.做好施工准备工作的意义

（1）遵循水利水电工程基本建设程序。施工准备是水利水电工程基本建设程序的一个重要阶段。现代水利工程施工是十分复杂的生产活动，其自身的技术规律和社会主义市场经济规律要求水利工程施工必须严格按水利水电工程基本建设程序进行，只有认真做好施工准备工作，才能取得良好的建设效果。

（2）降低施工风险。就工程项目施工的特点而言，其生产受外界干扰及自然因素的影响较大，因而施工中可能遇到的风险较多，只有充分做好施工准备工作，采取预防措施，加强应变能力，才能有效地降低风险损失。

（3）为工程开工和顺利施工创造条件。工程项目施工不仅需要耗用大量材料，使用许多机械设备，组织安排各工种人力，涉及广泛的社会关系，还要处理各种复杂的技术问题，协调各种配合关系，因而必须统筹安排和周密准备，才能使工程顺利开工，开工后能连续顺利地施工且能得到各方面条件的保证。

（4）提高企业经济效益。认真做好工程项目施工准备工作，未雨绸缪，才能调动各方面的积极因素，合理组织资源，加快施工进度，提高工程质量，降低工程成本，从而提高企业经济效益和社会效益。

实践证明，施工准备工作的好与坏，直接影响建筑产品生产的全过程。凡是重视和做好施工准备工作，积极为工程项目创造一切有利的施工条件的，则该工程能顺利开工，取得施工的主动权；反之，如果违背基本建设程序，忽视施工准备工作的，或工程仓促开工的，必然在工程施工中受到各种问题的制约，处处被动，造成重大经济损失。

（二）施工准备工作的内容和要求

1.施工准备工作的内容

施工准备工作的内容可归纳为以下几个方面。

（1）调查研究与收集资料。

（2）技术经济资料准备。

（3）施工现场准备。

（4）施工物资准备。

（5）施工人员准备。

（6）季节施工准备。

2.施工准备工作的要求

做好施工准备工作应注意以下几个方面。

（1）编制施工准备工作计划。作业条件的施工准备工作，要编制详细的计划，列出施工准备工作内容、要求完成的时间、负责人（单位）等。作业条件的施工准备工作计划，应当在施工组织设计中予以安排，作为施工组织设计的基本内容之一，同时注重施工过程中的安排。

（2）建立严格的施工准备工作责任制。由于施工准备工作项目多、范围广，因此，必须有严格的责任制，按计划将责任落实到有关部门甚至个人，同时明确各级技术负责人在施工准备工作中所负的责任。各级技术负责人应是各阶段施工准备工作的负责人，负责审查施工准备工作计划和施工组织计划，督促检查各项施工准备工作的实施，及时总结经验教训。在施工准备阶段，也要实行单位工程技术负责制，将建设、设计、施工三方组织在一起，并组织土建、专业协作配合单位，共同完成施工准备工作。

（3）水利水电工程施工准备工作检查制度。施工准备工作不仅要有计划、有分工，而且要有布置、有检查。检查的目的在于督促，发现薄弱环节，不断改进工作。要做好日常检查工作，而且在检查施工计划的完成情况时，应同时检查施工准备工作的完成情况。

（4）坚持按基本建设程序办事，严格执行开工报告制度。只有在做好开工前的各项施工准备工作后才能提出开工报告，经申报上级批准后方能开工。

（5）施工准备工作不仅要在开工前进行，而且要贯穿于整个施工过程中。随着工程施工的不断推进，在各分部分项工程施工开始之前，都要持续做好准备工作，为各分部分项工程施工的顺利进行创造必要的条件。

（6）施工准备工作应取得建设单位、设计单位及有关协作单位的大力支持，要统一步调、分工协作，共同做好施工准备工作。

（三）我国对施工准备工作的管理规定

1.资质管理

《中华人民共和国建筑法》要求：从事建筑活动的水利水电工程施工企业、勘察单位、设计单位和工程监理单位，应当具备下列条件。

（1）有符合国家规定的注册资本。

（2）有与其从事的建筑活动相适应的具有法定执业资格的专业技术人员。

（3）有从事相关建筑活动所应有的技术装备。

（4）法律、行政法规规定的其他条件。

从事建筑活动的水利水电工程施工企业、勘察单位、设计单位和工程监理单位，按照其拥有的注册资本、专业技术人员、技术装备和已完成的建筑工程业绩等资质条件，划分为不同的资质等级，经资质审查合格，取得相应等级的资质证书后，方可在其资质等级许可的范围内从事建筑活动。

从事建筑活动的专业技术人员，应当依法取得相应的执业资格证书，并在执业资格证书许可的范围内从事建筑活动。

2.施工许可证

《中华人民共和国建筑法》要求：建筑工程开工前，建设单位应当按照国家有关规定向工程所在地县级以上人民政府建设行政主管部门申请领取施工许可证；但是，国务院建设行政主管部门确定的限额以下的小型工程除外。按照国务院规定的权限和程序批准开工报告的建筑工程，不再领取施工许可证。

申请领取施工许可证，应当具备下列条件。

（1）已经办理该建筑工程用地批准手续。

（2）在城市规划区的建筑工程，已经取得规划许可证。

（3）需要拆迁的，其拆迁进度符合施工要求。

（4）已经确定水利水电工程施工企业。

（5）有满足施工需要的施工图纸及技术资料。

（6）有保证工程质量和安全的具体措施。

（7）建设资金已经落实。

（8）法律、行政法规规定的其他条件。

建设行政主管部门应当自收到申请之日起十五日内，对符合条件的建设单位颁发施工许可证。

建设单位应当自领取施工许可证之日起三个月内开工。因故不能按期开工的，应当向发证机关申请延期；延期以两次为限，每次不超过三个月。既不开工又不申请延期或者超过延期时限的，施工许可证自行废止。

在建的建筑工程因故中止施工的，建设单位应当自中止施工之日起一个月内，向发证机关报告，并按照规定做好建筑工程的维护管理工作。建筑工程恢复施工时，应当向发证机关报告；中止施工满一年的工程恢复施工前，建设单位应当报发证机关核验施工许可证。

按照国务院有关规定批准开工报告的建筑工程，因故不能按期开工或者中止施工

的，应当及时向批准机关报告情况。因故不能按期开工超过六个月的，届时应当重新办理开工报告的批准手续。

3.施工准备

（1）施工准备工作内容

根据《水利工程建设程序管理暂行规定》，建设项目在主体工程开工之前，必须完成各项施工准备工作，其主要工作内容包括以下几个方面。

①施工现场的征地、拆迁。

②完成施工用水、电、通信、道路和场地平整（简称四通一平）等工程。

③必须的生产、生活临时建筑工程。

④组织招标设计、咨询、设备和物资采购等服务。

⑤组织建设监理和主体工程招标投标，选定建设监理单位和施工承包队伍。

（2）施工招标

工程建设项目施工，除某些不适应招标的特殊工程项目外（须经水行政主管部门批准），均须实行招标投标。

（3）施工准备的条件

水利工程项目必须满足以下条件，施工准备方可进行。

①初步设计已经批准。

②项目法人已经建立。

③项目已列入国家或地方水利建设投资计划，筹资方案已经确定。

④有关土地使用权已经批准。

（4）主体工程开工条件

根据《水利工程建设项目管理规定（试行）》，主体工程开工，必须具备以下条件。

①前期工程各阶段文件已按规定批准，施工详图设计可以满足初期主体工程施工需要。

②建设项目已列入国家年度计划，年度建设资金已落实。

③主体工程招标已经决标，工程承包合同已经签订，并得到主管部门同意。

④现场施工准备和征地移民等建设外部条件能够满足主体工程开工的需要。

⑤需进行开工前审计工程的有关审计文件。

第三章 水利水电工程项目管理模式发展研究

第一节　水利水电工程项目管理模式

一、我国工程项目管理模式

改革开放后，基本建设领域为了适应社会不断发展而出现的新情况，也进行了相应改革并推出了一系列新的举措，通过推行三项制度（项目法人责任制、招标投标制、建设监理制），形成了以国家宏观监督调控为指导，项目法人责任制为核心，招标投标制和建设监理制为服务体系的工程项目管理体制的基本格局；出现了以项目法人为主体的工程招标发包体系，以设计、施工和材料设备供应单位为主体的投标承包体系，以及以建设监理单位为主体的中介服务体系等市场三原体。三者之间以经济为纽带，以合同为依据，相互监督、相互制约形成工程项目组织管理体制的新模式，彻底改变了我国以往以政府投资为主、以指令性投资计划为基础的直接管理型模式，进而转变为以企业投资为主、政府宏观控制引导和以投资主体自主决策、风险自负为基础的市场调节资本配置机制。这项改革使得项目法人责任制和项目投资风险约束机制得到强化，使项目和企业融为一体。

（一）项目法人责任制

1992年11月，我国颁布了《关于建设项目实行业主责任制的暂行规定》，开始推行由项目业主负责工程建设项目管理的模式，项目业主由投资方派代表组成并承担项目投资风险，同时对质量、进度、投资进行控制。

在理论上，项目业主责任制增强了业主的责任观念。初步解决了当时我国投资主体和责任主体相分离，工程建设一旦出现问题而责任追溯又缺失的局面。但由于政府拥有行政立项审批人和单一出资人的双重身份，政府机构组建的发包人单位不能在生产经营活动中自主决策、自负盈亏，仅仅是政府机构的附属物，这就造成了项目管理人员责任心不强，管理建设任务执行不到位的情况，不能从根本上解决我国项目建设与经营中存在的问题。

1996年我国进一步颁布了《关于实行建设项目法人责任制的暂行规定》。该制度明确了在整个项目运作过程中法人的核心地位，同时确立了工程项目的投资主体和责任主体。法人需承担投资风险，并需要对项目建设的全过程直至后来的生产经营、资产的保值增值的全过程负责。这样产权主体缺失、国有产权虚置等长期存在的问题得到有效解决，责、权、利相一致的保障机制和相制约的约束机制得以建立，有效避免了指挥不统一、管理不到位和投资失控现象，保证了项目资金的有效配置使用，极大地提高了投资效益。

项目法人责任制在我国的推行与实施是发展社会主义市场经济过程中所采取的一项具有战略意义的重大改革措施，这项制度的实施有利于我国转换项目建设与经营体制，提高投资效益，有助于在项目建设与经营全过程中运用现代企业制度进行管理，在项目管理模式上实现与国际标准的接轨。项目法人责任制是我国工程项目管理改革史上的一个里程碑。

（二）招标投标制

招标投标，是在市场经济条件下进行工程建设项目发包与承包，以及服务项目的采购与提供时所广泛采用的一种竞争性交易方式。在这种交易方式下，采购方通过发布招标公告提供需要采购物品或者服务的相关信息和条件，表明将选择最能够满足采购要求的供应商、承包商并与之签订采购合同的意向，由各有意单位提供采购所需货物、工程或服务的报价及其他响应招标要求的条件，参加投标竞争，最终由招标人依据一定的原则标准从投标方中择优选取中标人，并与其签订采购合同。招投标制大大激发了同行业各单位间的竞争，增强了中标人的资金控制，减少了发标人不必要的投资，提高了经济效益，符合市场经济的发展原则。

（三）建设监理制

建设监理制指的是在具体的工程项目建设中，建设监理单位受项目业主的委托，依据国家批准的工程项目建设文件和工程建设法律、法规和工程建设委托监理合同以及业主所签订的其他工程建设合同，对工程建设进行的监督和管理活动，以实现项目投资的目的。

工程建设监理的主要工作内容包括管理工程建设合同和信息资料，并协调有关各方的工作关系。工程建设监理制的基本模式是委托专业的监理单位代替项目法人对工程项目进行科学、公正和独立的管理。

当前，我国在水利水电建设领域，已深入全面地推行了施工与设备采购方面招标投标制，建设监理制已不再是试点阶段、全面推行阶段，而是正处于向规范化、科学化、制度化深入发展的阶段。同时，项目法人责任制也已有良好的开端，并在水利水电建设领域迅速、全面地发展。

二、我国水利水电工程项目动态管理主导模式选择

（一）我国水利水电工程项目常用管理模式比较

随着我国加入世界贸易组织，工程建设业的竞争也由原来的国内范围内的单位间竞争发展为当前国际范围内的相同企业间的竞争。为了使我国工程建设企业能够迅速地适应国际市场的行业规则，我国政府迅速做出相应调整，修改相关政策法规，大力推行国际标准的职业注册制度。近年来，我国普遍实行三种工程项目管理模式：监理制、代建制和EPC。

1.工程建设监理模式

建设监理在国外又叫作项目咨询，即站在投资业主的立场，实行工程项目管理，考虑工程项目建设的方方面面，旨在最终实现投资者的利益。近些年，我国普遍推行的工程监理模式为DB模式、PM模式及传统模式。

工程建设监理制其实是起源于国外的传统模式，即从设计到招标再到建造。具体内容为：由项目业主授权某家监理单位，全面管理整个工程项目，根据自身工程项目特点由业主决定监理工程师的介入时间以及管理范围。目前，国内工程建设监理基本上负责监督管理施工建设阶段的相关工作。

2.代建制模式

代建制模式专指政府投资的非经营类项目，并委托专业机构进行项目管理的工程监理模式。最早试运行代建制管理模式的地方是在个别地方政府，经过不断总结经验和学术探究，将其不断完善并逐步推广到全国各地。

目前，我国学术界和政府机构并没有做出关于代建制的统一标准定义及规章汇总。借鉴多方观点总结得到，代建制就是以公开竞标的方式，政府作为非经营性项目投资方择优选择项目管理单位，组织管理项目建设和施工过程中的相关工作，并在项目建成时先行验收后交付给项目使用单位。

代建制一般包括三方主体，分别为政府业主、代建单位和承包商。通常三方主体之间的关系形式具体表现为：第一种形式类似于国外的PM模式，业主与设计单位和其他两方签署相关合同，设计和施工部分由业主负责，项目相关管理服务工作则由代建单位全权负

责；第二种形式类似于PMC模式，第一步业主与代建单位之间签署代建合同，第二步代建单位再与工程设计单位、施工建设单位分别签署相关合同，不同于第一种形式，代建合同包括从项目设计到施工建设的全部内容，全部都由代建单位负责。

代建制主要特点如下：主要针对政府投资的非经营性项目。政府财政补贴非经营性项目的投资损失是其最大的特点，这严重违背了广大纳税人的利益。自代建制全面实行招投标方式后，有效提高了项目管理团队专业化水平，成功实现了对概算超估算、预算超概算、结算超预算“三超”的控制，保证了工程进度，同时在很大程度上保证了工程项目建设质量；实施代建制有利于减轻政府的工作压力，使政府不再是具体负责烦琐的工程项目管理工作，而是以投资主体的角度调控和监管项目整个实施过程，促进工程收益的增长。

3.平行发包模式

伴随着我国现代化进程的加快，逐渐形成了一种新型的水利水电工程项目管理模式，以项目法人制、招标投标制和建设监理制构建管理框架体系，称为平行发包模式，得到广泛的推行和好评，已迅速成为当今水利水电工程项目管理的主导模式。

项目法人制主要是规范项目业主的建设行为以及确认工程项目的产权，明确说明项目建设的责任和义务；招标投标制有效地促进了工程建设企业从行政指令方式到市场选择承包方式的转变；建设监理制可以很好地实现对招标承包及合同的高效管理以及对工程项目建设的一些自身的想法，与此同时，项目业主与承包单位签署的经济合同对双方均具有法律约束力。

（1）平行发包模式的概念及其基本特点

平行发包模式中，各参与方之间的关系是平等互利的。具体内容是：根据一定的规则，业主对整体项目进行科学的分解，针对不同部分的具体特点以及承包单位的自身特点有针对性地进行发包；签署相关合同，确立彼此间的权利和义务，以达到工程建设的最终目标。

平行发包模式的基本特点：监督管理工作由政府相关部门负责，项目业主合理分解全部施工任务后，按照分类综合法编写每个合同的具体内容，择优选择适合项目自身特点的承包商，项目建设过程中监理单位则协助或全权负责工程项目建设的管理和监督工作。

（2）平行发包模式的优缺点

平行发包模式具有很多优点，目前已经发展为一种相对完善的项目管理模式，通过招投标的方式，项目业主直接选定工程各承包人，增强了业主对整个项目全方面的掌控力，对临时的设计变动也可以灵活地处理；多个合同的模式使得合同界面彼此之间存在相互制约性；因为多家承包商共同承担着同一项目的建设工作，且承包商彼此之间专业、隶属都不尽相同。这样一来，施工作业面明显增多，整个工程建设的总体实力得到提升，有利于项目各个阶段建设及其有序衔接，减少了工程项目建设时间。较大型的工程项目，即投资

高、工期长、技术要求高等特点的项目比较适合采用这种项目管理模式。

平行发包模式在应用中也表现出了一些缺陷，例如由于项目招标工作量的增多，合同数量和界面明显增多，增大了业主进行合同管理的工作量和协调工作量。而且管理工作也会变得难度加大，无形中增加了工程项目的管理费用；容易导致设计与施工、施工与采购环节之间的分离，造成承包商与业主间不必要协调工作的增加，工程造价不能控制在最优状态范围内。

近年来，我国工程项目管理中全面推行的中介服务机构，如招标代理和建设监理等可以很好地改善上述这些缺点。

（二）我国水利水电工程项目动态管理主导模式选择

随着经济社会的发展以及建筑科技的进步，工程项目建设规模越来越大，且对技术要求进一步增强。工程项目整体系统性和复杂性也随之增强，急需一套科学的、专业的、市场化的工程项目实施管理模式。由工程项目的特点可以看出，其实施过程是一个复杂的系统工程，内部必然存在一定的客观规律。这就要求有一套与之相匹配的管理模式和管理方法来完成整个项目的建设和经营。为了满足这种市场需要，国际上通常采用的方法是参照不同工程项目的特性，选取与其自身特性相适应的项目管理模式来进行项目的组织和建设。根据我国水利水电建设项目管理体制改革的特点，研究符合中国特色的水电工程项目管理模式对我国工程建设业具有划时代的意义和广泛的应用前景。

1.基于不同投资主体的模式选择

由于投资主体多元化，投资主体性质也日趋多样化。目前，我国水利水电项目中包含了多种不同形式的投资主体。大体上，我国的水利水电项目投资方主体分为两大类：一类是新型国有水利水电开发（投资）企业，投资主体是国有控股投资。新型水利水电开发企业是相对于传统的水利水电开发企业而言的，这种企业的主要特征是现代公司制，且其公司治理结构逐步趋于规范化。这些企业主要包括五大发电集团、湖北清江水电开发公司、三峡水电开发总公司、二滩水电开发公司等。另一类是混合所有制水电开发企业，投资主体是民间投资参股或控股。近年来，我国中小水电开发中这类企业日益增多，就目前的发展速度和趋势分析可以发现，在今后一个时期，这种类型的开发企业将会越来越多地出现在我国的水利水电项目建设当中。

这两类投资主体中，前者主要是由水电行业中的政府机构、传统的大型国有企业发展而来，熟悉基于传统模式的水电建设，也相对熟悉国家在水电开发和建设管理方面的相关政策变更，严格执行目前我国水电项目的管理模式。然而，这些企业当中有些并不完全具备现代企业制度的特点，法人股东可能是单一的国家，或国家与当地政府合作，不太符合混合所有制的特点。后者一般是在最近几年新成立的企业，或是重组为公司制的企业。这

些企业普遍具有现代企业制度，具有明确的所有权和业务关系特点，在具有经营权的同时还有投资权和资产处置权。一些公司还建立了全员聘用制、经营者年薪制等制度。公司治理结构更加完善，股东、董事会正常执行自身职责。近年来在我国水电资源比较发达的西部地区，一批中小型水利开发公司迅速崛起，私人参股投资或投资控股的水电工程项目法人绝大多数归为这类企业。在当前体制下，第一类投资主体主要趋向于大型和中型水电项目，第二类则主要是小型和中型水电项目。

选择一个项目的管理模式需要综合考虑两种投资主体的特点、行为方式和业务范围等方面。也就是说，以国有控股为主的新型国有水电开发企业在投资水电项目建设上，应当遵循现有项目管理主导模式，进一步完成投资与建设的分离，即如果业主自身的管理能力很强，完全可以成立自己专业化的项目管理公司，专门负责工程项目的建设管理工作；如果业主自身的管理能力不够，也可以采取招投标的方式选择合适的工程公司或项目管理公司来负责管理项目的建设工作。近些年，工程建设的一种趋势是将设计与施工综合考虑，在条件充分时，择优选择由设计和施工单位构成的联营体担任项目的总承包方，或是承担某些分部、分项工程或专业工程。设计施工联合型工程公司承包整个工程项目，是未来工程项目建设的一个发展趋势。

对于投资主体为私营投资参股或控股的情况，笔者认为应当根据我国的市场经济制度特点，参考国际上流行的项目管理模式，大胆创新，研究和实现自主创新的、符合我国国情的中小型水利水电项目管理模式。当这类工程项目业主通过一定方式吸收一定数量的专业水电开发人才时，便可以组建自己的项目建设管理机构，采用平行发包模式，最大限度利用现有社会资源，对工程项目进行开发建设。当项目业主没有能力建立自己的项目管理机构时，不能有效、全面地对整个工程项目建设过程进行控制管理，这时可以结合自身资质和当前相关政策导向，以小业主、大项目管理（承包）方式为指导，采用工程总承包、项目管理服务、施工管理承包（服务）等模式进行项目的开发任务。

2.不同规模工程项目的模式选择

水利水电项目在基础设施项目当中是比较特殊的一类，其具有投资规模大、建设工期长等特点，而且由于这类项目通常受地形地质和水文气象等条件影响较明显，所以在具体水电站工程设计方面差异性较大。同时，一个水电站建设规模的大小也会造成各方面具有很大差异性。通常情况下，大型水电站项目不同于中、小型项目，大多数大型水电站工程集发电、灌溉、取水、防洪、航运于一体，具有施工难度大、工程技术限制多、环境影响因素多等特点，相比中小型水电站具有投资大、风险高、影响深远等特点，在工程建设管理方面也要求相对更为严格的管理方案，社会关注度较高。因此，大型水电站项目的管理模式应该有别于一般的中小型水电项目，有必要采取更为科学、严谨、规范的管理模式与之匹配。但是，目前我国的情况是一刀切，没有突出不同工程项目的个性，一味套用同一模式进行项目管理，不利于工程项目的有效建设和经营；应该结合项目投资主体结构特征，以现行主导模式为基础，引进国外先进的工程项目管理方法，不断创新，探索出适合我国国情的先进的项目管理模式用于大型和超大型的水利水电项目开发建设。

3.具有中国特色的项目管理模式

工程项目的建设可以采用不同的模式进行组织和实现，管理模式选择的原则是以项目的终极目标为导向，综合考虑项目的性质、复杂程度、投融资渠道、业主的技术和管理能力，以及国家当前政治、经济大环境等多方面因素的影响。目前，我国水电建设行业的项目管理模式主要包括：第一种项目管理模式是由投资者自行管理的；第二种项目管理模式是由投资方设立项目法人进行管理；第三种项目管理模式是投资方授权专业机构进行管理工作。近阶段，我国的主导模式为第一种和第二种；国际上流行的项目管理模式是PMC、CM、Partnering、EPC或是综合EPC与PMC二者的模式。为了保证我国工程项目管理模式健康快速发展，我们应该站在巨人的肩膀上来思考问题，勇于引进国际上的先进项目管理模式，并在此基础上结合我国水电项目自身特性大胆创新，推动我国水电项目管理模式向前发展。

第二节　水利水电工程项目管理模式发展建议

现今，无论从水电的开工规模还是年投产容量来看，我国都排在世界第一位，成为水利水电建设大国。新中国成立以来，我国水利水电项目管理模式经历了一个曲折的发展过程，正不断地与国际市场接轨，多种国际通行项目管理模式开始发展应用。我国的项目管理取得了巨大的进步，但其仍然发展得不够完善，存在或多或少的问题。针对我国工程项目管理的现状，经过对国际项目管理的研究及对比，笔者对我国水利水电工程项目管理模式的发展提出以下几点建议。

一、创建国际型工程公司和项目管理公司

目前在国际和国内工程建设市场呈现出的新特点包括：工程规模的不断扩大带来了工程建设风险的提高；技术的复杂性日趋增大使得对于施工技术进行创新更加迫切；国内市场日益国际化，并且竞争的程度日趋激烈；多元化的投资主体等。这些特点为我国项目管理模式的发展以及培育我国国际型工程公司和项目管理公司创造了良好的条件。

（一）创建国际型工程公司和项目管理公司的必要性

目前，我国国际型工程公司和项目管理公司的创建有着充分的必要性，主要体现在：

第一，我国的设计、施工、咨询监理等企业都已具备向国际工程公司或项目管理公司转变的条件。在主观上，通过各项目的实践，各大企业也已经认识到企业职能单一化的局限性。部分企业已开始转变观念，承担一些工程总承包或项目管理任务，并相应地调整组织机构。在客观上，业主充分认识到了项目管理的重要性，越来越多的业主，特别是以外资或民间投资作为主体的业主，都要求承包商采用符合国际惯例的通行模式进行工程项目管理。

第二，与国际接轨的必然要求。我国想要与国际接轨，就必须依赖有实力的国际型工程公司和项目管理公司来实现。国际工程师联合会推出了四种标准合同范本，包含了适用于不同模式的合同，其中就有适用于DB模式的设计施工合同条件，适用于EPC模式的合同条件等。我国企业必须采用世界通行的项目管理模式，顺应这一国际潮流，才有可能在国际工程承包市场上获得更大的发展，才有可能实现“走出去”的发展战略。

第三，壮大我国水利水电工程承包企业综合实力的必然选择。我国水利水电行业的工程现状是：设计、施工和监理单位各自为战，只完成自己专业内的相关工作，设计与施工没有搭接，监理与咨询服务没有联系，不利于工程项目的投资控制和工期控制。

目前我国是世界水利水电建设的中心，有必要借助水利水电大发展的有利时机，学习和借鉴国际工程公司和项目管理公司成功的经验，通过兼并、联合、重组、改造等方式，加强建设企业之间资源的整合，促使一批大型的工程公司和项目管理公司成长壮大起来，使他们自身具有设计、施工和采购综合能力，能够为项目业主提供工程建设全过程技术咨询和管理服务。

（二）国际型工程公司和项目管理公司的发展模式

对于一个企业来说，竞争能力是重中之重，因此，我国的水利水电工程承包企业有必要通过整合、重组改善组织结构，培育和发展出一批能够适应国际市场要求的国际型工程公司和项目管理公司。这些公司能够为业主提供从项目可行性分析到项目设计、采购、施工、项目管理及试运行等多个阶段或全阶段的全方位服务。

目前，我国工程总承包的主体多种多样，这些主体单位包括：设计单位、施工单位、设计与施工联合体以及监理、咨询单位为项目管理承包主体等多种模式。由于承包主体社会角色和经济属性不同，决定了其在工程总承包和项目管理中所产生的作用和取得的效果也不尽相同，进而产生了几种可供创建国际型工程公司和项目管理公司选择的发展方式，具体陈述如下。

1.大型设计单位自我改造成为国际型工程公司

以设计单位作为工程总承包主体的工程公司模式，就是设计单位按照当前国际工程公司的通行做法，在单位内部建立、健全适应工程总承包的组织机构，完成向具有工程总承包能力的国际型工程公司转变。大型设计单位拥有的监理或咨询公司一般也具备一定的项目管理能力。因此，大型设计单位的自我改造是设计单位实现向工程公司转变的一种很好的方式，只须进行稍稍的重组改造，即能为项目业主提供全面服务。大型设计单位向综合方向发展，成为具备项目咨询、设计、采购、施工管理能力的国际型工程公司，形成以设计为主导，以项目管理为基础的工程总承包。

2.大型施工单位兼并组合发展成为工程公司

一些大型的水利水电施工单位不仅是我国国内水利水电施工的主体，也是开拓国际水利水电承包市场的主导力量。其除了具有强大施工能力和施工管理能力，也具备一定的项目管理能力。但相对国际水平而言，国内相关单位虽然施工能力很强，但是不可避免地会存在一些缺点和不足，如勘察、设计和咨询能力不足，不能够为项目业主提供全方位、高层次咨询与管理的服务；在对工程项目开展优化设计、控制工程投资和工期方面能力很弱。针对这些问题，可以通过兼并一些勘察、设计和咨询能力较强的中小设计单位，弥补自身在此方面的缺陷，在残酷的市场环境中走向壮大，顺利发展成为大型的综合性工程公司。

3.咨询监理单位发展成项目管理公司

咨询、监理单位本身就是从事项目管理工作，通过它们之间的兼并组合或者对自身进行改造，可以形成实力较强的大型项目管理公司，为项目业主提供项目咨询和项目管理服务。我国水利水电咨询监理单位的组建方式多种多样，主要包括项目业主组建的、设计单位组建的、施工单位组建的、民营企业组建的以及科研院校组建的。但是这些单位具有一些共同的特点：组建时间不长、人员综合素质不高、单位的资金实力较弱、服务范围较窄等。如果由这些单位承担工程总承包，则一定具有较高的现场管理水平，具备一定的综合管理和协调能力，但是普遍缺乏高水平的设计人员，加上自身不具备资金实力，所以很难有效地控制工程项目建设过程中的各种风险。因此，可以把监理、咨询单位中一些有实力的单位兼并重组为能够从事工程项目管理服务的大型项目管理公司，在大型水利水电项目建设中提供诸如PMC等形式的管理服务。

4.大型设计单位与大型施工单位联合组建工程公司

所谓大型设计和施工单位联合组建工程公司，是指将大型设计与施工单位进行重组或改造，组建具有项目全阶段、全方位能力的工程公司，这种工程公司的水平最高，能够进行各种项目管理模式的组合。虽然通过这种方式组建工程公司的难度很大、成本很高，但

这是利用现有资源创建我国最具竞争力的国际型工程公司的最佳捷径。因为设计施工的组合属于强强联合，双方优势互补，不但使设计单位在项目设计方面的专业和技术优势得到了充分发挥，而且将设计与施工进行了紧密结合，便于综合控制工程质量、进度、投资和促进设计的优化和技术的革新。这样也有利于进一步提升企业的综合竞争力，使工程公司到国际工程承包市场上去承建更多、更大的工程总承包项目。这种创建工程公司的方式将是我国未来一个阶段发展的重点。

鉴于我国现阶段设计与施工相分离的实际情况，国际型工程公司的组建可以分为两个步骤：第一步，由设计和施工单位组成项目联合体共同投标并参与工程项目总承包管理。目前，我国水利水电工程投标中，较为常见的是由不同施工单位组成的联合体共同参与投标，设计单位与施工单位之间联合投标的情况很少见，造成这种现象的原因是我国水利水电建设中这种模式应用得较少，以及该领域详细的招标条件不成熟。国家大力倡导在水利水电工程领域采用工程总承包和项目管理模式，因此有必要支持部分项目业主采用工程总承包模式进行招标，鼓励投标人采取设计与施工联营的方式进行投标，逐步培养和发展工程总承包和项目管理服务意识。一般情况下，联营分为法人型联营、合伙型联营和协作型联营三种形式。目前，我国国内水利水电企业之间采用较多的是合伙型联营和协作性联营。未来我国水利水电企业之间发展的初期应该是法人型联营，为其最终发展成设计与施工联合型工程公司打下基础。第二步，当工程总承包和项目管理服务已发展较为成熟，成为水利水电建设中的常见模式时，则可以将设计与施工单位重组或改造成为大型的项目管理公司，彻底改变设计与施工分割的局面。

5.中小型企业发展成为专业承包公司

对于中小型的施工单位和设计单位，应扬长避短，突出自身专长，发展成为专业性承包公司，除了进行自主开发经营外，还可以在大型和复杂的工程项目中配合大型工程公司完成建设施工。

6.发展具有核心竞争力的大型工程公司和项目管理公司

企业项目管理水平的高低直接体现了一个水利水电工程承包单位的核心竞争力，而企业的项目管理水平具体体现在管理体制科学、管理模式独特、经营方法灵活、运营机制完善等，以及由此带来的规模经济效益。

我国已成为世界水利水电建设的中心，然而我国的水利水电工程承包企业无论从营业额、企业规模，还是企业运作机制等方面，其国际国内工程承包能力都远远比不上国际先进的排名前几位的工程公司，有着巨大的差距，这与我国世界水利水电建设的中心地位极不相符。因此，我国必须加大投入，培育并提高企业的核心竞争力，发展一批具有国际竞争力的大型工程公司和项目管理公司。

二、我国水利水电工程项目管理模式的选择

（一）推广EPC（工程总承包）模式

工程总承包模式早已在国际建筑界得到广泛应用，有大量的实践经验，在我国积极推行工程总承包将会产生一系列积极有效的作用。它有利于深化我国对工程建设项目组织实施的方式改革，提高我国工程建设管理水平，可以有效地对项目进行投资和质量控制，规范建筑市场秩序；有利于增强勘察、设计、施工、监理单位的综合实力，调整企业经营结构，可以加快与国际工程项目管理模式接轨的进程，适应社会主义市场经济发展和加入WTO后新形势的要求。

EPC模式在我国水利水电建设的实践中收到了显著的效果，如白水江流域梯级电站项目，由九寨沟水电开发有限责任公司进行设计、采购、施工总承包，避免了业主新组建项目管理班子不熟悉工程建设的问题，最终在项目建设的过程中确定了工程的总投资、工期以及工程质量。水利水电工程中采用EPC模式也存在一些问题，例如业主的主动性变弱；虽然承包商承担了更多风险，但其风险承担能力较低等。对于水利水电工程来说，EPC的具体实践易受地质条件和物价变动、建设周期长、投资大等因素影响，因此对于该模式应用条件进行研究显得很有必要。而在推行EPC模式的过程中应注意的问题有以下几点。

1.清晰界定总承包的合同范围

水电工程总承包合同中的合同项目及费用大多是按照概算列项的，为了避免不必要的费用和工期损失，应在合同中明确水电工程初步设计概算中包括项目的具体范围。在水利水电工程项目实施过程中，总承包商有可能会遇到这样一种情况：业主会要求其完成一些在工程设计中没有包括的项目，而这些项目又没有在合同中予以确定，最终导致总承包工程费用增加，损害总承包商的利益。

2.确定合理的总承包合同价格

在水利水电工程EPC总承包中，总承包商的固定合同价格并不是按照初步设计概算的投资来进行的，因为业主还会要求总承包商在其约定的基础上“打折”，由此承包商面临的风险大大增加。

（1）概算编制规定的风险

按照行业的编制规定，水利水电工程概算需若干年调整一次。若总承包单位采用的是执行多年但又没有经过修订的编制预算，容易造成工程预算与实际情况不符。

（2）市场价格的风险

考虑到水电工程周期长，在工程建设期间总承包商需要充分考虑材料和设备价格的上涨，最大限度地避免因此造成的损失和增加的风险。

（3）现场状况的不确定性和未知困难的风险

水利水电工程建设中，可能遇到较大的地质条件变化及很多未知的困难，根据概算编制规定，一般水电工程在基本预备费不足的情况下是可以调整概算的，但按照EPC合同的相关条件，EPC总承包商必须要自己承担这样的风险。因此，一旦发生工程项目概算调整时，因“固定价格”总承包将会给总承包商带来巨额的亏损并造成工期的延误。这些风险的存在增加了总承包商承担的风险，总承包商在订确定合同价格时应更加谨慎，充分了解项目工程情况，综合分析其潜在的风险；就其与业主进行沟通和协商，以便最终能够达到获利要求的合同价格。同时，承包商可以根据风险共担的原则，在与业主签订合同时，明确规定一旦发生上述风险时，双方应就最初的固定价格总承包展开磋商，以合理降低自身的风险。

3.施工分包合同方式

EPC总承包的要旨是在项目实施过程中“边设计、边施工”，这样便于达到降低造价、缩短工期的目的。而水利水电工程在进行施工招标时，设计的进展并不能够完全达到施工的要求，因此在实际施工中更容易发生变更，导致分包的施工承包商的索赔。因此，笔者认为，采用成本加酬金的合同方式，比以单价合同结算方式的施工合同更能适应水电工程EPC总承包方式。

（二）实施PM模式

近年来，国内项目管理的范围、深度和水平在不断提高。各行业，包含煤炭、化工、石油天然气、轻工、电力、公路、铁路等，均有先进的项目管理模式出现。

1.PM模式的优势

PM模式相对于我国传统的基建指挥部建设管理模式主要具备以下几点优势：

（1）有助于提高建设期整个项目管理的水平

长期以来，我国工程建设所采用的业主指挥部模式主要是应项目开展的需要而临时建立的，项目完工交付使用后，指挥部也就随之解散。这样一种模式使其缺乏连续性，业主不能够在实际的工程项目中积累相应的建设管理经验和提高对于工程项目的管理水平，达到专业化更是遥不可及。针对指挥部模式的种种弊端，工程建设领域引入一系列国外先进的建设管理模式，而PM模式便是其中之一。

（2）有利于帮助业主节约项目投资

业主在和PM签订合同之初，在合同中就明确规定在节约了工程项目投资的情况下可以给予相应比例的奖励，这就促使PM在确保项目质量、工期等目标完成的前提下，尽量为业主节约投资。PM一般从设计开始就全面介入项目管理，从基础设计开始，本着节约和优化的方针进行控制，降低项目采购、施工、运行等后续阶段的投资和费用，实现项目全寿命期成本最低的目标。

（3）有利于精简业主建设期管理机构

在大型工程项目中，组建指挥部需要的人数众多，建立的管理机构层次复杂，在工程项目完成后富余人员的安置也将是一个棘手的问题。而在工程建设期间，PM单位会根据项目的特点组成相应的组织机构协助业主进行项目管理工作，这样的机构简洁高效，极大地减轻了业主的负担。

2.水利水电工程实施PM模式的必要性

这是国际国内激烈的市场竞争对我国项目管理能力和水平的要求。在我国加入WTO以后，国内的市场逐步向国外开放，同时近几年不断发展的国内经济，使得中国这个巨大的市场引起了全球的关注，大量的外国资本涌入中国，市场竞争日趋激烈。许多世界知名的国际型工程公司和项目管理公司瞄上了中国这块大蛋糕，纷纷进入中国市场，在国内传统的工程企业面前，他们的优势十分明显：优秀的项目管理能力、超前的服务意识、丰富的管理经验和雄厚的经济实力，这使得在国内大型项目竞标中，国内企业难以望其项背。许多国内工程公司已经认识到了这个差距，并积极通过引进和实施PM项目管理模式来提升自身的能力和水平。

PM模式的实施也是引入先进的现代项目管理模式，达到国际化项目管理水平的重要途径之一。实现现代化工程项目管理具有五个基本要素：前提是不断在实践中引入国际化项目管理模式，但是不能单纯地引进，要对其进行改进，寻求并发展符合我国国情的现代项目管理理论；关键在于招集和培养各专业的高素质专业人才；其必要条件是计算机技术的支持，需要开发和完善计算机集成项目管理信息系统；组建专业的、高效的、合理的管理机构，这是实现现代化项目管理的保证；其最根本的基础在于建立完善的项目管理体系。而PM模式正好具备以上五个特性，PMC也因此显示出了强大的生命力。

3.PM模式能够适应水利水电工程的项目特点

水利水电工程一般都具有以下特点：环境及地质条件复杂、体型庞大、投资多、工程周期长、变更多等，这些就更需要具有丰富经验和实力的项目管理公司，对水利水电项目的建设过程进行PM模式的管理，切实有效实施投资控制、质量控制和进度控制，实现业主的预期目标。这样可以使业主不必过于考虑细节上烦琐的管理工作，把自己的时间和精力放在履行好关键事件的决策、建设资金的筹措等职责上。

（三）推行CM模式

CM模式在整个工程控制和管理上有一定的特色，尤其是在信息管理、投资、进度、质量控制及组织协调等方面，是一种值得我国学习和借鉴的新型工程项目管理模式。我国也有某些大型工程引进CM模式，上海证券大厦项目是第一个引入该模式的大型民用建筑

项目，但我国水利水电工程方面还没有引入应用过CM模式的项目。如果要在水利水电工程建设管理中引进CM模式，就必须分析CM模式的特点及其适用范围，并与已经被人们熟知且较为成熟的项目管理模式进行比较，同时结合国内水利水电工程项目的实际情况进行改进。将CM模式引入我国水利水电项目管理中，主要有以下几点原因：

经过不断发展，我国的水利水电工程从勘测、设计到施工都具备了一定的经验，为缩短施工周期，多数的水利水电工程都采用“边设计、边施工”方式进行建设，但是这种方法没有“快速轨道法”科学，同时“快速轨道法”也能够更加合理地确定施工合同价格。

CM模式中的CM承包商能够协助业主完成大型、复杂的工程项目管理工作，而通常水利水电工程都存在工程技术复杂、人员及合同管理工作量大的特点。

采用CM模式可以使业主精简职能部门，压缩工作人员，节约支出。业主可以随时检查CM承包商和分包商之间签订的合同，各方之间的合作关系公开透明。同时，CM承包商承担GMP（最大工程费用）保证，也利于业主对工程项目总投资的控制。

随着我国水利水电工程的不断发展，形成了一大批专业的、施工能力和管理能力很强的团队，他们具有发展成为CM承包商的潜质和基础。

基于以上分析，CM模式比较适合应用于我国水利水电项目的工程管理，有较大的发展空间，有望改变我国现今的水利水电项目管理状况。在我国水利水电工程发展CM模式也应注意以下几个问题：

首先，从法律法规上规定CM模式，承认其合法性。现今我国有关水利水电工程的项目管理模式得到相关法律法规认可的主要包括施工总承包及工程建设总承包，而且，建设法规中规定在工程建设中需完成施工图设计后才能进行工程招投标，这对CM模式“边设计、边施工”的特点形成了阻力。因此，为了更好地推广CM模式，建设机关有必要推出相关的试行条例。

其次，CM模式的适用性。每种工程项目管理模式都有一定的特性和适用性，不存在任何一种模式可以通用于任何工程。虽然CM模式是一种较为新型的项目管理模式，有强大的发展力，但它一般适宜用于较复杂的大型项目，不适宜于常规的水利水电工程。另外，如果采用代理型CM模式，签订合同时则没有规定CM承包商保证最大工程费用，因此业主就要承担较大的投资风险，需要业主提升自身的投资控制能力。

最后，注意CM单位与工程监理的职能划分。现今我国实行工程监理制，工程监理代表建设单位，依照有关法律、行政法规及有关的技术标准、设计文件和工程承包合同，在施工质量、工期和资金使用等方面对承包单位进行监督，其职能在某些方面与CM单位形成冲突。因此，针对我国目前工程监理开展的工作情况，在发展CM模式时，可以发挥工程监理的优势，令其完成在施工阶段的质量控制，CM单位需要掌控全局，主要进行协调进度和投资控制。

第四章 水利水电工程BIM技术的应用

第一节　BIM技术基本理论

一、BIM技术及其特点

BIM技术是建筑行业近年来涌现出的一项新技术，它的出现在短时间内迅速得到各行业的关注和应用，拥有广阔的市场前景。BIM技术的应用实现了建筑项目全生命周期的信息化管理，通过采用最新的三维数字化技术，将与工程模型相关的各种几何、物理属性等信息进行集成，保证了设计、施工和运营各阶段的信息协同。目前业界人士都对BIM的定义提出了自己的看法，而相对来说比较完善的是麦格劳-希尔建筑信息公司提出的，定义的本质就是采用三维软件创建蕴含工程实体各种相关信息的三维模型，并将这些信息在工程项目的设计、施工管理以及后期运营的过程中加以表达，实现对项目的全生命周期的管理。BIM伴随着CAD技术的发展出现在人们的视野中，是二维向三维转变的必然趋势。

BIM可以从狭义的BIM和广义的BIM两个方面来理解，所谓狭义的BIM是指从设计工具变更角度来理解BIM，强调BIM工具在特定阶段的使用，并未体现在BIM技术对在建筑全生命周期中各个环节的管理。从广义的角度来理解，BIM是实现不同专业之间信息共享的基础，各专业在此基础上建立、完善信息化电子模型的行为过程。故工程项目中不同专业之间可以借助BIM平台从模型中及时获取最新的各种参数信息并进行协同，避免了数据的重复录入、数据冗余等问题的发生；同时可以通过对最新信息的分析，进行决策优化，使项目得到有效管理。

BIM是对建筑物理和功能特性的数字表达，为建筑物整个生命周期提供可信赖的信息共享的知识资源库。BIM的作用就是为了实现项目全生命周期（从概念设计到最终拆除的过程）的数据信息共享与协同，从而可以使各参与方的工程设计和管理人员做出正确、高效的应对，为工程项目的管理和决策提供依据。BIM技术的提出对建筑工业的发展具有重大的意义。BIM技术改变了传统建筑行业的生产模式，利用BIM模型在项目全生命周期中实现信息共享、可持续应用、动态应用等，为项目决策和管理提供可靠的信息基础，进而降低项目成本，提高项目生产效率，为建筑行业信息化发展提供有力的技术支撑。

建筑信息模型（BIM）可以使参与项目的不同利益相关方实现信息资源共享、协同作业，具有可视化、协调性、模拟性、优化性、可出图性五大特征。下面对BIM的五大特征进行介绍。

（一）可视化

BIM通过将常规的二维表达转化为可视的三维模型，使整个工程项目的过程在可视化的状态下进行（如项目设计、建造、运营过程中的沟通交流、决策等），信息的表达更加直观形象，利用BIM的可视化优势可以使非专业人员对建筑的创意有更好的了解，同时可以及时推进各方进行协调，高效地做出决策。

（二）协调性

在工程项目中利用BIM提供的三维设计协同平台，可以使不同的专业间、工作人员之间实现信息数据共享，协同工作，实现修改、设计深化协同更新；同时BIM可在建筑物建造前期对各专业间的碰撞问题进行协调，生成协调数据。这种无中介沟通，大大避免了不及时沟通造成的设计错漏，有效提高了设计质量和效率。

（三）模拟性

通过BIM可以对工程项目的不同建设阶段进行模拟，如设计阶段、招投标和施工阶段、后期运营阶段等，并通过此过程预先发现可能发生的各种情况，可以在很大程度上减少因设计或施工方面的失误造成的损失，达到节约成本、提高工程质量的目的。

（四）优化性

BIM模型提供了建筑物实际存在的数据信息（如几何、物理等信息），可以实时得到设计变化对投资回报的影响，通过将投资回报分析和项目设计结合起来，实现对项目方案进行动态优化，从而显著缩短工期和降低造价。

（五）可出图性

除了以上四种特性，还可以根据工程项目的需要完成基于BIM的图纸生成工作，包括平面图、立面图、局部大样图及剖面图等。如帮助业主出如下图纸：综合管线图（经过碰撞检查和设计修改，消除了相应错误以后）；综合结构留洞图（预埋套管图）。

二、BIM在项目建设各阶段的应用优势

（一）可行性研究阶段

考虑到项目建设所须的技术和资源方面的支撑，BIM技术的提出在项目的可行性研究阶段为项目的可行性论证提供了帮助，并在一定程度上保证了论证结果的准确度及可靠性。在可行性研究阶段，BIM技术与传统的经验法对比具有很大的优势：第一，BIM技术通过运用逻辑数理分析的方法对与建筑物相关的各种因素（如社会环境等）进行综合分析。第二，根据分析的结果制定并论证项目设计的理论基础，科学地确定设计内容。第三，BIM还能帮助设计师在设计阶段实时查看项目设计是否符合可行性研究的理论依据及业主的需求，避免后期详图设计出现修改造成的不必要的资源浪费。

（二）设计阶段

对于传统的CAD时代来说，建设项目设计阶段容易出现二维平面图比较烦琐、设计准确度不易把握、变更频繁、协同合作困难等不足，BIM技术的价值优势巨大，具体表现如下：

1.协同设计

作为一种新兴的建筑设计方式——协同设计，它是将网络技术与数字化设计技术相结合，将工程项目中不同专业的设计人员以网络为沟通渠道展开的协同设计。传统的工程项目所采用设计方式无法很好地对各专业之间（如建筑、结构、暖通等）进行协调，相关数据信息无法得到关联并及时共享，难免会出现这样那样的设计冲突，而这种冲突往往到具体的施工阶段才能发现，给项目的建设造成了很大困扰。BIM技术的出现为协同设计注入了新鲜的血液，为协同设计提供基础的支撑，设计的技术含量也随之显著提升。通过三维可视化、参数化的BIM模型，可以很方便地对各专业之间进行协调，减少设计冲突的发生。利用BIM技术的优势，协同规划、设计、施工及运营各方，实现了协同范畴从单纯的设计阶段向项目全生命周期的跨越。

2.性能化分析

一般在工程项目设计阶段，都需要对设计进行性能化分析，检测相关设计是否满足建筑的功能性要求。CAD时代，性能分析计算必须通过专业技术人员以手工的方式将数据输

入相关分析软件中才能展开，其中这些技术人员需要进行软件操作使用的相关培训，加上设计变更带来的数据重复录入工作，消耗了大量的人力财力，导致建筑设计的性能化分析只能安排在设计的完成阶段，使性能化分析与建筑设计严重脱节。利用BIM软件创建的包含几何属性、物理属性以及材料性能的三维可视化、参数化模型，可以直接将其导入相关性能分析软件中，就能进行相应的分析，使原本烦琐的数据信息输入工作变得简单易行，很大程度上缩短了性能化分析的周期，保证了设计质量，同时为业主提供了更专业的技能与服务。

3.工程量统计

在CAD时代，计算机中存储的项目构件的相关信息无法在其内部实现自动计算，一般采用如下两种方式对工程量进行统计：

（1）根据CAD工程图纸或CAD文件对工程量进行统计和测量。

（2）依据CAD文件或图纸重新进行建模然后导入专门的造价计算软件自动进行统计。

上述两种统计方式各自存在着的缺陷，前者需要耗费大量人力且极易产生人为因素的误差，后者需要对模型根据设计方案的调整及时更新，若两者不能及时同步，将导致工程量的统计数据失效。BIM技术的出现大大降低了烦琐的人工操作和潜在错误的发生，确保模型信息与设计方案的同步。BIM是一个富含工程信息的数据库，通过其提供的有关造价管理的工程量信息对各种构件进行统计分析可以实现工程项目的工程量统计。我们同样可以利用BIM获得的准确工程量统计，并据以进行设计前期的项目成本预算以及不同设计方案的对比等。

4.管线综合设计

随着建筑物的工程体量和使用功能的日益增加，致使业主、设计以及施工企业对管线综合的要求愈加严格。CAD时代，最初由建筑或机电专业牵头的设计企业进行管线综合的方式是将工程图纸打印成硫酸图并将其叠加后进行管线综合，因为缺失直观的交流平台及二维信息，难以避免各专业之间管线的碰撞冲突，成为管线综合的一道技术难题。利用BIM技术，搭建可视化、参数化的BIM模型，通过将模型导入虚拟可视化仿真软件中进行碰撞模拟，设计人员可以很快发现管线的碰撞冲突，提高了管线综合的设计效率。这不仅减少了施工环节管线碰撞产生的变更申请单，而且减少了由于施工协调导致的工期延误和成本增加。

（三）建设实施阶段

1.施工进度模拟

建筑行业工程体量、结构的复杂程度不断提升，再加上高度动态的施工过程，使施工

项目管理对管理者来说变得更加棘手。BIM技术的出现在很大程度上改变了目前的状况，通过BIM相关软件创建三维可视的4D模型，并将其与施工进度计划关联，对空间信息与实践信息进行整合，使建筑的施工过程在可视的4D模型中得到直观、精确的反映。施工模拟技术不仅可以达到降低成本、保障工程质量以及缩短工期的目的，而且可以对施工资源进行科学优化配置，统一管理和控制整个工程的施工进度、资源和质量。同样，施工企业可以利用4D模型在工程项目的投标中取得优势，评标专家可以通过4D模型对投标单位投标项目的施工方案做出全方位的评价，如施工的控制方法、总体计划的合理性等，从而更加有效地评估投标单位的施工经验和实力。

2.施工组织模拟

施工组织是通过协调不同的施工单位、工种、资源之间的相互关系并制定各阶段施工准备的工作内容来对施工过程实施科学管理。换句话说施工组织设计就是施工技术与施工项目管理的结合体，为整个施工过程提供各项技术、组织以及经济综合性解决方法。利用BIM技术可以针对项目的难点或重点部位进行模拟，并对其按月、日、时进行施工方案优化分析；对采用新施工工艺的关键部位或施工的重要环节进行施工措施模拟分析，可以提高施工计划的可行性；利用施工组织计划与BIM技术相结合进行预演模拟，增加复杂建筑体系的可建性。通过BIM进行施工组织模拟可以使项目管理方对施工的安装工序和安装环节的时间节点以及安装过程中的难点和要点有直观的了解与把握，对于施工方来说可以对原有的施工方案进行优化改善，提高施工效率，确保施工方案的安全性。

3.施工现场配合

BIM集成了建筑物的完整信息，为工程项目不同的参与方提供了一个可以实时沟通的三维环境。相对于传统的项目中各个参与方只能通过在图纸堆中找到有效的信息后再进行交流而言，效率显著提升。BIM渐渐成为施工现场各参与方的沟通交流平台，各方人员可以通过此平台进行项目方案的协调、可造性论证并能够及时排除施工过程中的风险隐患，减少了由于设计变更原因产生的成本增加，使施工现场的生产效率得到了提升。

（四）运营维护阶段

BIM技术能将建筑物的设备参数和空间信息进行整合，为业主提取建筑物的全方位信息创造便利条件。通过关联BIM与施工过程记录信息，实现包括隐蔽工程在内的竣工信息集成，不仅可以在未来对建筑物改造、扩建的时候为施工方提供有效的历史信息，而且为后期的物业管理提供了极大的便利。

在建筑物的使用寿命期间，相关人员需要对建筑物的设备设施（如管道、设备等）和结构设施（如墙、楼板等）进行不断的维护。科学的维护方案不仅可以提升建筑物的性能，而且能够降低维护的成本。在运营管理系统的基础上利用BIM模型，通过数据记录和

空间定位，制订完善的维护计划，实行专人专项维护制度，减少维护过程中突发情况的发生；还可以跟踪一些重要设备的历史维护记录，提前对设备的适用状态做出准确的判断。

三、BIM技术标准

BIM应用离不开BIM软件，但没有一个BIM软件可以实现所有的BIM功能，而且这种做法本身也是不现实的，BIM技术贯穿工程项目的全寿命周期，在不同阶段和不同专业对BIM应用有不同的需求，需要借助不同的软件实现。BIM软件可以分为建模软件和应用软件两类，建模软件用于建立建筑信息模型，常见的建模软件包括Autodesk公司的Revit，Bentley公司的Microstation，Dassault公司的Catia等；应用软件是利用建筑信息模型中的数据和信息进行计算、模拟、查询、分析等工作，此类软件与需求紧密结合。

信息共享是实现BIM整体应用价值的基础，而不同软件公司开发的建模软件和应用软件数据存储格式各不相同，并且大部分是不公开的私有数据格式。因此要实现不同建模软件之间的信息共享、建模软件和应用软件之间的信息传递，需要制定能够被所有软件兼容或者遵守的规则，才可以实现信息数据的自由导入和导出。为此国际标准化组织颁布了三大基础数据标准，即工业基础类IFC、数据字典IFD、数据交换手册IDM，为软件开发行业提供了数据交换基础。在美国国家BIM标准中，IFC和IFD被统一称为引用标准，IDM则对应信息交换标准。

工业基础类IFC标准解决的是数据交换的格式问题，IFC的出现统一了BIM数据格式，已经成为BIM信息交换的标准格式，大部分BIM软件支持IFC格式的模型信息数据。IFC是公开的、开放的标准，主要面向工程建设领域。IFC标准框架分为四个层级：资源层、核心层、共享层和领域层，每层中包括若干个模块，用来描述工程建设领域不同类别的内容。通过不同层级的组合描述就可以实现对建筑物的构件信息的完整表达。

数据字典IFD解决了不同国家、不同文化之间在信息表达上的误解和歧义。由于相同的词语在不同地区的误解会有差别，为了保证传递信息的准确性和一致性，IFD为工程建设中的每个信息和概念赋予固定的编码DUID，信息通过唯一的编码被引用，从而避免语言带来的差异性。

数据交换手册IDM解决的是工程建设过程中各类BIM应用的标准化实现，IDM从三方面进行定义：流程图、交换需求、功能部件。流程图定义了实现BIM应用的工作流程；交换需求定义了实现BIM应用的完整信息；功能部件定义了BIM应用的各类构件。IDM为实现特定BIM应用的软件开发提供了标准依据，比如美国国家标准中提到的各类信息交换标准。上述三大BIM技术标准是体现BIM应用价值、实现不同BIM软件之间信息共享和协同工作的基础，但是标准的完善需要一个过程，现阶段的BIM技术标准还不能够完美实现信息数据的交换，现有BIM软件还不能实现对BIM技术标准的完美支持。面对一个贯穿项目

全寿命周期以及各种复杂应用的BIM体系，BIM技术标准还有很多工作要做。

四、BIM的价值

（一）解决当前建筑领域信息化的瓶颈问题

建立单一工程数据源。工程项目各参与方使用的是单一信息源，以确保信息的准确性和一致性，同时实现项目各参与方之间的信息交流和共享，从根本上解决项目各参与方基于纸介质方式进行信息交流形成的“信息断层”和应用系统之间的“信息孤岛”问题。推动现代CAD技术的应用。全面支持数字化的、采用不同设计方法的工程设计，尽可能采用自动化设计技术，实现设计的集成化、网络化和智能化。

促进建筑生命期管理，实现建筑生命期各阶段的工程性能、质量、安全、进度和成本的集成化管理，对建设项目生命期总成本、能源消耗、环境影响等进行分析、预测和控制。

（二）基于BIM的工程设计

1.实现三维设计

能够根据3D模型自动生成各种图形和文档，而且始终与模型逻辑相关，当模型发生变化时，与之关联的图形和文档将自动更新；设计过程中所创建的对象存在着内建的逻辑关联关系，当某个对象发生变化时，与之关联的对象随之变化。

2.实现不同专业设计之间的信息共享

各专业CAD系统可从信息模型中获取所须的设计参数和相关信息，不需要重复录入数据，避免数据冗余、歧义和错误。

3.实现各专业之间的协同设计

某个专业设计的对象被修改，其他专业设计中的该对象会随之更新。

4.实现虚拟设计和智能设计

实现设计碰撞检测、能耗分析、成本预测等。

（三）基于BIM的施工及管理

1.实现集成项目交付IPD（Integrated Project Delivery）管理

在设计阶段就把项目主要参与方集合在一起，着眼于项目的全生命期，利用BIM技术进行虚拟设计、建造、维护及管理。

2.实现动态、集成和可视化的多维施工管理

将建筑物及施工现场3D模型与施工进度相连接，并与施工资源和场地布置信息集成

一体，建立多维施工信息模型。实现建设项目施工阶段工程进度、人力、材料、设备、成本和场地布置的动态集成管理及施工过程的可视化模拟。

3.实现项目各参与方协同工作

项目各参与方信息共享，基于网络实现文档、图档和视档的提交、审核、审批及利用。项目各参与方通过网络协同工作，进行工程洽商、协调，实现施工质量、安全、成本和进度的管理和监控。

4.实现虚拟施工

在计算机上执行建造过程，虚拟模型可在实际建造之前对工程项目的功能及可建造性等潜在问题进行预测，包括施工方法实验、施工过程模拟及施工方案优化等。

（四）基于BIM的建造运营维护管理

将BIM与维护管理计划相连接，实现管理与实时监控相集成的智能化和可视化管理。基于BIM进行运营阶段的能耗分析和节能控制；结合运营阶段的环境影响和灾害破坏，针对结构损伤、材料劣化及灾害破坏，进行建筑结构安全性、耐久性分析与预测。

五、BIM的应用

BIM是一种全新的理念，它涉及从规划、设计理论到施工、维护技术的一系列创新和变革，是建筑业信息化的发展趋势。BIM的研究对于实现建筑生命期管理，提高建筑行业设计、施工、运营的科学技术水平，促进建筑业全面信息化和现代化，具有重要的应用价值和广阔的应用前景。

目前，BIM技术在许多发达国家迅速推广开来，如美国不仅发布了国家BIM标准，而且规定BIM技术必须应用于房屋建筑设计，集成项目交付IPD管理模式也在不断推行中。BIM咨询公司、BIM经理、BIM工程师等新型职业和商机应运而生都是得益于政府对BIM技术的大力推广。我国的BIM技术应用并不落后于发达国家，但限于经济发展水平和管理水平，使得BIM技术的推广使用比较艰难。随着我们国家对BIM技术的不断重视，相信BIM技术会得到更深层次的应用并促进建筑行业的发展。就目前来看，国家支持的BIM研究成果应用、行业BIM标准的制定和建筑业信息化应用的实际需求三个方面是我国BIM应用的主要推动力。

第二节　水利水电工程对BIM的需求及标准框架

一、水利水电工程对BIM的需求

随着水利水电工程的不断发展，传统的CAD二维平面绘图技术已经不能够匹配如今的水利水电工程发展水平。BIM技术的出现给建筑行业增添了许多活力，在中国水利水电行业需要走出去的今天，更需要BIM技术来提升水利水电工程的整体水平。面对BIM技术这个新兴事物，不同的水利水电工程参与者有着不同的需求，只有充分了解他们的需求，才能促进BIM在水利水电工程中的实际应用，从而为水利水电工程BIM标准框架的制定提供正确的方向。

（一）水利水电工程各参建单位对BIM的需求

水利水电工程涉及专业多，而且工程比一般民用建筑物要复杂重要得多，所以需要相应的技术人员来完成相对应的工作，按照传统方法进行分类，包括建设方、设计方、监理方、施工方、运营方，同时在水利水电工程建设过程中，还会受到政府及相关监督管理部门的管控。

1.业主方需求与BIM应用

在整个水利水电工程建设项目中，业主起着主导作用。为了水利水电工程项目在全寿命周期内有效、高速运行，业主需要提前对项目的启动、决策和建设目标进行有效管理，业主在水利水电工程项目决策期间应该明确该水利水电工程项目建设的意义是什么，需要采取什么样的建筑形式，该水利工程会给当地人们带来什么样的影响，以及怎样控制建设成本、提高管理水平等。

确定水利水电工程建设项目中业主方的需求后，就要考虑如何通过BIM技术解决业主需求的内容。在工程项目中多方参建、多专业信息交换与数据共享是BIM技术的核心价值，在工程项目各参与方中，唯有业主能够确保与项目各参与方之间建立直接或间接的合作或协调关系。在水利水电工程项目决策期间，通过BIM技术对工程进行信息建模，以获得工程项目的直观设计方案及成本预算，方便业主对方案提供者进行协商并进一步提出自己的需求，有利于减少业主方的决策失误；在水利水电工程项目的实施期间，业主可以根

据BIM信息模型得知工程进展情况、工程预期目标是否达成，有利于业主实时获知项目进展情况及遇到的问题。因此向业主方推广BIM技术应用，不仅符合建设项目全寿命周期的BIM理念，还有助于业主加强对建设项目的控制，为建设项目各参与方提供一个可以协同工作交流的平台。

总体而言，业主方通过BIM技术可以加强对项目进展的管控能力，为工程项目参与方提供一个可以协同工作的平台并提高对项目的管理水平。

2.设计方的需求与BIM应用

设计方主要是水利水电工程项目设计方案的提供者，主要是根据工程资料和水利工程相关标准制定出可行的水利水电工程技术方案。设计单位应对勘察设计质量控制及投资控制水平负责，并与各参建单位做好配合工作。

设计方不仅要提供业主满意的设计方案，还要指导施工方进行工程施工，并且在工程进展过程中不断地对设计方案进行优化。设计单位将BIM技术应用于全面自动工程质量控制，对工程项目进行三维建模、碰撞检测、三维模拟分析，可以大大提高工程的质量控制；科学的三维信息模型设计，使项目工程成本降低，为业主节省大量的投资，减少资源浪费。由于传统的水利水电工程设计单位是根据专业等级，由不同工作人员设计出各自专业的图纸，缺乏有效的沟通，因此容易出现设计上的不协调，而通过BIM技术共享平台，可以加强不同专业间设计人员的交流，减少因设计出现的问题。BIM技术的应用，也可以让业主随时发现设计中的不足，对设计单位提出自己的修改意见，避免工程施工时反复修改的情况出现，同时也可以更好地指导施工单位进行施工，将设计成果圆满地表现出来。

总体而言，通过BIM技术设计方可以加强各专业间协作能力，给业主提供一个三维直观的设计成果，以便更好地指导施工单位完成施工任务。

3.施工与设备供应方的需求与BIM应用

水利水电工程项目的实施者是施工方与设备供应方，其主要目标就是实现设计成果、完成业主对项目的目标。施工单位承载着工程质量最重要的责任，而且工作环境相对艰苦、工作流程复杂、工作强度相对较强，设备供应方主要是按照设计方规定的内容给项目供应必要的设备材料，保证项目能够平稳推进。

施工单位的作用是实现设计单位的设计意图，其方式是首先制订施工方案，根据施工方案努力实现既定目标。但水利水电工程项目的施工往往复杂多变，存在很多不确定性，很难实现施工方案订立的目标，而且设备供应方也极有可能出现设备供应不及时、设备质量出现问题等情况，由此导致工程延期，这是传统的施工单位不可避免都会遇到的问题。随着BIM技术在工程中应用得越来越广泛，BIM在施工阶段带来的效益也越来越明显。首先，在工程施工前，施工单位就可根据水利水电工程信息模型观测找出其设计不合理、施工困难的地方，通过与设计单位协商提前解决问题，而且通过对模型的碰撞监测，及时发现空间位置有冲突的地方，及时调整；其次，可以利用BIM技术对整个建筑信息模型进行数字化模拟，在施工前模拟出工程施工的过程，水工建筑物工序复杂严苛，各专业交叉进行在施工阶段又普遍存在，通过BIM技术对工程进行模拟可以合理安排施工顺序、排查施工安全隐患、优化施工方案。最后，设备供应方也可以根据BIM共享平台实时掌握施工进展动态以及材料设备消耗情况，从而及时给工程提供设备原材料。

总体而言，通过BIM技术施工方可以优化施工方案、加强与设计单位及设备供应方沟通、进行碰撞检测试验、施工模拟等；设备供货方通过BIM技术可实时掌握施工进展、及时提供设备原材料。

4.监理方的需求与BIM应用

监理方在项目工程中主要是帮助业主进行项目监管，可对设计单位、施工单位进行监督，甚至可对业主进行监督。由于水利工程一般对当地居民影响巨大，所以监理方在水利水电工程建设项目中是必须设立的，以保障水利水电工程的质量安全。

由于水利工程项目重要且复杂，监理方必须对设计方、施工方以及设备供应方的项目进展、工程质量以及施工安全进行监督。由于水利工程涵盖专业多、参与单位多，监理单位的工作效率难免会降低，通过BIM技术的共享平台，可有效提高监理单位与各参建单位的沟通效率，增加工程建设的透明度。同时，监理单位还应结合国家强制性标准要求，根据BIM技术提供的标准提示，监督水利水电工程的设计、施工、材料设备是否满足水利水电类强制性标准规范要求。

总体而言，监理方通过BIM技术可以实现对各相关单位的实时监管，保证各相关单位符合国家相关强制性标准。

5.运营管理方的需求与BIM应用

在水利水电工程建设完成后，运营管理方是将水利工程投入运营的主要责任方，保护和合理运用已建成的水利工程设施，调节水资源，使水利水电工程设施发挥最佳的综合效益是水利工程运营管理方的主要责任。

水利工程运营管理方是水利水电工程建设项目的主要使用者和受益者，继承了水利工程建设的主要成果，水利工程建成后，必须通过有效的管理，才能实现预期的效果和验证设计规划的正确性。生产运营方在BIM技术的帮助下可以直接继承工程的建筑信息模型，将其与水利工程的生产运行结合起来。由于水利水电工程信息模型包含了整个水工建筑物应有的模型信息，运营方可按照模型信息对水利工程进行管理和检查。在后期，如果需要对水工建筑物信息模型进行修改扩建，可以通过BIM共享平台将该水利工程的信息资料提供给新建设项目的设计人员进行参考，避免由于缺少水利工程相关信息而对既有建筑内容造成不利影响。通过BIM技术，运营管理方可以有效利用该水利工程信息模型进行设备更新维护、信息集成管理、改扩建辅助等。

6.结构分析与施工图设计的统一需求

BIM技术应用能不能成功，在很大程度上取决于其在水利水电工程项目不同阶段、不同专业之间所产生的模型数据信息在水利水电工程项目全生命周期内能否实现信息交换与信息共享。在大多数水利水电工程结构设计中，对水利水电工程进行结构力学分析和进行施工图设计是分开的两个不同过程，传统情况下结构力学分析往往借助于施工图设计，用以确定最终的水工建筑物结构构件的尺寸和配筋情况。如果采用BIM技术，水电工程结构力学分析和施工图设计就成为一个整体，使得结构力学分析和施工图设计之间可以通过结构BIM模型实时共享数据，从而将施工图绘制中可能出现的错、漏以及与标准不协调等现象降到最低，并对结构力学分析结果的判断和检查大有益处，且能减少不必要的重复工作，提高水电工程的设计品质和效率。

水电工程项目采用BIM技术的主要优势有：结构工程师在方案设计的初步阶段对设计成果的任何修改信息都可以即时被绘制施工图纸的建筑师所捕捉；在水利水电工程整个项目设计团队中使得结构设计师与其他专业人员协同设计水利水电工程成为可能；水利水电工程结构力学设计的最终数据信息可以在不同专业之间进行无损传递和资源共享。

（二）对BIM需求的归类

1.水利水电工程建设需求归类

根据水利工程不同参与方在水利工程建设中所起的作用以及各自对BIM的应用需求可以得知，各工程参与方并不是需要BIM的全部功能，而是仅需要其中一个或多个功能进行使用。如果将工程各参建单位对BIM技术的需求进行划分，就可以划分出模型检测、协同工作平台、信息集成管理、三维模拟建造、目标动态控制、可视化虚拟展示等六个主要功能。

在使用BIM技术前，需确立BIM技术的使用目的以及使用范围，漫无目的地使用BIM技术不仅不能发挥BIM应有的作用，还会增加工作量，使BIM技术成为鸡肋功能；在项目决策阶段，就应该结合水利工程特点，确立BIM技术使用目的，加强对各参建单位的BIM技术培训。

2.水利水电工程需求与技术匹配

水利水电工程的任务特征、技术特征、用户特征三个方面决定了BIM技术的结果预期，水利水电工程项目各参与方对BIM技术的结果预期和技术使用又决定了绩效影响；将任务和技术相结合，考虑了项目各参与方的预期结果后，就能得出BIM技术对水利水电工程绩效影响的程度。

水利工程项目各个参与方应首先了解自身特征和任务特性，结合BIM技术特点，推断出应用BIM技术带来的收益和成果，通过有效使用BIM技术，得出利用BIM技术后自身获

得的绩效影响。应用BIM技术获取更多的收益是工程各参与者应用BIM技术的动力之源，获取更高的绩效收益、清楚BIM技术带来的资源节约将促使各个工程参与方积极使用BIM技术。

3.水利水电行业的需求及任务预期结果

开展进一步BIM技术应用的基础是要明确BIM技术应用需求及满足需求的预期效果，在水利水电工程中，各个项目主要参与方的需求大约可分为可视化虚拟展示、三维模拟建造、协同作业平台、目标动态控制、信息集成管理和模拟监测等几部分，预期效果效益大约有降低维护成本、沟通效率高、问题预知解决、工作保证或提前、文件档案存储、减免资金浪费等几部分。

由于每个水利水电工程项目参与者的需求是不相同的，可能是一种需求也可能是多种需求，在实际工程中可能更为多元化，所以不同水利水电工程参与方对于自身使用BIM技术后得到的效益及效果也会是不相同的。如果每个项目参与者都能使用BIM技术，都能通过应用BIM技术获得更高的收益，这将为BIM技术在水利工程中的推广提供巨大的动力。

二、水利水电工程BIM标准框架分析

要使得水利水电工程提升对BIM技术的使用率，水利水电工程BIM标准的制定是迫切需要解决的内容，自BIM国家标准《建筑信息模型应用统一标准》发布之后，在中国蓬勃发展的BIM技术又进入了一个新的阶段。BIM技术在水利工程建设方面的应用将会对传统的水利水电工程建设方式产生巨大的冲击，同时也面临着诸多困难和挑战。虽然欧美许多发达国家都制定过有关BIM技术的标准，我国也发布了关于BIM的《建筑信息模型应用统一标准》国家标准，但这些BIM标准所涵盖的专业领域仅仅局限于民用建筑领域。鉴于水电工程所包括的专业领域要远多于民用建筑所包括的，因此在鼓励水利水电工程BIM技术应用的同时，有必要开展关于水利水电工程BIM标准框架的研究，以在未来水利水电工程实现BIM模型数据信息无损传递和信息共享的同时，能够统一标准、规范应用，最大限度地发挥BIM技术在水利水电工程领域的优势。

BIM技术的整合性极强，要支撑起BIM技术的应用框架需要多个方面的基础内容。BIM模型应用的核心理念和价值是在开展BIM应用之前首先需要弄明确的，使得通过BIM技术降低水利水电工程行业成本、提高水利水电行业生产效率；其次，BIM的模型应适应水利水电工程全寿命周期的理念，稳步推进水利水电工程BIM标准框架的编制、修改和管理；再次，要将水利水电工程BIM标准框架与软件结合起来，使得BIM技术在水利水电行业能够实现信息共享，避免出现信息孤岛，探索出一条高效有序的BIM标准框架管理与协调机制；最后，各个工程的参与方对于BIM成果的预期就体现在数据互用上。

（一）BIM标准框架的编制原则

水利水电工程BIM标准框架的制定目标是为了帮助水利水电行业降低成本、提高效率，为使水利水电工程标准框架的制定在合理的范围内，需要按照以下原则对标准进行编制：

第一，水利水电工程BIM标准框架的制定应贯穿于水利水电工程全寿命周期，建立起科学有效的水利水电工程BIM标准框架体系，为水利水电工程BIM技术在水利水电工程中的应用打下牢固的基础。

第二，水利水电工程BIM标准框架应与水利水电工程全寿命周期内全部的水利水电工程标准相一致，避免水利水电工程BIM标准与水利水电工程标准出现矛盾。水利水电工程BIM标准框架应适用于水利水电工程全寿命周期内的BIM应用，特别是水利水电工程BIM技术通用和基础部分，兼顾验收和运维阶段。

水利水电工程BIM标准框架应与水利水电行业技术标准、水利技术标准相兼顾与协调，水利水电工程BIM标准应分类科学、层次分明、构架合理，并具有一定的可扩展性。水利水电工程BIM软件应符合水利水电工程相关强制性规定，这既是对水利水电工程BIM软件的要求，又是保证水利水电工程BIM软件产出准确结果的前提。

（二）数据标准

为实现水利水电工程全寿命周期内各参与方和不同信息系统之间的互操作性，现对水利水电工程相关BIM软件和一些信息技术设置一些规范，主要划分为模型标准、分类和编码标准、存储标准和交换标准四个部分。

1.数据字典库标准

水利水电工程信息模型数据字典库应对水利水电工程中的概念语义（如完整名称、定义、备注、简称、细节描述、被关联概念、归档等）、语境、统一的标识符、在数据存储标准中的实现进行规范，并与水利水电工程信息模型分类与编码标准兼容。

2.分类和编码标准

对水利水电工程BIM模型数据信息进行分类和编码是提高水利水电工程BIM模型数据可用性和使用效率的基础。

水利水电工程代码共分为18类：河流、湖泊、跨河工程、治河工程、水闸、水力发电工程、水库、灌区、水文测站、海堤、堤防、圩垸、蓄滞洪区、机电排灌站、河道断面、穿堤建筑物、水土保持工程及其他。

3.存储标准

水利水电工程信息模型存储标准应适应于水利水电工程全寿命周期内的BIM模型数据

信息的存储，并应促进水利水电工程全寿命周期内各阶段、各参与方和各专业对BIM的应用。

水利水电工程信息模型数据存储标准应采用对建筑领域通用的IFC标准，以扩展IFC标准的方式实现水利水电工程BIM数据信息存储标准。借用IFC标准中资源层和核心层对BIM数据模型中几何信息和非几何信息定义的逻辑及物理组织方式，作为水利水电工程BIM模型数据格式；使用IFC已经制定的、影响广泛的外部参照关联机制，将水电工程BIM信息语义与IFC模型联系起来。

4.交换标准

在水利水电工程项目中，信息交换会发生在工程全寿命周期内的不同业务之间，包括水利水电工程全寿命周期内各阶段的信息交换、项目各参与方的信息交换、工程各专业间的信息交换。为保证水利水电工程模型数据交付、交换后能被数据接收方正确高效地使用，数据交付与交换前，应当对数据的一致性、协调性和正确性进行检查，检查的内容需要包括下列三部分：数据经过审核和清理；数据是经过确认的版本；数据格式与内容须符合数据互用标准与互用协议。

水利水电工程中不同的专业和任务需要不一样的模型数据内容，所以水利水电工程互用数据的内容应根据水利水电工程专业或其任务要求确定，应包含任务承担方接收和交付的模型数据。若条件允许，所选择的软件应该使用相同的数据格式，因为任何不同形式和格式之间的数据转换都有可能导致数据错漏。数据交换时若必须在不同格式之间进行转换，要采取必要措施保证交换以后数据的完整性和正确性。在互用数据使用前，数据信息模型接收方应对模型互用数据的一致性、正确性和协调性以及其格式和内容进行确认，以保证互用数据的正确、高效使用。

（三）应用标准

水利水电工程BIM应用标准主要是指导和规范水利水电工程专业类和项目类BIM技术应用的标准，根据水利水电工程专业的特点和对BIM技术的应用需求，现对水利水电工程BIM标准划分为通用及基础、规划及设计、建造与验收和运营维护四个大类。

1.通用及基础标准

通用及基础标准根据水利水电工程特性分为通用、安全监测、环保水保、节能、征地移民、工程造价、流域7个分支标准。

水利水电工程通用标准应包含水利水电工程信息模型应用统一标准和水利水电工程信息模型实施指南。应用统一标准的目的在于指导和规范在水利水电工程全寿命周期内BIM模型的创建、使用和管理，侧重于BIM技术开始之后的工作以及对软件方面的指导和规范。实施指南的目标在于指导水利水电工程全寿命周期内BIM模型的应用与实施，侧重于

BIM技术开始之前的准备以及硬件、人员方面的准备。

安全监测标准应包含水工建筑物安全监测信息模型应用标准和水库安全监测信息模型标准，即对水工建筑物安全监测和水库安全监测全寿命周期内BIM模型的创建、使用和管理进行规范。

环保水保标准应包含水土保持工程信息模型应用标准和环境保护工程信息模型应用标准，即指导和规范水土保持工程和环境保护工程在全寿命周期内BIM模型的创建、使用和管理。

节能标准即水利水电工程信息模型节能减排应用标准，主要用于水利水电工程全寿命周期内节能减排信息模型的创建、使用、评估和方案优化。

征地移民标准即水利水电工程征地移民信息模型应用标准，主要指导水利水电工程征地移民全寿命周期信息模型的创建、使用和指导。

工程造价标准即水利水电工程信息模型技术应用费用计价标准，主要应用于水利水电工程全寿命周期内BIM技术应用的费用预测。

流域标准即水利水电工程数字流域信息模型应用标准，主要用于水利水电工程数字流域全寿命周期内BIM模型的创建、使用和管理。

2.规划及设计标准

规划及设计标准暂定划分为7个分支，分别为通用、工程规划、工程勘察、水工建筑物、机电、金属结构和施工组织设计标准。

（1）规划及设计通用标准

规划及设计通用标准应包含信息模型设计应用标准、设计信息模型交付标准、设计信息模型制图标准。

信息模型设计应用标准主要应用于水利水电工程规划与设计阶段全寿命周期内信息模型的创建、使用和管理。

设计信息模型交付标准主要应用于规划与设计阶段水利水电工程信息模型交付的相关工作，应包括模型交付过程、模型精度以及BIM产品归档等内容。

设计信息模型制图标准主要用于在水利水电信息模型设计中规范水利水电工程规划与设计信息模型及图纸的构建及绘制。

（2）工程规划标准

工程规划标准可划分为水利水电工程规划和报建信息模型应用标准与水利水电工程信息规划设计信息模型应用标准。

水利水电工程规划和报建信息模型应用标准应当适应于水利水电工程规划和报建相关的BIM技术应用及其信息模型的创建、使用和管理。

水利水电工程信息规划设计信息模型应用标准主要是针对国外发展中国家及我国偏远

地区缺乏水文、气象、地形、地质、工程建设条件等基础资料的情况下，水电工程前期规划设计信息模型的创建、使用和管理。

（3）工程勘察标准

工程勘察标准划分为水利水电工程测绘地理信息模型应用标准和地质信息模型应用标准。

水利水电工程勘察标准中的水利水电工程测绘地理信息模型应用标准主要是规范水利水电工程测绘地理信息模型的创建、使用和管理，对水利水电工程中的基础测绘地理信息数据的采集、处理、加工及应用提出要求。

水利水电工程地质信息模型应用标准主要是对水利水电工程中工程地质BIM建模基本内容、方法、专业制图、图形库及质量评定方法等做出规定。

（4）水工建筑物标准

水工建筑物标准按水电工程特点可分为水工综合、混凝土坝、土石坝、泄水与过坝建筑物、水电站建筑物、边坡工程与地质灾害防治、灌排供水等7个细分项标准。

水工综合标准主要是水利水电工程枢纽布置设计信息模型应用标准。主要是对水利水电工程枢纽布置设计信息模型的协同管理、模型拼装、信息交换、专业检查及成果交付做出规定。

混凝土坝标准按水利水电专业可分为砌石坝设计信息模型应用标准、支墩坝设计信息模型应用标准、拱坝设计信息模型应用标准、重力坝设计信息模型应用标准。标准应根据专业特性对其信息模型的组织实施、模型数据、工作流程、信息交换、模型检查和成果交付等做出规定。

土石坝标准按水利水电工程专业应划分为土质防渗体土石坝设计信息模型应用标准、混凝土面板堆石坝设计信息模型应用标准、沥青混凝土防渗土石坝设计信息模型应用标准、河道治理与堤防工程设计信息模型应用标准，其标准内容与混凝土坝标准内容类似。河道治理与堤防工程应包括内陆河道、潮汐河口、江河湖堤、海堤、疏浚和吹填工程等。

泄水与过坝建筑物按水利水电工程专业可划分为水利水电工程通航建筑物设计信息模型应用标准、水利水电工程过鱼建筑物设计信息模型应用标准、水利水电工程泄水建筑物设计信息模型应用标准、水闸设计信息模型应用标准，标准内容与混凝土坝标准内容类似。其中泄水建筑物应包括溢流坝、坝身泄水孔、泄洪洞、岸边溢洪道等，通航建筑物应包括船闸、升船机等，过鱼建筑物应包括鱼道、其他过鱼设施等。

水电站建筑物标准按水利水电工程专业应划分为抽水蓄能电站设计信息模型应用标准、水电站引水系统设计信息模型应用标准、水电站厂房设计信息模型应用标准，标准内容与混凝土坝标准内容相似。引水系统应包括进水口、水工隧洞、调压设施、压力管道

等，厂房应包括地下厂房、地上厂房等，抽水蓄能电站应包括抽水蓄能电站输水系统、上下水库、总体布置等。

边坡工程与地质灾害防治标准应划分为水利水电工程边坡工程设计信息模型应用标准、水利水电工程地质灾害防治工程设计信息模型应用标准，其标准内容应包含其BIM模型的组织实施、工作流程、建模要求、模型数据要求、信息交换、专业检查和成果交付等。边坡工程应包括岩质边坡、土质边坡、支挡结构等，地质灾害防治工程应包括滑坡、崩塌、泥石流、堰塞湖等。

灌排供水标准按其专业划分为引水枢纽工程设计信息模型应用标准、灌排渠沟与输水管道工程设计信息模型应用标准、渠系建筑物设计信息模型应用标准、节水灌溉工程设计信息模型应用标准、泵站设计信息模型应用标准、村镇供水工程设计信息模型应用标准，标准内容与边坡与地质灾害防治标准类似。引水枢纽工程应包括上游导流堤、进水闸、泄洪闸、冲沙闸、人工弯道、消力池、引水渠道、曲线形悬臂式挡沙坎等；灌排沟渠与输水管道工程应包括渠道工程、渠道衬砌及防冻胀工程、特殊地基渠道、排水沟道工程等，渠系建筑物应包括涵洞、跌水与陡坡、渡槽、倒虹吸管、量水设施、渠道上的闸等；节水灌溉工程应包括地面节水灌溉工程、喷微灌工程、喷灌工程、微灌工程、低压管道输水灌溉系统等；泵站应包括泵站枢纽布置、泵房、进水和出水建筑物、进水和出水流道等；村镇供水工程包括集中式供水工程、水源与取水构筑物、分散式供水工程等。

（5）机电标准

机电标准可分为水利水电工程水力机械设计信息模型应用标准和水利水电工程电气设备设计信息模型应用标准。

机电标准中的水利水电工程水力机械设计信息模型应用标准主要是对水力机械设计信息模型的组织实施、工作流程、建模要求、数据要求、信息交换、专业检查及成果交付等进行规范。水力机械应包含闸门启闭机、空气压缩机、输配电机械等。

水利水电工程电气设备设计信息模型应用标准的内容与水力机械应用标准相似，应适用于水利水电工程电气设备信息模型的创建、使用和管理。

（6）金属结构标准

金属结构标准即水利水电工程金属结构设备设计信息模型应用标准，主要是对水利水电工程金属结构设计信息模型的组织实施、工作流程、建模要求、数据要求、信息交换、专业检查及成果交付等进行规范。

（7）施工组织设计标准

施工组织设计标准主要划分为水利水电工程导截流工程设计信息模型应用标准与水利水电工程施工组织设计信息模型应用标准，标准设置内容与金属结构标准类似。其中施工组织设计应包括施工总布置、施工总进度、主体工程施工、施工交通运输、施工工厂设施等。

3.建造与验收标准

建造与验收标准划分为5个分支标准，分别为通用、土建工程、机电、金属结构、施工设备设施标准。

（1）建造与验收通用标准

建造与验收通用标准可分为信息模型施工应用标准、模型交付标准和施工监理信息模型应用标准。

信息模型施工应用标准应从施工应用管理和策划、深化设计、施工模拟、预制加工、进度管理、预算与成本管理、质量与安全管理、资源管理、竣工验收等方面提出水利水电工程信息模型的创建、使用和管理要求。

水利水电工程施工监理信息模型应用标准应从数据导入、施工监理控制和成果交付等方面提出水利水电工程施工监理信息模型的创建、使用和管理要求。数据导入包括施工图设计模型、施工过程模型及深化设计模型，施工监理控制包括质量控制、进度控制、造价控制、安全生产管理、工程变更控制以及竣工验收等，成果交付包括施工监理合同管理记录、监理文件档案资料等。

（2）土建工程标准

土建工程标准应划分为土石方工程施工信息模型应用标准、基础处理施工信息模型应用标准、混凝土工程施工信息模型应用标准、水工建筑物防渗信息模型应用标准。

土建工程标准中的土石方工程施工信息模型应用标准应规定水利水电工程土石方工程前期设计阶段数据成果导入，施工阶段BIM模型建模的方法、工作流程、数据格式，以及竣工交付标准。竣工交付标准应包括竣工验收信息内容、信息的检验交付、信息管理与使用等内容。

水利水电工程基础处理施工、水利水电工程混凝土工程施工、水工建筑物防渗的信息模型应用标准内容与水利水电工程土石方施工信息模型应用标准的内容大体一致。

（3）机电标准

水利水电工程机电标准主要是指水利水电工程水力机械设备安装信息模型应用标准和水利水电工程电气设备安装信息模型应用标准两方面，其标准内容与土建工程标准一致。

（4）金属结构标准

建造与验收中的金属结构标准即水利水电工程金属结构设备安装信息模型应用标准，其标准规定内容与土建工程标准一致。

（5）施工设备设施标准

建造与验收中的施工设备设施标准即水利水电工程施工设备设施标准库。其标准内容应主要规定BIM技术在水利水电工程施工设备设施管理中的应用，包括实施组织、建模要

求、信息交换、专业检查及成果交付等。

4.运行维护标准

应用标准中的运行维护标准主要有两类，分别为：通用标准、项目类标准。

运行维护通用标准即水利水电枢纽工程运行维护信息模型应用标准，其标准主要规定BIM技术在水电工程运行维护管理中的应用，包括空间管理、资产管理、维修维护管理、安全与应急管理及能耗管理等方面。

运行维护项目类标准可划分为水利水电枢纽工程运营维护信息模型应用标准、河道治理与堤防工程运行维护信息模型应用标准、供水工程运行维护信息模型应用标准和灌排工程运行维护信息模型应用标准，其标准内容可参照通用标准内容制定。

（四）管理标准

水利水电工程管理标准分为水利水电工程审批核准信息模型应用标准、水利水电工程业主项目管理信息模型应用标准、水利水电工程总承包项目管理信息模型应用标准和水利水电工程全过程咨询信息模型应用标准。

水利水电工程审批核准信息模型应用标准内容应对BIM技术在水利水电工程审批或核准中的应用进行规定，包括审批或核准专业BIM模型的数据内容及数据格式、应满足的数据共享和协同工作要求，以及向行政主管部门交付的BIM模型和成果数据等。

水利水电工程业主项目管理信息模型应用标准内容应对业主管理模式下水利水电工程BIM管理流程、BIM项目管理主要内容、各参与方BIM应用能力要求和工作职责、项目管理规定，以及各参与方协同工作等做出规定。

水利水电工程总承包项目管理信息模型应用标准内容应对总承包管理模式下水利水电工程BIM管理流程、BIM项目管理主要内容、各参与方BIM应用能力要求和工作职责、项目管理规定，以及各参与方协同工作等做出规定。

水利水电工程全过程咨询信息模型应用标准内容应对水利水电工程全过程工程咨询BIM技术应用的主要内容、工作流程、组织模式、各参与方能力要求和工作职责、保障措施等做出规定。

第三节 水利水电工程BIM族库的构建

一、BIM和参数化建模

参数化建模（Parametric Modeling）是参数（变量）而不是数字建立和分析的模型，通过简单地改变模型中的参数值，可以建立和分析新模型。参数化建模的参数不仅可以是几何参数，还可以是属性参数，如温度、材料等。Revit是BIM的核心建模软件，BIM的基本思想是建立一个数据驱动的信息模型，与参数化设计的理念是一致的。Revit本身自带强大的几何参数功能，并具有初步的结构和环境因素分析功能，结合Dynamo以后使用起来会更加灵活。Rhino（犀牛）是个更通用的平台，由于Grasshopper和很多相关插件的存在，使得Rhino+Grasshopper被认为是当今最好用的参数化设计工具，其具有的数据关系直观、模块调用简单直观及图形和模块化界面使参数化设计能够及时获得相关数据的图形反馈等特点，比script脚本更容易而且简单直观，有效降低了设计人员使用编程工具的难度，几乎所有类型的参数设计要求都可以得到满足，计算效率和图形的刷新率是唯一的“瓶颈”。

使用参数化工具分析评估对象。例如，环境、生态、水文和水利、交通、空间和结构等。过去对这些的分析多依靠经验或专业软件来完成，需要多专业协同合作。但是，通过使用参数化软件，可以快速地建立起简化的分析和评价模型，并且可以更轻松地将分析数据转换为第一类参数以驱动设计模型。大数据分析也可以被认为是参数化思维的延伸和发展。

在参数化设计过程中，有大量的分析比较和无限的可能性，很多时候可以实现程序和设计人员之间的沟通与对话，可视化参数工具可以提供及时反馈甚至其他意外情况，从而使设计方向发生变化。甚至可能有一种既定的设计语言，其中使用参数化思维来反向搜索隐藏在设计条件中的影响因素，因此使原来单一的由原因导向结果的原始设计方法发生了颠覆。在日常设计工作中，大多数建筑师会选择使用参数化工具来辅助建模（比如快速在建筑里放人，山上放树，计算面积等），既提升了设计效率和设计质量，又在一定程度上弥补了传统建模方式的不足。

二、建筑信息模型（BIM）的技术标准

（一）数据的存储标准

BIM信息模型涵盖了建筑的整个生命周期，大多技术和管理人员通过使用不同的应用软件生成和共享。为了更好地进行信息共享，制定与BIM相关的应用标准势在必行。目前，IFC是被广泛应用的一种数据标准，它是在STEP标准的基础上建立的，主要应用于建筑工程全生命周期。IFC（Industry Foundation Classes）标准是IAI（International Alliance for Interoperability）组织制定的建筑工程数据交换标准。IFC数据标准的应用不仅使项目全生命周期中的沟通、时间、质量以及生产力得到了提升，也为全世界建筑专业和设备专业中信息共享的提升建立了一个基本准则。目前大多数的建筑行业相关产品在生产设计时都添加了IFC标准数据交换接口，为实现多专业协同设计、管理一体化整合打下了坚实的基础。

随着BIM技术在我国建筑行业的推行，有关政府部门相继推出了BIM技术的相关政策法规，其核心指导思想是通过政策和技术标准的引导，使得BIM技术在国内建筑行业得到普及和深化应用，提高工程项目生命周期各参与方的工作质量和效率，实现建筑业向信息化、工业化转型升级。

（二）BIM族构件命名及标注标准

BIM设计经常需要在多文件、多专业间进行文件链接、数据信息共享与传递，那么统一的、规范的BIM族构件命名标准，将对BIM信息传递和BIM协同工作流程产生重大影响。例如，如果具有相同命名规则的多个Revit项目文件以NEC文件的形式导出，则可以通过使用命名规则中的关键字段在Naviswork中快速设置过滤不同的组件集，然后进行后续的BIM协同工作，如碰撞检查和施工模拟。面对目前庞大繁杂的建筑信息模型，如果没有一个统一的命名规则，则后期对所需的构件进行检索和统计时，其模型处理的工作量巨大，效率将极其低下。所以，标准的族构件命名可以使参与工程的各方方便地检索文件并利用文件内数据，最后形成一个脉络顺畅和条理清晰的数据系统，促进工程实践的实施。

三、水利水电工程模型的拆分

基于BIM对水利水电工程族库构建方法的研究，就是通过创建参数化的族构件，并使之在类似的不同工程项目中实现族共享，达到水利水电工程信息模型快速建模。为了更好地实现对水利水电工程参数化族的制作，必须对水利水电工程按照相关专业和水工建筑物的类型及其组成进行划分。而对于规模庞大、构成繁杂的大型水利水电枢纽，其中往往包含了多种异形建筑物，如何对水工建筑物进行有效、准确的拆分也是族库构建中的一个重

大影响因子。

在族库组建的过程中，对水工建筑物划分的详细程度，决定着族可共享性的高低。所以对水工建筑物按专业以及类型进行合理、有效的细分，为参数化族在不同项目之间的重复利用、加快水利水电工程信息模型快速建模起着至关重要的作用。

水利水电工程的BIM架构是模型粒度，而族构件是BIM的最小粒度。我们对水利水电模型拆分过后得到的族构件要满足以下特性：族构件应满足能够在不同的环境下重复使用；通过改变构件的几何、物理及属性参数进行扩展生成其他类型的构件；具备独立的建筑信息，能独立实现建筑物的功能；可实现连接与组装。

模型的拆分标准：一般模型分为两个维度——横向和竖向，其中横向按建筑区域的工作集划分模型，针对垂直建筑物、结构和机电系统的特点，根据实际需要通过划分工作区域来划分模型。由于BIM模型过大，对计算机硬件运行的要求较高，所以在保证拆分的模型完整性和连贯性的前提下要使拆分过后的模型文件尽可能小。一般来说，要求对于大于50MB的文件进行检查，并考虑是否可能需要对模型进行进一步的拆分。理论上，文件的大小应小于200MB；基于此原则，考虑模型是否需要根据硬件的配置进一步分割以确保计算机运行性能。

四、水电站族库的创建

（一）参数化构件库建立的意义

参数化构件库的建立是水利水电工程行业快速构建信息模型的重大突破。它作为一个外部数据库将标准的族构件进行归类，设计人员在模型创建的时候只需要在参数化构件模型上根据自己的需求对参数进行编辑，就可以实现模型的转换和组织内部团队之间的协作共享，提高组织的工作效率。参数化构件库的建立是十分有益的，它是BIM开发应用、工程建设行业智能化、信息化、工业化的基础，具有如下功能：

1.构件数据库

构件数据库满足工程建筑行业BIM应用构件模型的未来需要，分为“通用构件库”和“基于真实产品的构件数据库”。各部件参数真实准确，有序可控，支持BIM的发展和工程建设行业的智能化、工业化、信息化；使用此产品作为收集、提取和分析建筑行业数据的有力工具，并将相关数据作为资源来创造额外的价值。

2.商业价值

如果我们建立的构件库好，到足以吸引大量来自海内外的用户，那么其将会出现在全国乃至世界各地的项目模型中。基于云效平台实现数据库与终端构件的连接，就可以方便地收集构件的相关数据，如产品的使用时间、地点和数量。这些数据的价值是不可估量

的，基于这些数据，我们可以很容易地对产品进行精准推广。

3.模型方法

其主要方法步骤如下：根据水利水电工程的特殊性，按一定的标准对水利水电工程进行划分（如按专业和建筑物类型），确定水工建筑信息模型的各个专业的“总—分—子类”模型；分解子模型并将其分解成为构件，确定模型构件的特征参数和合理的建模顺序；运用参数化设计软件Revit中的参数化造型方法，对分解子模型后得到的构件进行族构件创建，进而建立参数化数据库；根据子模型中构件的组成，直接从族库中调用所需的构件模型，根据族的嵌套装配技术，组装生成子模型，将参数化的子模型以及一些没有参数化的子模型（如地质模型）在参数化设计软件中进行装配搭建，最终生成水电站信息模型。

（二）标准构件族的创建

BIM族构件信息模型的创建是对族构件标准化研究的核心方法，BIM族构件的创建必须按照统一的原则，不然将会影响族构件的功能与使用。

目前，市场上比较流行的BIM核心建模软件有如下几种：法国达索飞机公司开发的CATIA软件、Bentley公司开发的Bentley系列软件，以及欧特克公司开发的Revit软件。欧特克公司开发的Revit软件成为目前国内最受欢迎的BIM核心建模软件，其包括Revit Architecture（建筑专业）、Revit Structure（结构专业）、Revit MEP（暖通专业）三款产品。

Autodesk Revit中自带的族类型包括系统族、可载入族、内建族，其中经常用到的族类型为可载入族，因为可载入族不仅可以利用族样板在项目外创建RFA文件，而且可以载入项目中，具有高度的自定义性。我们在绘制水电站族构件模型的时候，系统自带的族库满足不了我们建模的需要，所以我们就需要利用Revit中的可载入族完成模型的创建。

标准构件族的核心部分就是构件的参数化，只有在族构件的创建过程中尽量多地进行参数化定义，才能使族的扩展性和复用性得到充分的发挥。构件族的创建步骤如下：首先根据工程实际情况选择合适的族样板，定义有助于控制对象可见性的族的子类别；创建族框架，定义族的插入点，布局有助于绘制几何图形的参照平面或参照线，设置基本参数，以形成参数驱动的基础——骨骼框架；定义族类型，创建构件几何图形，并将几何图形约束到已建好的参照面上；调整新模型，验证族构件的动作行为是否准确，设置子类别和可见性参数控制二维图形和三维图形几何图形的显示特性；通过指定不同的参数定义族类型的变化，形成新的族类型，保存新建族并载入项目中，然后观察它如何运行。

不同类型的族创建步骤也不相同，必须视具体情况而定；尤其是族几何形体的绘制和参数化设置在实际操作时往往是并行的过程，并非严格地按照先后顺序进行。族编辑器功能的灵活性允许在创建族的过程中同步编辑和修改。

（三）族的嵌套

在Revit中，我们可以通过将族导入另外的族中形成嵌套族，将现有的族嵌套在其他族中，可以使嵌套族被多个族重复利用，从而节约建模时间。例如，水利水电工程中的平板钢闸门由面板、主梁、次梁、隔板、埋件及止水底板等组成，其中面板族、梁族等都为单独的族构件模型，通过将其在revit软件平台中进行族嵌套并对族参数进行关联，形成可以共享的钢闸门族模型。

第五章

水利工程的施工

第一节　施工导流与截流

一、水利水电工程施工导流技术

（一）水利工程施工导流技术及其特点

施工导流是在水利工程施工过程中使用的一种技术，目的是通过引导使水流绕过施工区域，流向下游。这样做可以为建筑施工提供一个相对干燥的环境，从而使施工过程更快速且有效。这项技术涉及控制和引导水流，通常包括构建导流设施、截流、基坑排水、工程施工、封堵导流设施、关闭闸门蓄水等多个阶段。作为水利工程施工的重要组成部分，施工导流技术与工程设计方案、施工时间和施工质量等方面息息相关。因此，在工程施工过程中，必须根据工程的实际情况和项目特点来设计施工导流方案，以确保水利工程施工的质量和效率。

（二）水利工程施工导流方式及确定原则

1.施工导流方式

水利水电工程施工导流通常分为两种方式：一是束窄河床，分段分期地建造围堰以实现导流；二是一次性拦断河床，通过全段围堰进行导流。与这些导流方法配套的施工临时建筑包括导流明渠、隧洞、涵洞（管道），以及在施工过程中利用坝体预留的缺口、水库

的放空底孔和各种泄水建筑物的组合来实现导流。通过这些建筑和措施共同作用，确保水流按预定路径流动，以便顺利进行工程施工。

2.施工导流方式选择原则

（1）适应河流水文特性和地形、地质条件。

（2）工程施工期短，发挥工程效益快。

（3）工程施工安全、灵活、方便。

（4）结合、利用永久建筑物，减少导流工程量和投资。

（5）适应通航、排冰、供水等要求。

（6）技术可行、经济合理。

（7）河道截流、围堰挡水、坝体度汛、导流孔洞封堵、水库蓄水和发电供水等在施工期各个环节能合理衔接。

为了确保工程的成功和效率，需要遵循以下原则：

（1）要考虑河流的水文特性以及地形和地质条件，确保方案的适应性。

（2）工程施工周期应尽可能短，以便快速发挥工程效益。

（3）施工过程应保证安全、灵活且便利。

（4）应结合并充分利用永久性建筑物，以减少导流工程的规模和投资。

（5）方案需要适应通航、排冰、供水等多种需求。

（6）技术方案应可行，经济上合理。

（7）在施工期的各个环节，如河道截流、围堰挡水、坝体度汛、导流孔洞封堵、水库蓄水和发电供水等，都应实现合理的衔接和协调。

遵循这些原则可以确保工程顺利进行，同时降低成本和风险。

（三）水利水电工程施工导流的影响因素

1.地形地貌因素

在选择导流方案和编制导流计划时，应重点考虑施工区域附近的地理环境和工程地质条件。例如：第一，当江河河床较宽，且施工期间需要保证航行通畅时，分段围堰是一个合适的导流方法。此时可以有效利用河床上的沙洲或石岛进行围堰布置。如果能构建竖直方向的围堰，将更为便利。第二，在遇到河流较窄、两岸陡峭且山石坚硬的情况时，采用一次性拦截河床的隧洞导流方法将更为合适。第三，若江河一侧或两侧岸边较为平坦，或者存在低矮的山凹垭口等地形特征，明渠导流方法则是一个可行的选择。这些考虑确保了导流方案的适用性和有效性，有助于保障施工安全和工程进度。

2.水文因素

河流的水文特性对导流方式的选择起着决定性作用。在制订导流计划时，水文要素是

最关键的因素之一，这包括冬季冰冻和流冰状况、河流中的泥沙含量、洪水期及枯水期的时长、水位变化幅度以及流量变化情况等。具体地：第一，当河流河床较宽时，分段围堰方法通常是较为适宜的选择。这种方法适用于水位变化较大的河流。第二，对于洪峰持续时间短且峰值尖锐的河流，汛期基坑淹没方法可能是一个有效的方案。这两种方法都能确保在洪水期间河流水能够及时排放。第三，对于含沙量较高的河流，通常不建议采用淹没基坑的方法。导流方式的选择需要综合考虑河流的水文特性，以保证施工安全和效率。

3.枢纽类型及布置

在水利水电工程项目中，水工构筑物的布局和类型的选择与导流计划的拟订有着密切关系。决定建筑结构类型和工程布局时，必须同时考虑导流方式和相应的计划安排。这包括长期泄水设施的设计，如渠道、隧洞、涵管和泄水孔等。例如，在使用分段围堰方式浇筑混凝土大坝时，应将早期建造的坝段、泄水设施或水电站之间的隔离墙体视为竖直围堰的一部分，以减少导流方案的投资。具体来说：第一，分期导流方式通常适用于混凝土坝的施工。由于土石坝不宜分段建造且通常不允许坝体过水，所以它们的施工几乎不使用分期导流，而多采用一次性拦截方法。第二，对于高水头水利枢纽，后期导流可能需要结合多种导流方式，导流程序较为复杂。例如，在峡谷地区的混凝土坝，前期导流可能通过隧洞进行，而后期（完工期）导流常利用设置在坝体不同高程上的泄水孔完成。第三，对于高水头土石坝，前后期导流一般是通过在两岸不同高程上布置多层导流隧洞来实现。第四，如果枢纽中包含永久性泄水建筑物，如隧洞、涵管、底孔、引水渠、泄水闸等，则应尽可能加以利用。这样的综合考虑确保了水利水电工程的顺利实施，同时兼顾了成本效益和施工安全。

4.河流综合利用要求

在水利工程中，分期导流和明渠导流通常更容易满足一系列特定要求，如通航、过木（木材运输）、排冰、过鱼和供水等。当采用分期导流方式以满足通航需求时，有些河流可能需要被分为多个阶段并缩窄水道。在中国的一些峡谷地区工程中，虽然原计划采用隧洞导流，但为了满足过木要求，最终使用了明渠导流替代隧洞导流。这种改变可能导致面对高边坡的深挖掘问题，并使得导流程序变得更加复杂，工期也因此显著延长。因此，选择导流方式时，必须充分考虑到后期河流的综合利用需求，以确保工程既高效又实用。

（四）水利水电工程施工导流技术应用要求

水利水电工程的施工导流技术是确保工程顺利进行的关键环节，它直接影响到保护建筑设施的修建质量。因此，在工程施工准备阶段，就必须综合考虑工期、成本以及其他相关影响因素。为了提高工程建设质量，一方面需要对工程进行详尽分析，另一方面也需对施工技术进行严格控制。

由于每个水利水电工程所处的自然地理环境、水文气象条件、地形地质和交通运输条件的差异，导致施工导流方式各不相同，不存在一种固定模式。例如，中国的水利水电工程施工过去大多采用都江堰水利枢纽工程的传统导流方式。然而，根据实际情况科学制订导流方案对于工程施工的整体推进和质量保证具有重要意义。导流方案的制订必须严格遵守相关规程和规范，同时满足水利工程建设的基本要求，即技术上的可行性和经济上的合理性。

在选择导流方式时，应考虑避免使用全年洪水导流方案。对于枯水期可以将永久建筑物或临时挡水断面修筑到坝体度汛标准以上，或汛期虽淹没基坑但对工程进度影响小、淹没损失不大的情况，适宜采用枯水期围堰挡水导流方式。

（五）主要施工导流建筑物的适用条件

1.导流明渠

明渠导流是通过在河岸或滩地上挖掘渠道，并在基坑的上下游建造围堰，使江河水通过渠道流走的一种方法。这种方法适用于岸坡较平缓或拥有宽阔滩地的平原河道。如果附近有废弃的老河道，也可以利用这些河道进行明渠导流，这样不仅可以减少施工量，还能降低工程成本。

明渠导流的设计主要包括确定明渠的进出口位置、导流轴线的布置以及高程。渠道的轴线应该延伸到上下游围堰的外坡脚之外，且水平距离应满足防止冲刷的要求，一般在50~100米。在选择明渠导流轴线时，应考虑在较宽的台地、垭口或古河道沿岸进行布置。同时，应尽量缩短明渠的长度并避免深度挖掘。明渠的进出口应与上下游的水流顺利衔接，与河道主流的交角宜控制在30度以内。此外，为了保证水流畅通，明渠的转弯处的半径应不小于渠底宽度的5倍。

2.导流围堰

在确定围堰的布置方案和型式时，应考虑多种因素，如被保护对象的类型、泄水建筑物的具体特点、导流的时间段、河道水流的特性、河谷的地形及地质条件等。例如，根据围堰是否允许水流通过，可以选择过水型围堰或不过水型围堰。如果河床和河槽相对较窄而河流水量较大，可以选择一种横向围堰的布置方式，一次性拦截河床。此时，相应的泄水建筑物可以是明渠、隧洞或涵洞（管道）。另外，如果河床和河槽较宽缓，岸坡平坦，且工期较长，则可以采用纵横向的围堰布置方式，逐段导流。这种方式可以充分利用已施工的水工建筑物，结合围堰，将河流拦截成多个部分，分期实施，最终完成整个工程。

当采用分期围堰导流方式时，第一期围堰的位置应基于对水工枢纽布置、纵向围堰所在地形、地质和水力学条件以及施工现场和基坑交通路线的全面分析后确定。在第一期施工中，应优先考虑发电、通航、排冰、排沙及后期导流所需的永久性建筑物。

3.导流隧洞

山区河流常常具有两岸陡峭、河谷狭窄、山岩坚实的地形特征。在这种情况下，普遍采用隧洞导流方式。适用条件包括导流量不大、坝址河床相对狭窄、两岸地形较为陡峭，且沿岸或两岸地形、地质条件良好。

然而，由于隧洞的建造成本较高，泄水能力有限，通常在汛期泄水时采用淹没基坑方案或利用水工建筑物的预留缺口、放空底孔等方法。在导流隧洞的设计过程中，应尽量与永久隧洞相结合，以降低工程投资成本。随着导流隧洞的使用经历不同的导流阶段，设计应根据相应控制阶段的洪水标准进行调整。

导流隧洞的断面尺寸和数量应根据河流水文特性、岩石完整程度以及围堰运行条件等因素确定。在设计过程中，需要考虑隧洞的整体结构和性能，以确保在各种不同条件下都能够有效地实现导流功能。

4.导流涵洞（管）

涵洞（管）是指在水利工程引水系统通过已建设工程设施时，为了避免对已建设工程造成影响，同时考虑到对已建设工程和在建工程施工的保护而设置的一种设施。具体到水利水电工程中的导流涵洞（管），通常在分期导流中采用这种导流方式，特别适用于中小型水利水电工程建设。

从地形地质条件来看，与隧洞导流相比，涵洞（管）导流的施工工作面相对较宽，对工程地质条件的要求不太高。此外，涵洞（管）导流具有施工灵活、施工速度较快、成本较低等优点，因此在选择施工导流方式时被广泛采用，尤其在中小型水利水电工程建设中使用频率较高。

（六）提高水利水电工程施工导流技术的策略

1.注重水利人才的培养

人才是科技创新的基石，因此，在倡导技术创新的同时，必须大力培养水利领域的人才。目前水利施工队伍中存在着新生力量不足的问题，同时原有的骨干施工技术人员也常常缺乏创新能力。因此，我们既要注重引进和培养创新人才，又要团结骨干技术人员。我们需要发挥引进人才的技术创新能力，同时汲取技术骨干在实际水利工程施工方面的经验。这两者需要有机结合，实现老带新的目标，共同推动水利施工导流技术的创新。

2.施工进度计划

水利水电工程项目的差异性决定了各种施工导流方式各有独特的优势。根据不同的施工导流方案，所制订的施工进度计划也会有所不同。或许需要根据具体的施工进度计划来灵活调整施工导流方案。首先，要深入分析和研究施工进度中的各个时间控制节点，包括开工、拦洪、截流、下闸蓄水、封孔、首台发电机组发电等时间节点，以及其他工程的受益时间等。只有合理掌握这些时间控制节点，才能根据实际情况制订最为恰当的控制性施工进度计划。

其次，基于各单项工程与控制性施工进度计划，对工程整体的总进度计划进行编制或调整。需要对完工时间与受益时间进行论证，以科学合理的方式进行施工导流和工程度汛安排。

3.完善企业管理机制

水利科技的创新直接关系到企业的效益。只有在管理机制不断完善的情况下，水利技术的创新才能够得到有效的支持。目前，我国大多数水利企业内部机制存在不完善的问题，既缺乏有效的施工工程质量监管体系，也缺乏对工程施工经验的积累和总结。在市场经济环境下，水利施工企业面临着巨大的市场压力。只有通过积极推进水务体制改革、水管体制改革、水利投融资体制改革，才能不断提高水利施工技术水平，提升工程施工质量，从而增强市场竞争力。

二、水利水电工程截流技术

截流工程是指在泄水建筑物接近完工时，即采用进占方式自两岸或一岸建筑围堰戗堤（作为围堰的一部分），形成龙口，并对龙口进行防护。待曳水建筑物完工后，抢抓有利时机，以最短的时间将龙口堵住，从而截断河流。下面将详细讨论截流施工技术。

（一）截流的方式

目前的施工技术显示，截流有两种基本方式：立堵法和平堵法。

1.立堵法

立堵法截流是指通过将截流材料从龙口一端或两端向中间抛投进占，逐渐约束河床，最终完全阻断水流。

通常情况下，立堵法截流无须设置浮桥，准备工作相对简单，造价较低。然而，其缺点在于截流时的水力条件不利。龙口处的水流量大，流速较高，水流绕过截流堤端时会形成强烈的旋涡，导致水流附近的河床被冲刷。由于流速分布不均匀，需要使用单个质量较大的截流材料。截流工作区域狭窄，因此抛投强度受到较大限制。立堵法主要适用于水流量大、岩基或岩层较薄的河床。对于软基河床，则需要根据实际情况采取底部保护措施后再进行截流。

2.平堵法

平堵法截流是指沿整个龙口宽度全线抛投截流材料，堆筑体逐渐上升，直至露出水面。一般而言，这种方法适用于部分河宽或全河宽的情况。因此，在合龙之前，需要在龙口处设置浮桥。由于平堵法沿整个龙口宽度均匀抛投，其优点包括单宽流量较小、出现的

流速较缓、单个材料的重量较轻、抛投强度较大以及施工速度较快。但其缺点在于可能会受到通航的限制。平堵法适用于软基河床、河流便于架设浮桥且对通航影响较小的情况。

3.综合方式

（1）立平堵。

为了降低架桥费用，同时充分利用平堵水力学条件的优势，一些工程采用了先立堵，后在栈桥上平堵的方法。例如，苏联的布拉茨克水电站在截流流量为3600m³/s、最大落差为3.5m的条件下，采用了先立堵进占的方式，将龙口缩窄到100m，然后通过管柱栈桥全面平堵合龙。

另一个例子是多瑙河上的铁门工程，经过比较各种方案后，最终采取了立平堵的方式。在这个方案中，首先进行了立堵段，长度达149.5m，然后在平堵段将龙口缩小到100m。最后通过栈桥上的抛投完成了截流，其落差达到3.72m。这种先立堵、后平堵的方式在一些工程中被认为是一种经济有效的方法。

（2）平立堵。

在软基河床的情况下，采用单纯的立堵方法容易导致河床冲刷。通常情况下，会先采用平抛护底的措施，再进行立堵合龙。平抛护底一般利用驳船来完成。以丹江口、青铜峡、大化及葛洲坝等工程为例，它们一般都采用这种方法，并且取得了较为满意的效果。由于护底是局部性的，因此这类工程本质上属于立堵法截流。

（二）截流施工的设计流量

1.截流时间的确定

（1）尽量在流量较小时进行截流，但需要综合考虑河道水文特性和各项控制工程的完成情况，充分合理地利用枯水期。

（2）对于具有灌溉、供水、通航、过木等特殊要求的河道，必须全面考虑这些要求，尽可能减少截流对河道综合利用的影响。

（3）在有冰冻的河流中，通常不在流冰期进行截流，以避免使截流和闭气工作变得复杂化。当然，如果有必要在流冰期进行截流，就需要成立相关的技术小组进行充分论证，并制定周密的安全措施。

根据上述原则，截流时间的确定必须综合考虑气候条件、河流水文特征、围堰施工、通航、过木等因素。一般情况下，应选择在枯水期初进行截流，即在流量显著下降时。在严寒地区，应尽可能避开河道流冰和封冻期。

2.设计水流和流量确定

设计截流量是指在一定截流时间内通过特定断面的总水流量，其确定需要考虑施工现场的水文环境和设计流程等特点。通常情况下，可以根据水文气象预测进行校正，重现年或确定的设计流量，一般以5~10年、一个月或年平均流量的截流期为基准，也可采用其他分析方法确定。设计流程一般通过频率方法确定，选择已确定的封闭期，根据时间频率确定设计流程。根据规定，除了频率方法选定截流设计标准外，还有其他确定方法，例如测量数据分析法。该方法适用于水文资料系列较长、水文特性相对稳定的情况。

对于预测期较短的情况，一般不会最初应用该方法，但根据流动特性的预测可能在截流前夕进行。在一些重要的施工截流设计中，通常会选择一个流程，然后分析较大和较小流程的发生频率，进行闭合计算，并进行几个流模型的试验研究。

3.龙口位置与宽度

龙口设置在截流戗堤的轴线上，而戗堤轴线的确定基于对两岸与河床地形、地质、水运状况等多方面因素的分析，结合相关数据综合考虑得出。一旦确定了戗堤轴线，就相应确定了龙口的位置。

在一般情况下，龙口位置应当设计得较为宽敞，以便储存大量施工材料，并且能够方便众多来往车辆的运输，从而满足保持交通便利的需求。在地质选择时，需要满足覆盖层较薄的龙口位置要求，并且应具备天然保护设施，以减少水流对其的冲击，延长使用寿命。

水利条件方面，应将龙口位置设在正对主流的位置，以便大量洪水能够迅速泄流，从而全面提高工程的安全性能。在确定龙口宽度时，需充分考虑戗堤束窄河床后形成的水力条件、两侧裹头部位的冲刷影响以及截流期通航河流在安全方面的具体要求。

（三）水利工程控制截流施工难度

1.加大分流量，改善分流条件

确定合理导流结构截面尺寸时，应以断面标高形式进行考虑。特别要注意下游引航道的开挖爆破和下游围堰结构的设计，这是提高截流效果的关键环节。实践证明，由于水下开挖困难，常导致上游和下游引航道规模不足，或者回水影响到剩余围堰，从而导致截流落差大幅增加，工程面临诸多困难。

在永久溢洪道尺寸不足的情况下，可以考虑专门修建河闸或其他类型的泄洪分流建筑物。当门挡水闸完全关闭后，截流工作即可完成。需要综合考虑各方面因素，确保导流结构的截面尺寸合理，以保证工程的稳定和顺利进行。

2.转变龙口水力条件

在截流施工过程中，水文落差在3.0m以内一般情况下不会出现较差的现象。然而，当落差达到4.0m以上时，通常采用单戗堤截流，主要是因为此时水流量相对较少，使得这种截流方式更为适用。当面对较大的水流量时，采用单戗堤截流变得相当困难。因此，许多工程在这种情况下选择采用双戗堤、三戗堤或宽戗堤的方式，以分散落差，并通过这种方

式来完成截流任务。这种方法在应对高水文落差和大水流量的情况下，能够提高截流的成功性。

3.增大投抛料的稳定性，减少块料流失

在这种情况下，通常采用葡萄串石、大型构架和异形人式投抛体。另外，也可以选择使用投抛钢构架、比重较大的矿石等作为骨料来实现稳定。为了防止块料的流失，可以在龙口下游平行于戗堤轴线设置一排拦石坎，以确保投抛体的稳定。这样的措施有助于达到抛料的稳定效果。

4.截流施工中材料的使用

在具体的施工过程中，如果截流水文条件相对较差，可以考虑采用钢筋混凝土四面体结构。这种结构通常能够带来良好的施工效果。在选择抛石材料时，应具备以下特征。首先，铸造材料应具备适当的强度，便于吊装和运输；其次，根据运输条件选择合适的抛填材料，考虑可能出现的损失以及其他水文、地质等因素，相应增加投放量。

第二节　基础工程施工

一、水泥灌浆的施工

（一）钻孔

钻孔质量要求：

1.确保孔位、孔深、孔向符合设计要求

钻孔的方向和深度对于确保帷幕灌浆质量至关重要。如果钻孔的方向存在偏斜，或者钻孔的深度未能达到规定要求，那么通过各个钻孔注入的浆液将无法有效地连成一体，从而形成漏水通道。这凸显了钻孔准确定向和达到规定深度的重要性。

2.力求孔径上下均一、孔壁平顺

孔径均一、孔壁平顺，则灌浆栓塞能够卡紧卡牢，灌浆时不至产生绕塞返浆。

3.钻进过程中产生的岩粉细屑较少

在钻进过程中，如果产生过多的岩粉细屑，容易阻塞孔壁的缝隙，从而影响灌浆质量，同时也会对工人的作业环境造成不利影响。根据岩石的硬度、完整性和可钻性的差

异，我们可以选择不同类型的钻头，包括硬质合金钻头、钻粒钻头和金刚钻头。一般来说，对于6～7级以下的岩石，推荐使用硬质合金钻头；对于7级以上的岩石，可以选择钻粒钻头；而对于石质坚硬且较为完整的情况，适合采用金刚石钻头。

帷幕灌浆时，推荐使用回转式钻机搭配金刚石钻头或硬质合金钻头。这样的组合能够提高钻进效率，而且不受孔深、孔向、孔径和岩石硬度的限制，同时还有可能取得岩芯。一般而言，帷幕灌浆的钻孔孔径通常在75～91mm。对于固结灌浆，可以选择各种合适的钻机和钻头。

孔向的控制相对较为困难，特别是在进行斜孔钻设时，掌握钻孔方向更加具有挑战性。在实际工程中，根据不同的钻孔深度规定了允许的钻孔偏斜值。例如，当深度超过60m时，允许的偏差不应超过钻孔的间距。钻孔结束后，需要对孔深、孔斜和孔底残留物等进行检查，如果不符合要求，应采取相应的补救处理措施。

为了有利于浆液的扩散并提高浆液结合的密实性，在确定钻孔顺序时应与灌浆的次序密切协调。通常情况下，一批钻孔完成后立即进行灌浆，以确保浆液能够迅速扩散并提高浆液的结合密实性。钻孔的次序应以逐渐加密钻孔数和缩小孔距为原则。对于排孔的钻孔顺序，建议先进行下游排孔，然后进行上游排孔，最后进行中间排孔。对于统一排孔而言，一般采用2～4个次序孔施工，逐渐加密。

（二）钻孔冲洗

完成钻孔后，必须进行钻孔及岩石裂隙的冲洗工作。通常，冲洗工作可分为以下两个步骤。

①钻孔冲洗：该步骤旨在将残存在钻孔底部和附着在孔壁上的岩粉、铁屑等冲洗出来。采用灌浆泵将水注入孔内，通过循环管路进行冲洗。冲洗管被插入孔内，孔口被阻塞器密封，然后使用压力水进行冲洗。此外，也可以采用压力水和压缩空气轮换冲洗，或者使用压力水和压缩空气混合冲洗的方法。

②岩层裂隙冲洗：这一步旨在将岩层裂隙中的充填物冲洗出孔外，以便浆液能够进入腾出的空间，使浆液结石与基岩胶结成整体。在断层、破碎带和微细裂隙等复杂地层中，灌浆冲洗的质量对后期灌浆效果有着重要的影响。

总体而言，采用灌浆泵注入水进行循环管路冲洗的方式较为普遍。冲洗管被插入孔内，孔口被阻塞器密封，然后利用压力水进行冲洗。同时，也可考虑采用压力水和压缩空气轮换冲洗，或者采用压力水和压缩空气混合冲洗的方法。这些冲洗步骤对于保证灌浆效果至关重要，特别是在处理复杂地层时。

岩层裂隙冲洗方法分为单孔冲洗和群孔冲洗两种。在岩层比较完整，裂隙比较少的地方，可采用单孔冲洗。冲洗方法有高压压水冲洗、高压脉动冲洗和扬水冲洗等。

当节理裂隙比较发育且在钻孔之间互相串通的地层中，可采用群孔冲洗。将两个或两个以上的钻孔组成一个孔组，轮换地向一个孔或几个孔压进压力水或压力水混合压缩空气，从另外的孔排出污水，这样反复交替冲洗，直到各个孔都出水洁净为止。

群孔冲洗时，沿孔深方向冲洗段的划分不宜过长，否则冲洗段内钻孔通过的裂隙条数增多，这样不仅分散冲洗压力和冲洗水量，并且一旦有部分裂隙冲通以后，水量将相对集中在这几条裂隙中流动，使其他裂隙得不到有效的冲洗。

（三）压水试验

在进行灌浆施工之前，通常需要在冲洗完成后对灌浆地层进行压水试验。该试验的主要目的是测定地层的渗透特性，为基岩的灌浆施工提供基本技术资料。此外，压水试验也是检查地层灌浆实际效果的主要方法。

压水试验的原理是在一定的水头压力下，通过钻孔将水压入孔壁周围的缝隙中。通过测量压入的水量和压水的时间，可以计算出代表岩层渗透特性的技术参数。一般来说，可以采用透水率来表示岩层的渗透特性。透水率指的是在单位时间内，在单位长度试验孔段中，单位压力作用下压入的水量。这一参数对于评估地层的渗透性至关重要，并为后续的灌浆工程提供了有价值的参考信息。试验成果可用下式计算：

$$q = \frac{Q}{PL}$$

式中：q——地层的透水率，Lu（吕容）；

Q——单位时间内试验段的注水总量，L/min；

P——作用于试验段内的全压力，MPa；

L——压水试验段的长度，m。

灌浆施工时的压水试验，使用的压力通常为同段灌浆压力的80%，但一般不大于1MPa。

（四）灌浆的方法与工艺

1.钻孔灌浆的次序

进行基岩的钻孔和灌浆时，应当遵循分序加密的原则。这一原则的实施既有助于提高浆液结石的密实性，又通过对后续灌浆序列孔的透水率和单位吸浆量进行分析，可以推测先灌浆序列孔的灌浆效果。同时，这种分序加密的方法还有助于减少相邻孔之间的串浆现象发生。

2.注浆方式

根据浆液在灌浆过程中的灌注和流动特性，灌浆方式主要分为纯压式和循环式两种。

在纯压式灌浆中，对于帷幕灌注，一次性将浆液压入钻孔，使其扩散到岩层裂隙中。在这个过程中，浆液从灌浆机流向钻孔，但不再返回。这种灌注方式设备简单、操作方便，但浆液流动速度较慢，易产生沉淀，可能导致管路和岩层裂隙堵塞，影响浆液扩散。一般来说，纯压式灌浆适用于吸浆量大、存在大裂隙、孔深不超过12～15m的情况。

而循环式灌浆中，灌浆机将浆液压入钻孔后，一部分浆液被推入岩层裂隙，另一部分通过回浆管返回到拌浆筒中。这种方法一方面能保持浆液的流动状态，减少沉淀；另一方面根据进浆和回浆浆液比重的差异，可了解岩层吸收情况，作为判定灌浆结束的依据。

3.钻灌方法

（1）自上而下分段钻灌法

施工的步骤是这样的：首先进行一段钻孔，然后进行一段灌浆。在经过一定时间的凝固后，再进行下一段钻孔和灌浆。这个过程不断交替进行，直到达到设计深度。这种方法的优点在于随着段深的增加，可以逐段增加灌浆压力，从而提高灌浆质量。由于上部岩层已经经过灌浆形成结石，当对下部岩层进行灌浆时，不容易发生岩层抬动和地面冒浆等现象。此外，采用分段钻灌的方式，能够进行分段的压水试验，试验结果相对准确，有助于分析灌浆效果，估算灌浆材料的需用量。然而，这种方法的缺点在于钻完一段后需要等待一定时间，才能进行下一段的钻孔和灌浆。而且由于钻孔和灌浆必须交替进行，设备需要频繁搬移，从而影响了施工进度。

（2）自下而上分段钻灌法

采用这种方法时，首先将孔一次性钻到整个深度，然后自下而上逐段进行灌浆。与自上而下分段灌浆的优缺点正好相反。通常，这种方法多应用于岩层较为完整或基岩上部已有足够的压重，不容易引起地面抬动的情况。

（3）综合钻灌法

在实际工程中，通常地表附近的岩层较为破碎，而随着深度增加，岩层逐渐变得更加完整。因此，在进行深孔灌浆时，可以综合考虑以上两种方法的优点。具体而言，可以采用自上而下的方式对上部孔段进行钻孔和灌浆，而对下部孔段则采用自下而上的方式进行钻孔和灌浆。这样的综合方法能够更好地适应不同深度的岩层状况。

（4）孔口封闭灌浆法

其关键步骤包括先在孔口嵌入不小于2m的孔口管，以方便后续安装孔口封闭器。采用小孔径进行钻孔，自上而下逐段进行钻孔与灌浆。上段灌浆完成后，无须等待凝固，即可进行下段的钻孔和灌浆，如此循环，直至达到终孔。可以多次重复灌浆，并且可采用较

大的灌浆压力。该方法的优点在于工艺简单、成本低、效率高，且灌浆效果良好。其缺点在于当灌注时间较长时，容易导致灌浆管被水泥浆凝固。

通常情况下，控制灌浆孔段的长度在5～6m。如果地质条件较好，岩层较为完整，可以适当延长段长，但不宜超过10m。在岩层破碎、裂隙发育的地方，应适度缩短段长，通常为3～4m。而在存在破碎带、大裂隙等导致漏水的地段，以及坝体与基岩接触面，应采取单独分段处理的策略。

4.灌浆压力

灌浆压力是控制灌浆质量、提高经济效益的重要因素。确定灌浆压力的原则是在不损坏基础和建筑物的前提下，尽可能采用较大的压力。高压灌浆能更好地将浆液压入细小缝隙，增大浆液扩散范围，减少多余水分，提高灌注材料的密实度。灌浆压力的确定与孔深、岩层性质、有无压重以及灌浆质量要求等因素有关，可以参考类似工程的灌浆资料，尤其是现场灌浆试验结果，并根据具体的施工现场条件进行调整。

5.灌浆压力的控制

在灌浆过程中，合理地控制灌浆压力和浆液稠度是提高灌浆质量的关键。灌浆过程中，灌浆压力的控制主要有两种类型，即一次升压法和分级升压法。

（1）一次升压法

在灌浆开始后，一次性将压力升高到预定的水平，然后在这个压力下，逐渐灌注从稀到浓的浆液。当每一级浆液的注入量和灌注时间达到一定限度后，调整浆液配比，逐级加浓。随着浆液浓度的增加，裂隙逐渐被充填，浆液注入率逐渐减少。当达到结束标准时，结束灌浆。这种方法适用于透水性较小、裂隙不太发育、岩层相对坚硬完整的情况。

（2）分级升压法

将整个灌浆压力分为几个阶段，逐级升压直至预定的压力。一开始，从最低一级压力开始灌注，当浆液注入率减少到规定的下限时，将压力升高一级，如此逐级升压，直至达到预定的灌浆压力。这种方法适用于需要更精细控制灌浆过程的情况。

6.浆液稠度的控制

在灌浆过程中，必须根据灌浆压力或吸浆率的变化情况，适时调整浆液的稠度，以确保岩层的大小缝隙既能充分灌满，又不造成浆液浪费。浆液稠度的调整应按照先稀后浓的原则进行，这是因为稀浆具有较好的流动性，能够进入宽窄的裂隙，使细小的裂隙首先被灌满。随着浆液稠度逐渐增加，其他较宽的裂隙也能逐步得到有效充填。这样的调控策略既能充分利用浆液的流动性，又能确保各种大小裂隙均得到适当的灌浆，实现了高效而经济的灌浆过程。

7.灌浆的结束条件与封孔

确定灌浆结束的条件通常由两个指标来控制。首先是残余吸浆量，也称为最终吸浆

量，即灌浆达到最后限定吸浆量；其次是闭浆时间，即在残余吸浆量不变的情况下，维持设计规定压力的时间。

在帷幕灌浆中，当灌浆孔段的浆液注入率小于0.4L/min时，在设计规定的压力下，继续灌注60min（自上而下法）或30min（自下而上法）；或者当浆液注入率不大于1.0L/min时，继续灌注90min或60min，即可结束灌浆。

至于固结灌浆，其结束标准是浆液注入率不大于0.4L/min，维持时间为30min，这时可以结束灌浆。灌浆结束后，应立即清理灌浆孔。对于帷幕灌浆孔，推荐采用浓浆灌浆法进行充填，然后使用水泥砂浆封孔。对于固结灌浆，当孔深小于10m时，可使用机械压浆法回填封孔，通过深入孔底的灌浆管压入浓水泥浆或砂浆，将孔内积水顶出，随着浆面的上升，缓慢提升灌浆管。当孔深大于10m时，封孔方法与帷幕孔相同。

（五）灌浆的质量检查

基岩灌浆是一项隐蔽性工程，对其灌浆质量必须进行严格的控制与检查。为此，需要采取一系列措施。首先，必须认真记录灌浆施工的每一项原始数据，严格遵守灌浆施工的工艺控制，杜绝违规操作。其次，在每个灌浆区域完成灌浆后，需要进行专门的质量检查，以科学评定灌浆质量。基岩灌浆的质量检查结果将成为整个工程验收的重要依据。

有多种方法可以用于灌浆质量检查，其中常用的包括以下几种：在已经灌浆的区域钻设检查孔，通过压水试验和浆液注入率试验进行检查；通过检查孔，钻取岩芯进行检查，或者进行钻孔照相和孔内电视，以观察孔壁的灌浆质量；开挖平洞、竖井或者钻设大口径钻孔，让检查人员直接进入其中进行观察检查，并在其中进行抗剪强度、弹性模量等方面的试验；利用地球物理勘探技术，对基岩进行测定。这些方法可以综合运用，以确保对基岩灌浆质量的全面检查和评估。

二、爆破工程施工

（一）孔眼爆破

1.炮孔布置原则

无论是进行浅孔还是深孔爆破，在施工过程中都需要形成台阶状结构，以合理布置炮孔，充分利用天然的临空面或创造更多的临空面。这样做不仅有助于提高爆破效果、降低成本，还方便了钻孔、装药、爆破和碎石清理等作业的平行流水操作，避免干扰，加快施工进度。在布置炮孔时，应尽量使其与岩石层面和节理面成直角，避免穿过地面的裂缝，以防止气体泄漏，从而影响爆破效果。对于深孔作业，还需要考虑不同挖掘机的掌子面要求，以保证施工的有效进行。

2.改善深孔爆破效果的技术措施

（1）合理利用或创造人工自由面

实践证明，充分利用地形多面临空或人工创造多面临空的自由面，可以有效降低爆破单位的耗药量。适当增加梯段高度或采用斜孔爆破，都有助于提高爆破效率。在平行坡面进行斜孔爆破时，由于爆破时沿坡面的阻抗大致相等，同时反射拉力波的作用范围增大，通常能比竖孔爆破实现更高的能量利用率，提高约50%。斜孔爆破后，边坡更加稳定，块度更加均匀，还有助于提高装渣效率。这些措施有助于优化爆破设计，提高工程的效益。实践证明，充分利用多面临空的地形，或人工创造多面临空的自由面，有利于降低爆破的单位耗药量。另外适当增加梯段高度或采用斜孔爆破，均有利于提高爆破效率。平行坡面的斜孔爆破，由于爆破时沿坡面的阻抗大致相等，且反射拉力波的作用范围增大，通常可比竖孔的能量利用率提高50%。斜孔爆破后边坡稳定，块度均匀，还有利于提高装渣效率。

（2）改善装药结构

深孔爆破通常采用单一炸药的连续装药，其中药包往往位于孔底，而孔口不装药段较长，导致形成大块。虽然采用分段装药增加了一定的施工难度，但能有效降低大块率。另一种方法是采用混合装药，即在孔底装高威力炸药，上部装普通炸药，这有利于减少超钻深度。在国内外矿山中，空气间隔装药爆破技术也被证明是一种改善爆破破碎效果、提高爆炸能量利用率的有效方法。

（3）优化起爆网络

优化起爆网络对于提高爆破效果、减轻爆破震动的危害起着非常重要的作用。选择合理的起爆顺序和微差间隔时间有助于增加药包爆破自由面，促使爆破岩块相互撞击，从而减小块度，防止爆破产生的有害效应。这些措施对于预防爆破产生的环境污染也具有重要作用。

（4）采用微差挤压爆破

微差挤压爆破是指在爆破工作面前保留渣堆，通过渣堆的存在促使爆破后的岩石在运动中相互碰撞、前后挤压，达到进一步破碎的效果，从而改善整体爆破效果。微差挤压爆破适用于料场开挖以及工作面较小、开挖区域狭长的情况，比如溢洪道、渠道开挖等。这种方法可以使钻孔和出渣作业相互不干扰，实现平行连续作业，进而提高整体工作效率。

（5）保证堵塞长度和堵塞质量

实践证明，在其他条件相同的情况下，爆破效果和能量利用率在堵塞良好的场合较堵塞不良的场合有显著提高。

（二）光面爆破和预裂爆破

在20世纪50年代末期，随着钻孔机械的发展，一种新的爆破技术应运而生，其特点是密集的钻孔和小装药量。在露天堑壕、基坑和地下工程的挖掘中，利用这种技术形成较陡峭的边坡表面，使地下挖掘的坑道面能够达到预期的断面轮廓线，避免了超挖或欠挖，并保持了围岩的稳定。

实现光面爆破的技术措施有两种：一是在挖掘至边坡线或轮廓线时，预留一层厚度为炮孔间距的1.2倍左右的岩层，在炮孔中装入低威力的小药卷，使药卷与孔壁间保持一定的空隙，爆破后在孔壁面上留下半个炮孔的痕迹；另一种方法是在边坡线或轮廓线上预先钻凿与壁面平行的密集炮孔，首先引爆以形成沿炮孔中心线的破裂面，以阻止主体爆破时地震波的传播，还能阻止应力波对保留面岩体的破坏作用，通常被称为预裂爆破。这种爆破技术在形成光面或保护围岩稳定方面的效果均优于光面爆破，因此在隧道、地下厂房以及路堑和基坑挖掘工程中被广泛采用。

（三）定向爆破

定向爆破是一种利用爆破作用中的方向性最小抵抗线的特点进行爆破的技术。在设计时，通过充分利用天然地形或人工改造后的地形，使最小抵抗线指向需要填筑的目标。这种技术已被广泛应用于水利筑坝、矿山尾矿坝和填筑路堤等工程中。其显著优点是能够在短时间内通过一次爆破完成土石方工程的挖掘、装载、运输、填筑等多个工序，从而实现了机械和人力的大量节约，成本较低，工作效率较高。然而，该技术的缺点在于后续工程难以及时跟进，并受到某些地形条件的限制。

（四）控制爆破

控制爆破，不同于常规工程爆破，对由爆破引起的潜在危害有着更严格的要求。这种爆破技术主要应用于城市或人口密集地区，以及周围有众多建筑物的区域。它被用于拆除房屋、烟囱、水塔、桥梁，以及工厂内部的各种构筑物基座，因此也被称为拆除爆破或城市爆破。

控制爆破的主要要求包括：

（1）限制爆破破坏的范围，仅对需要拆除的建筑部分进行爆破，同时保持其余部分的完整性；

（2）控制爆破后建筑物的倒塌方向和坍塌范围；

（3）限制爆破时产生的碎片飞散距离，以及空气冲击波和声波的强度；

（4）控制爆破引起的建筑物基础震动及其对邻近建筑物的影响，这通常被称为爆破

地震效应。

对爆破飞石和滚石的控制是爆破安全中的关键环节。产生飞石的原因通常包括对地质情况了解不足、不合适的炸药用量、炮孔偏移或位置不当，以及不充分的防护措施。为了控制这些风险，监理工程师与施工单位的爆破工程师必须严格按照爆破工艺要求进行操作，并采取以下措施：

（1）严格监控爆破区域的安全防护，确保防护设施如排架和表面覆盖符合设计要求，同时检查人员和机械设备的安全警戒距离。

（2）实行信息化管理，总结经验和教训，根据具体地质情况确定合理的爆破参数，选择适当的炸药量，确保正确的堵塞长度和质量。

（3）在爆破时，尽量避免将最小抵抗线方向对准保护物。

（4）确定合理的起爆方式和延迟时间，保证每个炮孔有侧向自由面，以避免前排爆破引起后排最小抵抗线的失控。

（5）钻孔时，如遇特殊地质情况，如节理或裂隙，应调整钻孔位置和爆破参数。装药前，特别注意检查是否有裂缝等问题，并根据情况调整装药参数或采取其他措施。

（6）在靠近建筑物、居民区或道路的地方进行爆破时，根据周围环境采取有效的防护措施。

（7）由于项目中存在多处陡峭地形，应及时清理山体上的悬石和危石，确保施工安全。

三、防渗墙的施工工艺

（一）造孔准备

准备阶段是防渗墙施工中的关键步骤。这包括根据设计要求和预定的槽孔长度进行精确的测量和定位，并据此建立导向槽。导向槽的主要作用是确保防渗墙的各项指标符合基准。为此，导向槽的中心线必须与防渗墙的中心线保持一致，其宽度通常比防渗墙宽3～5厘米，以标示挖槽位置并起到指引作用。导向槽的竖直面的垂直度对保证防渗墙的垂直度至关重要，其顶部应保持平整，以确保导向钢轨能正确安装和定位。导向槽还能防止槽壁顶部的坍塌，维持泥浆压力，防止坍塌及阻止废浆和脏水回流，确保地面土体的稳定性。在导向槽之间，每隔1～3米应加设临时木支撑。此外，导向槽还经常承担灌注混凝土时的静态和动态荷载，充当重物支撑台的角色。特别是在地下水位高的区域，为了保持稳定的液面，导向槽至少应高出地下水位1米，有时导向槽内部空间也被用作稳定液体的储存槽。

导向槽是防渗墙施工时的重要组成部分，可由木材、条石、灰土或混凝土制成。它位于槽孔上方，沿防渗墙轴线布置。通常，导向槽的净宽应等于或略大于防渗墙设计的厚度，而其高度最适宜在1.5～2.0米。为保持槽孔的稳定性，导向槽底部应高出地下水位至少0.5米。同时，为了防止地表积水回流并方便自流排浆，其顶部应略高于两侧地面。

钢筋混凝土导墙通常采用现场浇筑法施工。这包括平整施工场地、测量定位、挖槽及处理弃土、绑扎钢筋、搭建模板、灌注混凝土、拆除模板并设置横向支撑，以及回填导墙外侧空隙并进行碾压密实。

导墙的施工接缝应错开于防渗墙的施工接缝，以保持结构的完整性。为保持导墙的连续性，还可以设置插铁。

导向槽安装完毕后，需要在槽侧铺设造孔钻机的轨道、安装钻机、建设运输道路、架设动力和照明线路，以及供水供浆管路。同时，还需建立排水排浆系统，并向槽内充灌泥浆，确保泥浆液面保持在槽顶以下30～50厘米。完成这些准备工作后，便可开始进行造孔操作。

（二）固壁泥浆和泥浆系统

在松散透水地层和坝体内进行造孔成墙时，维持槽孔孔壁稳定是关键技术之一。实践表明，泥浆固壁法是处理此类问题的主要方法。泥浆固壁的原理是利用槽孔内泥浆压力高于地层水压，使泥浆渗入孔壁介质，其中细颗粒填充孔隙，粗颗粒附着在孔壁上形成泥皮。泥皮对地下水流形成阻力，隔离槽孔内的泥浆与地层，泥浆的高密度产生的侧压力通过泥皮作用于孔壁，从而稳定槽壁。

泥浆不仅具有固壁作用，在造孔过程中还能悬浮和携带岩屑、冷却润滑钻头；墙体成型后，渗入孔壁的泥浆和固化的泥皮也有助于防渗。鉴于泥浆的重要性，防渗墙施工中对泥浆的制浆土料、配比和质量控制有严格要求。

泥浆的主要制浆材料包括膨润土、黏土、水和改善泥浆性能的掺合料，如加重剂、增黏剂、分散剂和堵漏剂。所有材料在搅拌机中混合，经过筛网过滤后储存在专用浆池备用。

我国的工程实践提出，制浆土料的基本要求为黏粒含量大于50%，塑性指数大于20，含砂量小于5%，氧化硅与三氧化二铝含量比值宜为3～4。制成的泥浆性能指标应根据地层特性、造孔方法和用途通过试验确定。

（三）造孔成槽

造孔成槽是防渗墙施工的一个重要环节，大约占据整个工期的一半。槽孔的精度对防渗墙的质量有直接影响，因此选用合适的造孔机具和挖槽方法对提升施工质量和速度至关重要。混凝土防渗墙的发展和广泛使用，与造孔机具的进步及挖槽技术的改善紧密相关。

防渗墙开挖槽孔主要使用的机具包括冲击钻机、回转钻机、钢绳抓斗和液压铣槽机等，这些机具在工作原理、适用地层条件和工作效率上各有不同。面对多样化的地层条件，通常需要多种机具配合使用。

为提高工效，施工时通常先将槽段划分为主孔和副孔，然后采用钻劈法、钻抓法或分层钻进等方法进行造孔。这些方法均应采用泥浆固壁技术，在泥浆液面下进行钻挖。

施工过程中需严格遵守操作规程，防止掉钻、卡钻、埋钻等事故，同时需要注意泥浆液面的稳定，发现漏浆应及时补充并采取止漏措施。定期检测泥浆性能指标，确保其在允许范围内，并及时清除废水、废浆、废渣。不允许在槽口两侧堆放重物，以防影响施工或导致孔壁坍塌。同时，保持槽壁平直，确保孔位、孔斜、孔深、孔宽及槽孔搭接厚度和嵌入基岩深度等满足规定要求，避免漏钻漏挖或欠钻欠挖。

（四）终孔验收和清孔换浆

在混凝土浇筑前，只有在验收合格后才能进行清孔换浆。清孔换浆的主要目的是清除孔底的沉渣并换上新鲜的泥浆，这一步骤对确保混凝土与不透水地层连接的质量至关重要。为达到标准，清孔换浆后1小时内，孔底的淤积厚度不应超过10厘米，泥浆黏度不应超过30秒，含砂量不应超过10%。

通常情况下，清孔换浆完成后的4小时内应开始浇筑混凝土。如果不能按时浇筑，必须采取措施防止孔底落淤。如果出现落淤情况，在浇筑前重新进行清孔换浆。

（五）墙体浇筑

防渗墙的混凝土浇筑与常规方法有所不同，主要是在泥浆液面下进行。其关键特点包括：

（1）避免泥浆与混凝土混合，防止形成泥浆夹层。

（2）确保混凝土与基础及一期、二期混凝土之间良好结合。

（3）连续进行浇筑，保证一次完成。

泥浆下的混凝土浇筑通常采用直升导管法。清孔合格后，立即安装钢筋笼、预埋管、导管和观测仪器。导管由多节直径为20厘米～25厘米的钢管连接而成，沿槽孔轴线布置，相邻导管间距不宜超过3.5米。一期槽孔两端的导管距离端面应在1.0米～1.5米。开浇时，导管口应距孔底10厘米～25厘米，并将导管固定在槽孔口。若孔底高差超过25厘米，导管中心应位于该导管控制区域的最低点。这种导管布置有利于全槽混凝土均衡上升，促进一、二期混凝土结合，且可避免混凝土与泥浆混合。浇筑时，应严格按照从最深处开始的顺序进行，即从最深的导管开始，逐个从深到浅开浇，直至全槽混凝土面平整后，再整体均衡上升。

在进行每个导管的混凝土浇筑时，首先将导注塞放入导管，并向导管内注入适量的水泥砂浆。随后，准备充足的混凝土，将导注塞推至导管底部，以挤出管内的泥浆。接着，轻微提升导管，使导注塞浮起，确保泻出的砂浆和混凝土能覆盖导管底部，防止后续浇筑的混凝土与泥浆混合。

浇筑过程中需确保混凝土的连续供应，一气呵成；保持导管至少埋入混凝土1米深；同时确保全槽混凝土面均衡上升，上升速度至少为2米/小时，并控制高差在0.5米以内。

当混凝土上升至距孔口大约10米时，由于沉淀的砂浆稠度增加，压差减少，可能导致浇筑困难。此时，可以使用空气吸泥器或砂泵等设备抽排浓浆，以便顺利继续浇筑。

在浇筑过程中，应密切监测并记录混凝土面的上升情况，以防堵管、埋管、导管漏浆或混凝土与泥浆掺混等意外发生。

由于篇幅所限，水利工程中的其他基础工作在此不再详细介绍。

第三节　土石方施工

本节将以土石坝施工为例进行介绍。土石坝主要是利用当地的土料和石料，或者混合料，经过碾压处理建设的，具有挡水和截水功能的大坝。根据所用施工材料的不同，这些大坝可分为几种类型：使用土和沙砾的称为土坝，使用石渣或乱石的称为石坝。按照坝高，这些大坝通常分为高坝、中坝和低坝。土石坝的施工方法多种多样，但碾压式土石坝是最常用的一种。这种大坝施工对地质条件的要求相对较低，结构简单，采用的施工技术也不需要特别先进，施工速度快，不容易出现工期延误的问题。

一、水利水电工程中采用土石坝的优缺点

（一）土石坝的优点

（1）就地取材，节省钢材、水泥、木材等重要建筑材料，同时减少了筑坝材料的远途运输。

（2）结构简单，便于维修和加高、扩建。

（3）坝身是土石散粒体结构，有适应变形的良好性能，因此对地基的要求较低。

（二）土石坝的缺点

（1）坝身不能溢流，施工导流不如混凝土坝方便。

（2）黏性土料的填筑受气候等条件影响较大，容易影响工期。

（3）坝身需定期维护，增加了运行管理费用。

二、土石坝的施工技术

（一）料场规划

场地规划和使用的合理性不仅直接关系到土石坝的建造工期和质量，还可能对周边的农业和林业产业产生影响，因此在土石坝施工中，这是需要格外注意的关键技术要点之一。此外，所选用的材料质量必须满足坝体的使用要求，同时应考虑到材料的含水量等因素，例如在旱季应使用含水量较高的材料，而在雨季则应选用含水率较低的材料。

在选址时，最好选择储量集中且丰富、距离施工地点较近的地方进行开采，这样可以避免机械设备的频繁转移，降低了建筑用料的开采和运输成本。在进行规划时，还需考虑环保因素，尽量做到渣料无污染，同时在取料时应避免占用农田和山林。

总体而言，在取料过程中，应该综合考虑多种因素，不断优化取料规划。如果在施工过程中出现问题，需要实时进行合理的调整，以取得最优的安全和经济效果。

（二）土石料的开采与加工

料场开采前的准备工作：划定料场范围；分期分区清理覆盖层；设置排水系统；修建施工道路；修建辅助设施。

1.土料的开采

土料开采通常采用两种方法，即平采和立采。平面开采方法适用于土层较薄、土料层次较少、相对均质，以及天然含水量较高需要经过翻晒减水的情况。而立面开采方法适用于土层较厚、天然含水量接近填筑含水量、土料层次较多以及各层土质存在较大差异的情况。在规划阶段，应将料场划分成多个区域，以便进行流水作业，确保整个开采过程有序进行。

2.土料加工

调整土料含水量的方法包括自然蒸发、掺料、翻晒和烘烤等。其中，在挖掘、装运和卸载的过程中可以利用自然蒸发、掺料、翻晒以及烘烤等方法来降低土料的含水量。另一方面，提高土料含水量的方法包括在料场和料堆中加水，以及在开挖、装料和运输的过程中加水。在掺合和处理超径料的方法中，一般采用以下几种掺合方式：

（1）水平互层铺料法：适用于立面（或斜面）开采过程中的掺合。

（2）土料场水平单层铺放掺料法：适用于立面开采的掺合方式。

（3）在填筑面堆放掺合法：在填筑面上进行堆放，以实现掺合。

（4）漏斗一式输送机掺合法：利用漏斗一式输送机进行掺合，是一种常见的掺合方法。

第（1）和第（4）种方法在实际应用中被广泛采用。

砾质土中超径石含量不多时，常用装耙的推土机先在料场中初步清除，然后在坝体填筑面上进行填筑平整时再做进一步清除；当超径石的含量较多时，可用料斗加设箅条筛（格筛）或其他简单筛分装置加以筛除，还可采用从高坡下料，造成粗细分离的方法清除粗粒径。粗粒径较大的过渡料宜直接采用控制爆破技术开采，对于较细的、质量要求高的反滤料，垫层料则可用破碎、筛分、掺和工艺加工。

3.沙砾石料和堆石料开采

在砾质土中，当超径石含量较少时，通常使用装耙的推土机首先在料场中进行初步清理，然后在坝体填筑面上进行填筑和平整时再进行进一步清理。

对于粗粒径较大的过渡料，建议直接采用控制爆破技术进行开采。而对于较细且质量要求较高的反滤料以及垫层料，则可以采用破碎、筛分和掺和等工艺进行加工处理。这样的处理方法有助于确保砾质土中的超径石得到有效清除，同时满足不同用途的工程质量要求。

4.超径处理

处理超径块石料的方法主要包括浅孔爆破法和机械破碎法两种。浅孔爆破法是指使用手持式风动凿岩机对超径石进行钻孔爆破。而机械破碎法则包括使用风动和振冲破石、锤破碎超径块石的方法。此外，还可以通过吊车起吊重锤，使重锤自由下落，从而破碎超径块石。这两种方法提供了处理超径块石料的有效手段，可以根据具体情况选择合适的方法进行施工。

（三）土石料开挖运输方案

开挖与运输坝料是确保坝体强度的重要环节之一。开挖运输方案的设计主要考虑了坝体结构布置特点、坝料性质、填筑强度、料场特性、运输距离以及可用的机械设备型号等多种因素，并通过综合分析比较来确定最佳方案。土石坝施工设备的选择对坝体施工进度、质量以及经济效益都具有重大影响。

1.设备选型的基本原则

（1）选择的机械应具备技术性能，能够适应工作需求、施工对象性质和施工场地特征，以确保施工质量。机械应能够充分发挥效率，保证生产能力可以满足整个施工过程的要求。

（2）所选施工机械应当具备技术先进性，生产效率高，操作灵活，机动性好，同时要具备安全可靠的性能。其结构应简单，易于检修和保养。

（3）机械的类型应保持相对单一，具有较好的通用性。

（4）在工艺流程中，各供需所用机械应能够良好配合，各类设备应充分发挥效率，特别需要注意充分发挥主导机械的效率。

（5）所选设备的购置费和运行费用应当较低，同时易于获得零部件和配件，以便维修、保养、管理和调度，从而获得良好的经济效果。对于关键、数量有限且不可替代的设备，应优先考虑新购置，以确保施工质量，避免在整体生产过程中发生故障而影响工程进度。

2.土石坝施工中开挖运输方案主要有以下几种

（1）采用正向铲开挖和自卸汽车运输上坝的方式，通常在运距小于10km的情况下进行。正向铲开挖采用自卸汽车直接上坝，具有装载和运输的高效性。自卸汽车适用于各种坝料，具有高运输能力，通用性强，能够直接铺料。其机动性灵活，转弯半径小，爬坡能力强，管理方便，设备易于获取。在施工布置上，正向铲通常采用立面开挖，汽车运输道路可布置成循环路线，装料时停在挖掘机一侧的同一平面上，即保证汽车鱼贯式地装料与行驶。

（2）在正向铲开挖的同时，国内外水利水电工程施工广泛采用胶带机运输土、砂石料。胶带机具有较大的爬坡能力，架设简便，运输费用相对较低，比自卸汽车可降低1/3～1/2的运输费用，并具有较高的运输能力。胶带机适用于合理运距小于10km的情况，可直接从料场运输上坝。此外，也可与自卸汽车配合，进行长距离运输，在坝前经漏斗由汽车转运上坝，或与有轨机车配合，通过胶带机进行短距离运输上坝。

（四）将土石料压实

这个工序在土石坝施工中扮演着关键角色。土料的紧实程度直接影响着土石坝的稳定性和防渗性能。随着土料的密实程度增加，土料内部的主要力量和防渗性能也相应提高。

1.土料压实的特性

土料的自身特性、颗粒组成、级别特点和含水量等因素与其压实特性息息相关。不同土质表现出不同的压实特性，主要分为黏性土和非黏性土两种。黏性土通常具有较强的黏结力、较小的摩擦力和较高的压缩性，但其透水性较差，导致排水相对困难，压实过程相对缓慢，达到固结压实效果较为困难。相反，非黏性土具有较低的黏结力、较大的摩擦力和较低的压缩性，但其透水性较好，有利于排水，使得压实速度较快，可以更快地完成压实过程。

压实效果受到土料粒径的影响，粒径越小，空隙越大，导致含水分的矿物质难以扩

散，从而使压实变得更为困难。因此，黏性土的压实干表观密度通常低于非黏性土。细砂等颗粒均匀的土料相比颗粒不均匀的沙砾料，其压实后达到的密度较低。此外，土料的含水量也会对压实效果产生影响。

非黏性土料具有较大的透水性，排水相对容易，压实过程较快，可以快速完成压实，且不会受到最优含水量的限制，无须专门进行含水量控制。这是黏性土和非黏性土之间的根本差别。压实功能的大小也会影响效果，增加击实次数有助于提升效果，同时含水量也会减少。通常情况下，增加压实功能能够提高压实效果，这种特性在含水量较低的土料上表现得更为显著。

2.进行土石料压实要达到的标准

土石料的良好压实效果直接关系到其力学性能的提升，从而确保坝体填筑的质量。然而，如果压实过度，不仅会增加压实成本，还可能破坏剪切力。因此，在压实过程中，必须制定一定的标准，以确保达到最理想的状态。这些压实标准应该根据坝料的不同性质而确定。

（五）填筑土石坝的坝体

土石坝的填筑必须进行严密的组织，确保每个工序之间能够无缝衔接。通常，我们采用分段流水的方式进行施工。分段流水作业的核心是按照施工工序的数量，将坝体分为若干段，然后组织专业的施工队伍，逐段进行施工。这种方法对提高施工队伍的技术水平非常有帮助，保证了每一段工程中各种资源得以充分利用，避免了施工过程中的干扰，尤其有利于实现坝面的连续施工。

1.卸料和平料

在这个阶段，主要使用自卸汽车进行卸料，然后通过推土机将料层平整至所需厚度。在整个施工过程中，铺设防渗体涂料的方向应保持与坝轴线平行，以有利于后续的碾压施工。

2.碾压施工的方法

在施工过程中，必须按照特定的顺序对坝面进行填筑和压实，以避免漏压或超压的发生。碾压防渗体土料的方向应与坝轴线平行，不应在与坝轴线垂直的方向进行碾压，以防止由于局部漏压而导致产生横贯坝体的集中渗流带。碾压机械在行进的每一行之间都应有约20～30cm的重叠，以防止漏压的发生。此外，在坝料的分区边界处容易出现漏压，因此在碾压时应特别注意采用重叠碾压的方式。如果使用羊角碾或气胎碾，可以采用进退错距或转圈套压的方法进行碾压。

3.接合部位施工

在土石坝的施工过程中，坝体的防渗土料不可避免地与地基、岸坡以及周围其他建筑

的边界相接合。由于施工需要导流、施工方法、分期分段分层填筑等要求，因此需要设置纵横向的接坡和接缝。这些接合部位对整个坝体的完整性和质量产生影响。过多的接坡和接缝会影响整个坝体的填筑强度，特别是对机械化施工有不利影响。因此，在处理坝体接合部位时，必须采取合理可靠的技术措施，同时加强质量控制和管理，确保坝体的质量符合预先设计的要求。

第四节 混凝土施工

一、水利水电工程混凝土的施工特点

（一）工期长且工程量大

水利水电工程通常涉及混凝土施工，这是整个项目中贯穿始终的环节。一般情况下，这类工程需要三到五年的施工周期，混凝土的使用量有时是数十万立方米，有时甚至达到上百万立方米。因此，为了有效确保混凝土施工的周期和质量，采用一些先进手段和施工技术显得尤为必要。

（二）施工技术复杂

由于水利水电工程受到施工环境和特殊用途的影响，使得其施工技术具有一定的复杂性。此外，混凝土工程所涉及的混凝土种类繁多。水利水电工程不仅包括混凝土施工，还涉及地基挖掘和设备安装等工作。由于机械设备和施工工种的复杂性，很容易产生施工矛盾。

（三）受季节影响较大

水利水电工程在施工过程中，施工单位应仔细考虑施工现场地区的气温、降雨、防洪度汛和灌溉水源等因素的影响。由于水利水电工程属于户外工程，整个施工受季节影响较大。

（四）施工温度要求严格

水利水电工程中的混凝土施工通常涉及大体积和大面积的混凝土，常采用分块浇筑的方法。在施工过程中，为了防止混凝土浇筑后出现表面冻害和温度裂缝等质量问题，需要认真考虑施工现场的温度条件，并采取必要的预防措施，如对混凝土进行表面保护、接缝灌浆以及实施温度控制等。

二、水利水电工程混凝土坝施工技术

大中型水利水电工程中，混凝土坝占据重要比例，尤其是重力坝和拱坝的应用更为普遍。这些坝的特点是工程量巨大、质量要求高、与施工导流关系密切、季节性强、浇筑强度高、温度控制严格，同时施工条件也相当复杂。在混凝土坝的施工过程中，采集和加工大量砂石骨料，供应水泥、各类掺和料和外加剂是基础步骤。混凝土的制备、运输和浇筑是施工的主要环节，而模板和钢筋工作则是必不可少的辅助工作。

（一）混凝土浇筑施工工艺

1.施工准备

浇筑前的准备工作包括对基础面进行处理、处理施工缝、进行立模、安装钢筋，并进行全面检查与验收等步骤。对于土基，需要挖除预留的保护层并清除杂物，然后铺设碎石并进行压实。对于沙砾石地基，首先清除有机质杂物和泥土，然后平整并浇筑200mm厚的C15混凝土，以防止漏浆。对于岩基，必须首先用高压水冲洗基础面上的松动、软弱、尖角和反坡部分的油污、泥土和杂物。岩面不能有积水，并保持润湿状态。通常在浇筑前会先铺设一层10～30mm厚的砂浆，以确保基础良好结合。在遇到地下水时，需要设置排水沟和集水井，将水排除。

2.施工缝处理

施工缝是指浇筑块之间的临时水平和垂直结合缝，即新老混凝土之间的交接面。对于需要进行接缝处理的纵缝面，只需清洗干净，可不用凿毛；但在进行接缝平缝处理时，必须清除老混凝土面的软弱乳皮，形成石子半露而清洁的表面，以便有利于新老混凝土的结合。这可以通过高压水冲毛来实现。

高压水冲毛技术是一种高效、经济且能够保证质量的处理技术，其冲毛压力通常在20～50MPa。冲毛的最佳时间是在收仓后的24～36小时内，掌握开始冲毛的时机是施工的关键，太早会浪费混凝土并导致石子松动，而太晚则难以清除乳皮。冲毛的时间可以根据水泥品种、混凝土强度等级和外部气温等因素进行调整。

另一种处理方法是使用风砂枪进行喷毛。这种方法是将粗砂和水装入密封的砂箱，

然后通过压缩空气（0.4～0.6MPa）将水和砂混合后，通过喷射枪喷向混凝土面，形成麻面，最后用水清洗冲出的污物。这通常在混凝土浇筑后的24～48小时内进行。

还有一种机械方式是使用钢刷机进行刷毛。这类似于街道清扫机，其旋转的扫帚是钢丝刷，具有高质量和高工作效率。

人工或风镐凿毛是一种处理坚硬混凝土面的方式。风镐利用空气压缩机提供的风压力来驱动震冲钻头，通过震动力作用于混凝土表面层，以凿除乳皮；而人工则是通过铁锤和钢钎进行敲击。这种方法对混凝土施工质量有较好的效果，但工作效率较低。

3.振捣

振捣是指对卸入浇筑仓内的混凝土拌合物进行振动捣实的工序。根据工作方式，振捣可分为插入振捣、表面振捣和外部振捣三种，其中插入式振捣是常用的一种。

插入式振捣器的工作部分长度与铺料厚度的比例通常为1：（0.8～1），并且需要按照一定的顺序和间距进行操作。振动的间距应为振动影响半径的1.5倍，同时在插入下层混凝土时，每点振捣的时间为15～25秒。振捣器周围见到水泥浆的位置是一个重要的参考标志。振捣时间过短将导致密实度不足，而振捣时间过长则可能使粗骨料下沉，影响混凝土质量的均匀性。

因此，在进行插入式振捣时，需要注意振捣器的工作部分长度和铺料厚度的比例，按照规定的顺序和间距进行振捣操作，确保振捣时间在合理范围内，以获得均匀且密实的混凝土。

4.混凝土养护

混凝土浇筑完成后，为确保其良好硬化，必须在一定时间内维持适当的温度和足够的湿度，这就是混凝土养护。一般而言，养护的起始时间在浇筑结束后的12～18小时，尤其在炎热干燥的天气条件下，养护应提前进行。养护的持续时间通常为14～28天，具体的要求根据当地气候、水泥品种以及结构部位的重要性而有所差异。

在常温条件下，混凝土的养护方法通常包括定时洒水或自动喷水于垂直面，而水平面则使用水、湿麻袋、湿草袋、木屑或湿沙等物进行覆盖。此外，还可以在混凝土表面喷涂一层高分子化学溶液养护剂，以阻止混凝土表面水分的蒸发。这一层养护剂在相邻层浇筑之前需用水冲洗掉，有时也会在自然老化后脱落。

在寒冷地区，为防止混凝土表层冻害，养护的时间应延长至5～7天，并保持温度不低于5℃。采用的保温措施包括暖棚法、在表面喷涂一定厚度的水泥珍珠岩、覆盖聚乙烯气垫膜以及延缓拆模时间等。这些方法有助于在寒冷条件下保持混凝土的适当温度和湿度，确保其正常硬化。

（二）混凝土温度控制

在国内，通常将混凝土结构物实体最大尺寸等于或大于1m的称为大体积混凝土。这类混凝土在承受荷载时具有巨大的挑战，其结构整体性要求极高，例如在大型设备基础、高层建筑基础底板等领域。通常的要求是整体浇筑混凝土，不留施工缝。

在混凝土浇筑的早期阶段，由于水泥水化热的影响，会产生较大的温度应力，容易导致有害的温度裂缝。尽管混凝土大坝坝体的施工速度较快，但同样需要采取严格的温度控制措施，以确保坝体内的最高温度和断面上的温度变化梯度不超过设计值。这样做是为了避免由于温度变化和混凝土体积收缩而在坝面和坝体内部出现裂缝，从而影响大坝的防渗性能和耐久性。因此，对混凝土大坝内部温度场及其发展变化过程的充分了解至关重要。

模拟分析施工过程都需要了解坝体内的实际温度场，无论是为了直接采用还是标定程序。各种温控措施的效果也只有通过坝体内的实际温度场来反映。此外，通过监测大坝内部混凝土的最高温度，可以动态调整施工进度；通过监测温度上升的速度，可以判断混凝土配合比是否异常，以便在混凝土初凝前采取补救措施；通过监测断面上的温度变化梯度，可以调整上下游坝面和仓面的养护措施，以避免裂缝的产生。因此，及时和准确地获取坝体内的实际温度场是混凝土大坝施工进度和质量控制的重要前提。

1.温度控制标准

混凝土块体的温度应力、抗裂能力以及约束条件是影响混凝土发生裂缝的主要因素。温度应力的大小与各类温差的程度和约束条件息息相关，因此温度控制的目标是基于混凝土的抗裂能力和约束条件，确定一系列在一般情况下不会导致温度裂缝的允许温差。这些允许温差即为相应条件下的温度控制标准。

2.温度控制措施

温度控制的具体措施通常涉及混凝土的减热和散热两个方面。减热即通过减少混凝土内部的发热量，或通过降低混凝土水化热的温升来减缓混凝土的最高温度。散热则包括采取各种散热措施，例如增加混凝土的散热能力，以及在温升期间采取人工冷却手段以减小其最高温升。

3.坍落度检测和控制

混凝土在出拌合机后需要经过运输才能抵达仓内。不同的环境条件和运输工具对混凝土的坍落度产生不同的影响。由于水泥水化作用、水分蒸发以及砂浆损失等原因，混凝土的坍落度可能会下降。如果坍落度降低过多，超出了振捣器的性能范围，那么将无法获得振捣密实的混凝土。因此，仓面需要进行混凝土坍落度检测，每班至少进行2次检测。根据检测结果，调整出机口的坍落度，以便为坍落度损失留有适当余地。

4.混凝土初凝质量检控

混凝土振捣完成后，在上层混凝土覆盖之前，混凝土的性能也在不断发生变化。如果混凝土已经初凝，将会影响与上层混凝土的结合。因此，检查已浇注混凝土的状态，判断其是否已初凝，从而决定是否允许继续浇筑上层混凝土，是仓面质量控制的重要内容。此外，混凝土温度的检测也是仓面质量控制的一项关键任务，特别是在对温控要求较为严格的区域。

5.混凝土的强度检验

混凝土经过养护后，应通过留置试块进行抗压强度试验以评估其性能。强度检验主要关注抗压强度。如果混凝土试块的强度不符合相关规范的要求，可以采用直接从结构中钻取混凝土试样或使用非破损检验等其他方法作为辅助手段进行强度检验。

三、水利水电工程建筑中的混凝土拱坝施工

（一）布置混凝土生产系统

主要从制冷系统、拌合系统两个方面布置混凝土生产系统

1.混凝土制冷系统

首先，进行风冷处理，其次在拌和楼料仓中对骨料进行冷却，将其降温至约12℃，最后移至另一地点继续冷却，直到达到约10℃为止。在混凝土拌合过程中，逐步添加少量冰片以进一步降低混凝土的温度，使出机口温度大约降至11.5℃。需要注意的是，必须严格控制混凝土入仓时的温度，确保最高温度不超过13℃。混凝土的冷却通过冷水进行，最大通水量为180m³/小时。制冷水的温度需控制在6℃～8℃，对温度有一定的要求。

2.混凝土拌合系统

在布置拌合系统时，需要为混凝土生产的强度留出足够的空间，并按照混凝土强度的要求进行设计。拌合系统的设计流量为101.1m3/小时。

（二）拱坝的施工过程控制

首先，在基层或调平层上进行模板控制，其次清扫除尘杂物，最后立起模板。确保基层与已立好的模板紧密结合，具备抵御振动并保持形状的能力。如果模板底部与基层之间存在空隙，应使用垫片将模板升高并填塞间隙，以防止在振捣混凝土时出现浆料漏失。模板一旦立起，应再次检查模板高度和板间宽度是否准确。为便于拆模，可在浇筑混凝土之前，在模板的内侧涂抹隔离剂或铺设一层塑料薄膜。这样的措施既能防止水泥浆料漏水漏浆，又可使混凝土板的表面更加平整美观，避免出现蜂窝状缺陷，同时确保水泥混凝土板边和角的强度和密实度。

入场材料是否合格应在入场前进行检查，以防不合格的材料入场。拌制混凝土应严格按施工配合比通知单要求进行，现场拌制混凝土，一般先汇集计量好的原材料在上料斗中，以上料斗进入搅拌筒。水及液态外加剂计量后，在向搅拌筒中进料的同时，直接放入搅拌筒。混凝土施工配料是保证混凝土质量的重要环节之一，必须加以严格控制。原材料汇集入上料斗的顺序：当无外加剂和混合料，依次进入上料斗的顺序为石子、水泥、砂。要石子、水泥、混合料、砂这样的先后顺序掺混合料时，按照石子、外加剂、水泥、砂的顺序掺干粉状外加剂。在不小于规定的混凝土搅拌的时间内完成混凝土拌制工作。拌和过程中，应随时检查拌和深度，重点检查拌和底部是否有“素土”夹层。施工必须按规定的坍落度拌制混凝土，不得随意减少或增加材料用量，不浇筑不合格的混凝土。为确保混凝土具有良好的流动性、粘聚性和保水性，防止泌水和离析，在混凝土满足要求的情况下，拌合物应搅拌均匀，颜色一致。若发现不符合要求的情况，应及时找出问题并迅速进行调整。在混凝土的浇筑工作中，要求进行振捣以确保密实，避免漏振或过振，特别要注意防止内模有漏振和模板跑浆现象。当混凝土停止下沉、不再冒气泡，表面呈现平坦泛浆时，表示已经振动密实，此时要迅速进行覆盖以防水分蒸发。

待混凝土达到足够的强度后，需要进行人工凿毛，去除表面的皮露骨。此外，拣除土块、超尺寸颗粒及其他杂物应有专人负责。对于原材料每盘称量的偏差范围控制标准，粗细骨料允许偏差±3%，水泥掺合料允许偏差±2%，水外加剂允许偏差±2%。每当含水率有显著变化时，还要增加含水率检测次数，同时尽快调整水和骨料的用量，每个工作班抽查至少1次。

混凝土运输、浇筑及间歇的全部时间不应超过混凝土的初凝时间。将运至浇筑现场的混合料直接倒入已安装好模板的槽内，并进行人工搅拌均匀，如发现离析情况应重新搅拌。

第六章
水利工程建设监理概述

第一节　工程建设监理的概念和特性

一、建设监理的概念

（一）监理的概念

所谓监理，即“监”与“理”的结合体。“监”是指对既定的项目实施监督，并确保该项目不存在任何出格之处。“理”是指将某些互相配合、互相交叉的行动加以调和，使人与人之间的行动和利益联系变得更加清晰。因此，可以将“监理”一词解释为：机构或执行者根据业务规范，对行为的相关主体展开监督、评价、检查和监控，并采取组织、协调和疏导的方法，增进业务人员之间的紧密合作，按照行为规范行事，从而实现群体或个人价值，更好地达成预期的目标。

（二）建设监理的概念

工程施工监理在本质上是对工程施工过程中相关的施工行为进行监督。通俗来说，施工监理是对施工活动中的主体和参加者的施工行为，以及包括设计、决策、施工、安装、供应、采购等在内的活动进行监督、检查、评价、控制和确认的方式。通过采用相关的管理措施和方法，可以确保施工行为和活动符合相关的法律、政策、法规和合同要求，防止施工行为和活动表现出随意性和盲目性，保证施工活动的合法性、科学性、经济性、合理

性和有效性，进而保证工程施工的质量、进度及费用能够达到既定目标。

施工监理是随着商品经济的发展而逐步产生的客观现象，是与施工单位法人责任制和招标投标制一脉相承的进行施工管理的科学方法。施工监理的本质是借助专业的施工监理单位取代非专业的施工监理组织，以社会化的管理模式取代自建的小规模生产经营模式，从而实现对施工过程的科学化管理。

现代建筑工程具有规模大、技术复杂、涉及国家和社会多个层面利益的特点。作为投资主体，项目法人或项目业主承担着十分艰巨的项目管理工作任务，如果对整个工程的施工流程不够了解，在专业技术和管理技术等方面不具备熟练的业务操作能力，将无法满足工程管理需求，致使大多数的项目法人或项目业主很难完成全面的项目管理工作。而专业化、社会化的建设监理单位能够在工程建设的实际工作中持续地积累经验，提升建设项目的管理能力，并充分利用自身专长，有效地控制工程项目的进度、质量和投资，公平地对合同进行管理，从而最大限度地实现工程项目管理的建设总目标。而施工监理制度的实施，使施工企业能够大幅缩减人力，更好地利用自身的专业技术，妥善处理好施工过程中存在的各种外在矛盾和重大问题。因此，为了进一步提升我国建筑施工项目的质量和效益，推行施工监理制度是十分必要的。

（三）水利工程建设监理的概念

施工监理通常由具备一定资质的监理机构，根据国家工程建设相关法律法规，参照建设主管部门审批的工程项目建设文件、施工监理合同和施工合同，对工程建设项目进行专门管理。水利工程建设监理是指拥有相关资质的水利工程建设监理单位，在接受项目法人的委托之后，根据监理合同，围绕水利工程建设项目实施过程中的质量、资金、进度、环境保护、安全生产等环节展开的管理活动。具体内容包括水土保持工程施工监理、水利工程施工监理、水利工程建设环境保护监理、机电及金属结构设备制造监理。

二、工程监理的特性

（一）服务性

工程监理单位属于技术密集型的高智慧服务性机构。工程监理单位的工作人员借助广博的科学知识和丰富的实际经验，接受项目法人或建设单位的聘任、委托，为项目法人或建设单位提供高智力含量的服务。监理工程师可以协调、组织、监督、控制工程建设活动，确保施工合同能够成功地执行，从而达到项目法人或施工单位既定的施工目的，在施工过程中完成施工任务。作为非施工企业或施工企业，工程监理单位参与的工作具有鲜明的技术服务性。

（二）公正性

在工程建设监理过程中，项目监理机构需要具有组织各方进行协调配合、充分考虑双方利益、督促当事人顺利履行合同的职责，同时具有保护合同各方合法权益的义务。所以，项目监理机构必须秉持公正的态度。在项目法人和承包人之间出现利益冲突或矛盾时，项目监理机构能够以事实为基础，将相关的法律、法规和双方签订的工程承包合同作为准则，站在第三方的立场上公正地解决并处理问题，做到“公正地行使证明权、决定权、处理权”。

（三）独立性

项目监理的独立性是工程公正监理的先决条件。项目监理机构在人事关系、财务关系、业务关系等方面都要保持独立性，与项目施工当事人之间不能存在不正当的利益关系。我国相关法规明确提出，在工程监理单位中，各级监理人员不得是施工、设备制造和材料提供单位的合伙经营者，或者与其发生经营性隶属关系，不得承包施工和建材销售业务，不得在政府机关、施工、设备制造、材料提供单位中任职。这样做的目的是保证监理机构的独立性。

另外，建设管理部门和建设单位之间应该保持对等的契约关系。一旦双方签署了监督管理协议，建设管理部门就不能干预建设单位的日常工作。在监督时，工程监理单位属于工程承包合同签约当事人双方之外的第三方，独立于项目法人与承包方之外，可以行使依法订立的工程承包合同中规定的职权，并承担相应的义务，而不是以项目法人的代表或以项目法人的名义行使职权。

（四）科学性

为了履行合同赋予的责任，实现建设项目的预定目标，工程监理单位必须具备提供高质量专业服务的能力，能够及时发现并解决工程设计和承包过程中出现的技术和管理问题。高质量的监理队伍是实现监管目标的必要条件。这就要求工程项目的监理工程师必须具备符合条件的学历水平及丰富的项目施工经验，并熟悉专业技术以及与项目经营管理有关的经济知识和法律法规。

第二节　工程监理的任务、内容和依据

一、工程监理的任务

工程监理的任务，可归纳为以下6个方面。

（一）投资控制

在工程监理的初期阶段，监理机构接受公司的委托，对工程施工的可行性进行分析，帮助公司做出有关的投资决定，并对总的投资项目进行有效控制；在设计过程中，监理机构需要审核计划书和设计规范标准，并帮助确定是否需要修改总体预算；在施工前期，监理机构需要帮助工程公司制定标底，编写并审查标书，推动招投标工作顺利进行；在工程建设期间，监理机构需要按照合同要求，对工程建设期间发生的新增成本进行控制；在建设阶段，监理机构需要持续监控建设项目的各项成本支出，并与建设项目的总成本进行对比，找出差距，从而做出相应的调整，妥善处理变更、索赔等问题，以实现对项目成本的有效控制。

（二）质量控制和安全控制

在项目设计和施工的全过程中，监理机构需要控制工程实体的质量、工程项目的设计质量、半成品、材料、机具以及施工工艺质量。

管理工程设计质量是监理安全控制的切入点。在工程建设的施工过程中，质量管理是非常关键的环节。在项目建设过程中，建立起一套既完善又行之有效的质量监管工作制度，以保证建设项目的质量符合既定的规范和分级需要，是监理机构的主要工作职责。

在项目建设过程中，监理机构需要了解项目建设中存在的不安全因素，构建安全监督的组织保障体系，检查并审核施工安全措施，确保整个施工过程质量可控、安全可控。

（三）进度控制

工程进度控制是指监理机构管理工程计划实施的整个过程。为了合理控制工程进度，有必要制定全面、准确的时间表。在工程项目的实施过程中，特别是在工程项目前

期，需要仔细分析、研究工程项目，从而制定出既科学又合理的工程项目时间表。由于施工过程作为实体的生成过程存在，这就导致施工过程所需的时间将直接影响整个工程的进度。所以，如何有效地进行工程建设的进度管理，是工程建设的重要环节。在工程实施期间，运用计算机技术等科学方法，对施工组织设计和进度规划进行审查、修改，并密切追踪规划的执行情况，做好协调和监管工作，消除各种影响因素，从而逐步实现各个阶段的工程建设目标，确保项目建设总工期能够如约落实，是监理机构控制工程进度的关键所在。

（四）合同管理

在进行投资控制、质量控制、安全控制和进度控制的过程中，合同是必不可少的参照基础。因此，高效的合同管理有助于监理工程师保证项目投资控制、质量控制、安全控制和进度控制取得最佳效益。

对于施工单位来说，所有的工作都必须遵循合同展开。在施工过程中，监理机构需要科学管理施工中出现的各种变化，妥善解决施工中出现的各种问题，以避免施工中出现各种纠纷。

（五）信息管理

监控是工程监理的重要手段，工程监理以信息监控为依据。所以，要及时掌握准确完整的信息，快速做出反应，确保监理工程师能够自始至终清楚地掌握工程进度，从而及时地制定相应的对策，高效地完成监理工作。

采用计算机辅助方式建立健全施工监控信息化体系，有助于监理机构在施工过程中合理调整既定的监理目标，确保工程监理取得理想的效果。

（六）组织协调

在施工中，施工单位与施工承包单位因自身的经济利益容易产生矛盾与纠纷。为此，身为工程总承包单位的监理机构应该及时、公正地调解，并明确裁决和做出结论，以保障各方的利益不受非法侵害。

工程建设项目质量、进度、投资这三大目标之间的关系，是既相互对立又相互统一的。三个目标之间是相互关联的，任何一个目标发生变化，都必将影响其他两个目标，所以在对建设项目的目标实施控制的同时，应兼顾其他两个目标，以维持建设项目目标体系的整体平衡。良好的建设项目管理任务，就是要通过合理的组织、协调、控制和管理，达到质量、进度、投资整体最佳组合的目标。

二、工程监理的主要内容

工程监理单位对工程建设实施监理，主要包括以下业务内容。

（一）建设前期阶段

（1）建设项目的可行性研究。

（2）参与可行性研究报告的评估。

（二）设计阶段

（1）提出设计要求，组织评选设计方案。

（2）协助选择勘察、设计单位，商签勘察、设计合同并组织实施。

（3）审查设计和概（预）算。

（三）施工招标阶段

（1）协助项目法人组织招标工作；提出分标意见和招标申请书；选定编标单位，组织编写招标文件和标底；发布招标通告、招标通知书、投标邀请书；审查投标资格；组织投标单位进行现场勘察，澄清问题；审查投标书；组织评标，提出评标意见。

（2）协助项目法人与中标单位签订工程承包合同。

（四）施工阶段

（1）协助项目法人编写开工报告。

（2）审查承包商选择的分包单位。

（3）组织设计交底和图纸会审，审查不涉及变更初步设计原则的设计变更。

（4）审查承包商提出的施工技术措施、施工进度计划和资金、物资、设备计划等。

（5）督促承包商执行工程承包合同，按国家和水利水电行业技术标准和已批准的设计文件施工。

（6）监督工程进度和质量（包括材料、设备构件等的质量），检查安全防护设施，定期向项目法人汇报。

（7）核实完成的工程量，签发工程付款凭证，审查工程结算进度。

（8）整理合同文件和技术档案资料。

（9）协调项目法人和承包商的关系，处理违约事件。

（10）协助项目法人进行工程各阶段验收及竣工验收的初验，提出竣工验收报告。

总之，水利工程建设监理的主要内容是进行工程建设合同管理，按照合同控制工程建

设的投资、工期和质量，并协调有关各方的工作关系。

三、工程监理的依据

项目管理工程监理遵循的基本原则包括：

（1）由国家建筑行政主管机关制定并颁布的有关法律、法规、规章及相关的政策。

（2）技术规范的内容涵盖了相关的技术标准、设计规范、质量标准、施工操作规程等。

（3）经国家建筑行政主管机关核准的工程方案及其他有关资料。

（4）由项目负责人与建筑承包人合法签署的工程承包协议，与材料和设备供应商签署的相关采购协议，与建筑监理机构签署的建筑监理协议，以及与其他相关单位签署的协议。监理期间，项目法人下发的工程变更文件，设计部门针对设计问题给出的官方书面回复，以及项目法人、设计部门、监理单位等各方共同签订的设计回访备忘录等，都可以成为工程监理开展工作的基础依据。

第三节　水利工程建设监理单位资质管理

一、水利工程监理单位

工程监理单位是指取得监理资格等级证书，具有法人资格，可以从事建设监理业务的单位。作为监理单位，必须具备自己的组织机构、办公场所及名称，需要配备对应的管理人员和专业技术人员。另外，监理单位还需要遵守对应的法律法规，遵循经济发展规律，并在此基础上具备充足的资金和专业设备等。当单位申请得到相关政府部门的认证和取得营业执照之后，才具备工程监理的资格，才能够承担监理业务。

水利工程建设监理单位是指主要从事水利工程建设和建立业务的单位，取得《水利工程建设监理单位资格等级证书》，在此过程中注册工商信息，取得对应的营业执照。作为监理单位，应该根据相关法律规定取得对应的等级资质证书，并且单位的业务需要在等级许可证的范围之内。根据相关规定可知，进行资质审查的主要负责单位是水利部门，所以设立水利工程建设监理单位必须符合水利部门颁布的资质等级证书。监理单位对建设单位的监督和管理充分反映了监理单位的资质等级及业务管理能力，这种监管制度可以有效实现国家对工程监理市场的管理。

二、水利工程监理单位资质等级

水利工程监理单位资质可以细分为4个专业，即水土保持工程施工监理、水利工程施工监理、水利工程建设环境保护监理以及机电及金属结构设备制造监理。具体而言，水土保持工程施工监理专业资质和水利工程施工监理专业资质一样，可以分为3个等级，即甲级、乙级、丙级；水利工程建设环境保护监理专业资质暂时没有级别之分；机电及金属结构设备制造监理专业资质可以分为2个等级，即甲级和乙级。

人们可以根据监理能力、监理效果判断监理单位的资质。具体而言，监理能力是指监理单位可以监理的项目类型和项目等级；监理效果是指建设项目的监理工作落实之后，监理单位在控制工程进度、工程投资及工程质量等方面的成果。值得一提的是，决定监理能力及监理效果的关键因素是监理人员的专业能力、综合素质及管理水平等。

根据《水利工程建设监理单位资质管理办法》的具体要求可知，监理单位应该取得对应的资质等级，并在规定的业务范围内开展水利工程建设监理业务。根据要求，从水利工程施工监理的专业角度出发，如果是甲级资质单位，那么该单位可以承接全部等级的水利工程施工监理业务；如果是乙级资质单位，那么该单位可以承接Ⅱ等以下的施工监理业务；如果是丙级资质单位，则可以根据具体要求承接Ⅲ等以下的施工监理业务。

在建设工程建设监理业务的过程中，监理单位、被监理单位建筑材料供应单位、建筑构配件供应单位及设备供应单位不能承担此项目的监理业务，因为它们之间存在隶属关系和其他利害关系。根据相关规定可知，监理单位不能通过不正当的竞争手段承接监理业务。另外，监理单位不能将监理业务转让给其他监理单位，监理单位也不能以其他单位或个人名义承接相关的监理业务。但值得一提的是，如果两个以上的监理单位都具有监理资质，那么这些单位可以组成联合体，共同承接监理业务。在联合体中，各方都应该签订相应的业务协议，准确划分各方的工作职责，并将工作协议提交给相应的法人。联合体资质等级主要根据合作各方中资质等级较低的一方而定。当联合体中标之后，处在其中的各方都应该和项目法人签订项目监理合同，进而形成连带责任。

三、水利工程监理单位资质管理

水利工程建设监理单位资质等级由水利部负责认定与管理。水利部所属流域管理机构和省、自治区、直辖市人民政府水行政主管部门依照管理权限，负责有关的水利工程建设监理单位资质申请材料的接收、转报以及相关管理工作。

申请水利工程监理资质的单位应当按照拥有的技术负责人、专业技术人员、注册资金和工程监理业绩等条件申请相应的资质等级。申请水利工程建设监理单位资质，应当具备

《水利工程建设监理单位资质管理办法》规定的资质条件。水利工程建设监理单位资质一般按照专业逐级申请，不得越级申请。申请水利工程监理资质的单位可以申请一个或者两个以上专业资质。

《水利工程建设监理单位资质管理办法》第九条规定："监理单位资质每年集中认定1次，受理时间由水利部提前3个月向社会公告。监理单位分立后申请重新认定监理单位资质以及监理单位申请资质证书变更或者资质延续的，不适用前款规定。"

（一）申请

1.提交申请材料

单位在申请水利工程监理资质的过程中，应该向单位注册地人民政府水利行政主管部门提交申请及相应的申请材料。但值得一提的是，如果是由水利局直属单位控股或独资的企业，在申请资质等级的过程中，企业应该向水利部提交相关的申请材料；如果是流域管理机构的控股企业或独资企业，则应该将相关的申请材料提交该流域的管理机构。

（1）首次申请水利工程建设监理资质的单位，应当提交以下材料：

①《水利工程建设监理单位资质等级申请表》。

②《企业法人营业执照》或者工商行政管理部门核发的企业名称预登记证明。

③验资报告。

④企业章程。

⑤法定代表人身份证明。

⑥《水利工程建设监理单位资质等级申请表》中所列监理工程师的资格证书和申请人同意注册证明文件（已在其他单位注册的，还需提供原注册单位同意变更注册的证明），总监理工程师岗位证书，造价工作人员资格或者职称证书，以及上述监理人员、造价人员的聘用合同。

（2）申请晋升、重新认定、延续监理单位资质等级的，除提交上述所列材料外，还应当提交以下材料：

①原《水利工程建设监理单位资质等级证书》（副本）。

②《水利工程建设监理单位资质等级申请表》中所列监理工程师的注册证书。

③近3年承担的水利工程建设监理合同书，以及已完工程的建设单位评价意见。申请人应当如实提交有关材料和反映真实情况，并对申请材料的真实性负责。

2.申请材料的接收和转报

省（自治区、直辖市）人民政府水行政主管部门和流域管理机构应当自收到申请材料之日起20个工作日内提出意见，并连同申请材料转报水利部。

（二）受理

水利部按照规定办理受理手续，并根据相关规定进行处理。

（三）认定

1.认定时间

水利部应当自受理申请之日起20个工作日内作出认定或者不予认定的决定；20个工作日内不能作出决定的，经本机关负责人批准，可以延长10个工作日。

2.公示

水利部在作出决定前，组织对申请材料进行评审，将评审结果在水利部网站公示，公示时间不少于7日。水利部编制《水行政许可除外时间告知书》，并将评审和公示时间告知申请人。

3.证书颁发

水利部决定予以认定的，在10个工作日内颁发《水利工程建设监理单位资质等级证书》；不予认定的，书面通知申请人并说明理由。

4.证书有效期

《水利工程建设监理单位资质等级证书》包括正本1份、副本4份，正本和副本具有同等法律效力，有效期为5年。

5.变更管理

如果监理单位想要变更单位名称、单位地址或单位法人代表等工商注册信息，就必须在水利工程建设监理单位设定的资质等级证书有效期内提出申请材料，并且需要在变更之后的30个工作日内提交资质等级证书变更申请，并在申请中附上工商注册事项的变更证明，进而办理变更手续。另外，水利部需要在监理单位提交申请材料之日起3个工作日内办理相关手续。

6.分立管理

监理单位分立的，应当自分立后30个工作日内，按照《水利工程建设监理单位资质管理办法》第十条、第十一条的规定，提交有关申请材料以及分立决议和监理业绩分割协议，申请重新认定监理单位资质等级。

7.资质延续

水利工程建设监理单位资质等级证书有效期届满，需要延续的，监理单位应当在有效期届满30个工作日前，按照《水利工程建设监理单位资质管理办法》第十条、第十一条的规定，向水利部提出延续资质等级的申请。水利部在资质等级证书有效期届满前，作出是否准予延续的决定。

8.公告

水利部将资质等级证书的发放、变更、延续等情况及时通知有关省（自治区、直辖市）人民政府水行政主管部门或者流域管理机构，并定期在水利部网站公告。

（四）对监理单位违规行为的处罚

对水利工程建设监理单位的各种违规行为，《水利工程建设监理规定》也相应作出了明确的处罚规定。

第四节　监理人员

一、基本概念

水利工程建设监理人员包括监理员、监理工程师、总监理工程师。

水利工程建设监理员是指经过建设监理培训合格，经中国水利工程协会审核批准取得《水利工程建设监理员资格证书》且从事建设监理业务的人员。

水利工程建设监理工程师是指经全国水利工程建设监理工程师资格统一考试合格，经批准获得《水利工程建设监理工程师资格证书》，并经注册机关注册取得《水利工程建设监理工程师岗位证书》且从事建设监理业务的人员。监理工程师系岗位职务，并非国家现有专业技术职称的一个类别，而是指工程建设监理的执业资格。监理工程师的这一特点决定了监理工程师并非终身职务，只有具备资格并经注册上岗，从事监理业务的人员，才能成为监理工程师。

水利工程建设总监理工程师是指具有《水利工程建设监理工程师岗位证书》并经总监理工程师培训班培训合格，取得《水利工程建设监理总监理工程师岗位证书》且在总监理工程师岗位上从事建设监理业务的人员。水利工程建设监理实行总监理工程师负责制。总监理工程师是项目监理机构履行监理合同的总负责人，行使合同赋予监理单位的全部职责，全面负责项目监理工作。项目总监理工程师对监理单位负责；副总监理工程师对总监理工程师负责；部门监理工程师或专业监理工程师对副总监理工程师或总监理工程师负责。监理员对监理工程师负责，协助监理工程师开展监理工作。

监理员、监理工程师的监理专业分为水利工程施工、水土保持工程施工、机电及金属

结构设备制造、水利工程建设环境保护4类。其中，水利工程施工类设水工建筑、机电设备安装、金属结构设备安装、地质勘察、工程测量5个专业，水土保持工程施工类设水土保持1个专业，机电及金属结构设备制造类设机电设备制造、金属结构设备制造2个专业，水利工程建设环境保护类设环境保护1个专业。总监理工程师不分类别。

水利部颁布了《水利工程建设监理人员资格管理办法》，依据相关规定，监理人员的资格管理主要采取行业自律管理机制。管理全国水利工程建设监理人员的工作主要由中国水利工程协会负责。

监理工程师不属于国家现有的专业技术职称，主要是指从事监理业务的执业资格及岗位职务。从岗位职务的特点来看，监理工程师并不是终身职务，主要是指在监理单位工作，从事监理工作的技术人才。相反，如果一个人已经取得了监理工程师资格，但他并没有在监理单位工作，那么根据相关规定，这名脱离监理单位的监理工程师将被取消监理工程师的资格。

根据国家相关规定可知，监理工程师不能私自承接建设工程监理业务，必须在专业的监理单位承接业务。另外，只有具备监理资格证书和注册成功的监理单位才能承接监理业务。

不同国家对监理人员的称谓叫法不同。有的国家根据资质等级，将监理人员分成四大类，即监理工程师、主任监理工程师、总监理工程师或副总监理工程师及监理员。具体而言，监理工程师是取得监理岗位资质人员的统称；主任监理工程师是指依据岗位需求，单位聘请的资深监理工程师；总监理工程师或副总监理工程师是指依据岗位需求聘请的资深主任监理工程师；监理员是指没有监理工程师资格的人员。其中，主任监理工程师和“总监”都是单位临聘的岗位职务。换言之，如果这类监理工程师没有被单位聘请，他们就只有监理工程师称谓，而不具备具体的岗位头衔。

二、监理工程师的素质要求

从事工程监理活动的主要人员是监理工程师，因此监理工程师的工作质量直接影响监理工程的项目效果。在一个工程监理活动中，监理工程师需要具备扎实的基础知识，需要涉及广泛的工作领域，需要具备丰富的实践经验和实践能力。通常情况下，监理活动需要及时关注工程项目的进程，所以监理工程师的主要工作职责是发现问题、解决问题，而监理工程师的工作能力取决于自身的工程阅历和工程经验。如果一个监理工程师见识广博，那么他就可以根据经验预见可能发生的问题，进而避免问题的发生；并且，在此过程中，监理工程师可以根据突发事件的情况采取恰当的解决方法。所以，从监理工程师的工作职责及工作性质来看，监理工程师除了需要具备出色的分析判断能力及创造能力，还需要具备良好的基础知识结构和综合素质。

（一）理论及专业技术知识

现代工程建设的特点是工程复杂、规模巨大、涉及范围广，监理工程师需要具备各种专业知识和技能，具体包含工程技术知识、现代科技理论知识和监理工程技能等。监理工程师在监理现代工程建设的过程中，应该充分运用各项技术，为客户提供全方位的工程服务，进而有效解决工程建设过程中的技术问题，推进工程建设顺利进行。

此外，监理工程师需要具备高学历和高学识。监理工程师在国外工作都需要大学学历，并且大部分还需要是硕士以上学历。在我国，参照国外的人才要求，明确规定监理工程师必须具有工程类相关专业学习经历和工作经历。具体而言，大专毕业的学生需要具备8年以上的工作经验，本科毕业的学生需要5年以上的工作经验，硕士以上毕业的学生需要3年以上的工作经验，并且监理工程师还需要取得相关的任职资格。

（二）工程建设实践经验与能力

由于工程监理工作具有较强的实践性，所以从事监理工程师的必备条件是具有丰富的工程实践经验。工程建设实践经验实现了理论知识和实践经验充分融合，所以提升知识应用能力的关键是积极参与工程实践。对于监理工程师来说，参与的工程建设项目越多，掌握的实践经验就越多。监理工作需要具备多方面的工作经验，具体包括工程设计、工程施工和工程管理等。另外，工程经验具体包含工程监理工程师经历的工作种类、工作时长和工作内容，监理工程师的工程经验，监理工程师的工程业绩、工作职务及专业资格等。所以，工程经验代表监理工程师的专业能力和实践经验。

衡量监理工程师实践能力的关键是他们的工作年限和工作业绩。比如，英国咨询工程师协会明确规定，入会会员必须在38岁以上；在新加坡，注册结构工程师需要具备8年以上的实践经验。

（三）管理知识

监理工程师的工作内容主要包含规划目标、控制工程动态和组织协调等，其中衡量监理工程师的管理能力的主要因素是应变能力、组织协调能力。监理工程师要提高工程项目的工作效率和工作效益，就必须具备丰富的管理经验。此外，监理工程师还需要具备行政管理相关的知识和经验。和一般的管理工作不同，监理工作需要扎实的专业技术，所以监理工程师需要同时具备一定的技术水平和管理水平。

（四）法律、法规知识

监理工程师需要协助项目法人组织和开展招标工作，需要协助项目法人共同监督和管

理项目合同签订、合同履行和合同变更等，所以监理工程师还必须掌握一定的法律、法规知识，协助法人正确处理项目工程索赔和工程变更。

（五）经济方面的知识

监理工程师需要具备充足的经济知识。实现工程项目就是实现项目投资，在项目建设过程中，资金筹集、资金使用和资金偿还等非常重要，并且工程建设的周期较长，需要监理工程师把握好建设资金。所以，监理工程师需要协助项目法人明确项目进度，对项目资源、项目经济情况等进行可行性分析；需要从技术和经济的角度分析工程变更方案，对工程结算、编制资金使用计划等进行概括、预算和审核。因此，经济知识也是监理工程师必须掌握的专业知识。

（六）外语能力

监理工程师可能在涉外工程中担任监理，因此必须具备较高的专业外语水平，即具有专业会话（与施工现场外商交流）、谈判、阅读（招标文件、合同条件、技术规范、图纸等）能力，以及写作（公函、合同、电传等）方面的外语能力。

上述归纳总结的内容都是监理工程师需要具备的专业知识，而且是监理工程师必须具备的知识。从监理工程师的角度来看，他们是“一专多能”的。有的监理工程师可能是技术专家，但他同时具备管理、经济和法律的相关知识；有的监理工程师可能是管理专家，但他同时掌握专业技术、相关的经济知识和法律知识；有的监理工程师可能是合同管理专家，但他又具备专业技术知识、管理知识和经济基础知识。总而言之，监理工程师是“通才”，他们应该具备较高的综合能力和综合素质。与此同时，监理工程师也需要具备自身所长，并在实践过程中充分发挥自身所长。只有这样，才能满足建设监理的人才需求。

工程建设对监理工程师的知识要求源于工程项目管理和项目监督的特殊性。监理工程师在监理过程中每解决一个问题，自己的专业能力就会突破一次，进而掌握更全面的专业知识。比如，一个负责控制项目进度的监理工程师，他不但需要制订项目进度计划，还需要落实好项目。在制作项目计划的过程中，监理工程师不但需要分析项目计划的经济可行性、技术可行性，还需要明确具体的实施方案，并在此基础上理解工程承包合同等。所以，负责进度控制的监理工程师还需要掌握专业技术知识、经济知识和合同知识，需要通过工程建设实践不断发现问题、解决问题。此外，在具体执行方案的过程中，监理工程师还需要检查工作情况。

由此可见，监理工程师的工作具有很强的综合性，只有综合能力强、综合素质高的人才才能有效完成这项工作。

三、监理工程师的职业道德要求

从监理工程师的角度来看，他们不仅需要具备广泛的知识面及丰富的实践经验，还需要具备高尚的职业道德、较高的政治修养。具体而言，可以总结为以下几点：

第一，监理工程师需要具备高度责任感，应该热爱本职工作，对工作认真负责。

第二，在监理工程项目的过程中，严格按照承包合同实施工程建设，一方面保护法人利益，另一方面可以合理公正地对接承包商。

第三，监理工程师应该严格遵守国家和地方的法律法规，与此同时，还应要求承包商严格遵守工程建设的规章制度，进而保障法人的合法权益。

第四，监理工程师应该做到廉洁奉公、公平公正，不能接受项目法人提供的额外酬金、提成和津贴等。另外，监理工程师作为中间管理商，也不能接受承包商的好处，进而保持廉洁性。

第五，监理工程师必须对项目法人的相关情报和材料严格保密，进而保障项目法人的权益。

第六，如果监理工程师的判断或决定被项目法人否决，作为中间管理和监督人员，监理工程师应该向项目法人阐明观点，然后以书面的形式说明其中的不利之处。另外，如果监理工程师认为项目法人的判断或决定的可行性低，也应该以书面的形式及时劝告项目法人。

第七，当监理工程师发现错误问题时，应该第一时间把具体情况反馈给项目法人，并在错误说明中给出合适的修改意见。

第八，监理工程师应该实事求是地介绍自己所在的监理机构，不能在机构人员情况和过去业绩等方面隐瞒项目法人，避免出现不必要的麻烦。

第九，监理单位及监理工程师都不能参与工程采购、工程营销等活动，不能参与经营和承包施工项目，不能在施工单位、政府机构和材料供应单位担任职务或兼职工作。

第十，监理工程师不能诽谤和伤害其他人的名誉，不能用谎言包装自己或其所在工作单位。

第十一，工程建设监理活动只能由监理单位承担，监理工程师不能以个人的名义开展监理工作。

第十二，如果监理工程师想要聘请外单位的监理人员参与工程项目，必须与项目法人商量，并得到法人许可。

第五节　监理人员的资格和注册管理

一、监理人员资格考试制度

（一）实施监理工程师执业资格考试制度的意义

执业资格考试制度是政府对某些责任较大、社会通用性强、关系公共利益的专业技术工作实行的市场准入制度，执业资格是专业技术人员依法独立开业或独立从事某种专业技术工作所必备的学识、技术和能力标准。监理工程师执业资格是中华人民共和国成立以来在工程建设领域设立的第一个执业资格。

实行监理工程师执业资格考试制度的意义如下。

（1）促进监理人员努力钻研监理业务，提高业务水平。

（2）建立统一的监理工程师的业务能力标准。

（3）有利于公正地确定监理人员是否具备监理工程师的资格。

（4）合理建立工程监理人才库。

（5）便于同国际接轨，开拓国际工程监理市场。

（二）监理工程师执业资格考试

监理工程师执业资格考试的考试工作由建设部、人事部共同负责，日常工作委托建设部建筑监理协会承担，具体考务工作由人事部人事考试中心负责。考试每年举行一次，考试时间一般安排在5月中下旬，原则上考点设立在省会城市。

1.报考条件

（1）我国根据对监理工程师业务素质和能力的要求，对参加监理工程师执业资格考试的报名条件从两个方面做出限制：一是要具有一定的专业学历；二是要具有一定年限的工程建设实践经验。凡中华人民共和国公民，具有工程技术或工程经济专业大专（含）以上学历，遵纪守法并符合以下条件之一者，均可报名参加监理工程师执业资格考试。

①具有按照国家有关规定评聘的工程技术或工程经济专业中级专业技术职务，并任职满3年。

②具有按照国家有关规定评聘的工程技术或工程经济专业高级专业技术职务。

（2）对从事工程建设监理工作并同时具备下列4项条件的报考人员可免试《建设工程合同管理》和《建设工程质量、投资、进度控制》两个科目。

①1970年（含）以前工程技术或工程经济专业大专（含）以上毕业。

②具有按照国家有关规定评聘的工程技术或工程经济专业高级专业技术职务。

③从事工程设计或工程施工管理工作15年（含）以上。

④从事监理工作1年（含）以上。

2.报名时间及方法

报名时间一般为上一年的12月（以当地人事考试部门公布的时间为准）。报考者由本人提出申请，经所在单位审核同意后，携带有关证明材料到当地人事考试管理机构办理报名手续。党中央、国务院各部门，部队及直属单位的人员，按属地原则报名参加考试。

3.考试内容和科目设置

由于监理工程师的业务主要是控制建设工程的质量安全、投资、进度，监督管理建设工程合同，协调工程建设各方的关系，所以监理工程师执业资格考试的内容主要是工程建设基本理论、工程质量安全控制、工程进度控制、工程投资控制、建设工程合同管理和涉及工程监理的相关法律法规等方面的理论知识和实务技能。

考试设4个科目，具体是“建设工程监理基本理论与相关法规”“建设工程合同管理”“建设工程质量、投资、进度控制”“建设工程监理案例分析”。其中，“建设工程监理案例分析”为主观题，在试卷上作答；其余3科均为客观题，在答题卡上作答。

考试分4个半天进行，“建设工程合同管理”“建设工程监理基本理论与相关法规”的考试时间为2个小时，“建设工程质量、投资、进度控制”的考试时间为3个小时，“建设工程监理案例分析”的考试时间为4个小时。

4.考试方式和管理

监理工程师执业资格考试是一种水平考试，是对考生掌握监理理论和监理实务技能的抽检。考试实行全国统一考试大纲、统一命题、统一组织、统一时间、闭卷考试、分科记分、统一录取标准的办法，一般每年举行一次。考试以两年为一个周期，参加全部科目考试的人员须在连续两个考试年度内通过全部科目的考试。免试部分科目的人员须在一个考试年度内通过应试科目。

二、监理工程师注册和注销

取得资格证书的人员方可申请注册，由省、自治区、直辖市人民政府建设主管部门初审，国务院建设主管部门审批。

取得资格证书并受聘于一个建设工程勘察、设计、施工、监理、招标代理、造价咨询等企业的人员，应当通过聘用单位向单位工商注册所在地的省、自治区、直辖市人民政府建设主管部门提出注册申请；省、自治区、直辖市人民政府建设主管部门受理后提出初审意见，并将初审意见和全部申报材料报国务院建设主管部门审批；符合条件的，由国务院建设主管部门核发注册证书和执业印章。

省、自治区、直辖市人民政府建设主管部门在收到申请人的申请材料后，应当即时作出是否受理的决定，并向申请人出具书面凭证；申请材料不齐全或者不符合法定形式的，应当在5日内一次性告知申请人需要补正的全部内容。逾期未告知的，自收到申请材料之日起即视为受理。

注册监理工程师按专业设置岗位，并在《监理工程师岗位证书》中注明专业。注册监理工程师依据其所学专业、工作经历、工程业绩，按照《工程监理企业资质管理规定》划分的工程类别，按专业注册；每人最多可以申请两个专业的注册。对不予批准的，应当说明理由，并告知申请人享有依法申请行政复议或者提起行政诉讼的权利。

注册证书和执业印章是注册监理工程师的执业凭证，由注册监理工程师本人保管、使用。注册证书和执业印章的有效期为3年。

监理工程师的注册，根据注册内容的不同分为初始注册、延续注册、变更注册及注销注册4种形式。

（一）初始注册

（1）初始注册者可自资格证书签发之日起3年内提出申请。逾期未申请者，须符合继续教育的要求后方可申请初始注册。申请初始注册应当具备以下条件。

①经全国注册监理工程师执业资格统一考试合格，取得资格证书。

②受聘于一个相关单位。

③达到继续教育要求。

（2）初始注册需要提交下列材料。

①申请人的注册申请表。

②申请人的资格证书和身份证复印件。

③申请人与聘用单位签订的聘用劳动合同复印件。

④所学专业、工作经历、工程业绩、工程类中级及中级以上职称证书等有关证明材料。

逾期初始注册的，应当提供达到继续教育要求的证明材料。

（二）延续注册

注册监理工程师，每一注册有效期为3年，注册有效期满需继续执业的，应当在注册

有效期满30日前，按照《注册监理工程师管理规定》第七条规定的程序申请延续注册。延续注册有效期为3年。延续注册需要提交下列材料。

（1）申请人延续注册申请表。

（2）申请人与聘用单位签订的聘用劳动合同复印件。

（3）申请人注册有效期内达到继续教育要求的证明材料。

（三）变更注册

在注册有效期内，注册监理工程师变更执业单位，应当与原聘用单位解除劳动关系，并按《注册监理工程师管理规定》第七条规定的程序办理变更注册手续，变更注册后仍延续原注册有效期。

（1）变更注册需要提交下列材料。

①申请人变更注册申请表。

②申请人与新聘用单位签订的聘用劳动合同复印件及社会保险机构出具的参加社会保险的清单复印件。

③申请人的工作调动证明（与原聘用单位解除聘用劳动合同或者聘用劳动合同到期的证明文件、退休人员的退休证明）。

④在注册有效期内或有效期届满变更注册专业的，应提供与申请注册专业相关的工程技术、工程管理工作经历和工程业绩证明，以及满足相应专业继续教育要求的证明材料。

⑤在注册有效期内，因所在聘用单位名称发生变更的，应提供聘用单位新名称的营业执照复印件。

申请变更注册程序同延续注册。

（2）申请人有下列情形之一的，不予初始注册、延续注册或者变更注册。

①不具有完全民事行为能力的。

②刑事处罚尚未执行完毕或者因从事工程监理或者相关业务受到刑事处罚，自刑事处罚执行完毕之日起到申请注册之日止不满两年的。

③未达到监理工程师继续教育要求的。

④在两个或者两个以上单位同时申请注册的。

⑤以虚假的职称证书参加考试并取得资格证书的。

⑥年龄超过65周岁的。

⑦法律、法规规定不予注册的其他情形。

（四）注销注册

（1）注册监理工程师有下列情形之一的，负责审批的部门应当办理注销手续，收回

注册证书和执业印章或者公告其注册证书及执业印章作废。

①不具有完全民事行为能力的。

②申请注销注册证书的。

③注册证书和执业印章失效的。

④依法被撤销注册证书的。

⑤依法被吊销注册证书的。

⑥受到刑事处罚的。

⑦法律、法规规定应当注销注册证书的其他情形。

注册监理工程师有前款情形之一的，注册监理工程师本人和聘用单位应当及时向国务院建设主管部门提出注销注册的申请；有关单位和个人有权向国务院建设主管部门举报；县级以上地方人民政府建设主管部门或者有关部门应当及时报告或者告知国务院建设主管部门。

（2）注册监理工程师有下列情形之一的，其注册证书和执业印章失效。

①聘用单位破产的。

②聘用单位被吊销营业执照的。

③聘用单位被吊销相应资质证书的。

④已与聘用单位解除劳动关系的。

⑤注册有效期满且未延续注册的。

⑥年龄超过65周岁的。

⑦死亡或者丧失行为能力的。

⑧其他导致注册失效的情形。

三、监理工程师继续教育

（一）继续教育学时

注册监理工程师在每一注册有效期（3年）内应接受96学时的继续教育，其中必修课和选修课各为48学时。

（二）继续教育内容

继续教育分为必修课和选修课两类教育内容。

1.必修课

（1）国家近期颁布的与工程监理有关的法律法规、标准规范和政策。

（2）工程监理与工程项目管理的新理论、新方法。

（3）工程监理案例分析。

（4）注册监理工程师职业道德。

2.选修课

（1）地方及行业近期颁布的与工程监理有关的法规、标准规范和政策。

（2）工程建设新技术、新材料、新设备及新工艺。

（3）专业工程监理案例分析。

（4）需要补充的其他与工程监理业务有关的知识。

（三）继续教育方式

注册监理工程师继续教育采取集中面授或网络教学的方式进行。集中面授由中国建设监理协会所公布的培训单位实施。注册监理工程师可根据注册专业就近选择培训单位接受继续教育。网络教学由中国建设监理协会会同专业监理协会和地方监理协会共同组织实施。参加网络学习的注册监理工程师应当登录中国工程监理与咨询服务网，提出学习申请，在网上完成规定的继续教育必修课和相应注册专业选修课的学时（接受变更注册继续教育的要完成规定的选修课学时）后，打印网络学习证明，凭该证明参加由专业监理协会或地方监理协会组织的测试。

注册监理工程师选择上述任何方式接受继续教育达到96学时或完成申请变更规定的学时后，其《注册监理工程师继续教育手册》可作为申请逾期初始注册、延续注册、变更注册和重新注册时达到继续教育要求的证明材料。

（四）继续教育培训单位

凡具有办学许可证的建设行业培训机构和有工程管理专业或相关工程专业的高等院校，有固定的教学场所、专职管理人员且有实践经验的专家（甲级监理公司的总监等）占师资队伍1/3以上的，均可申请作为注册监理工程师继续教育培训单位。

注册监理工程师继续教育培训班由培训单位按工程专业举办，继续教育培训单位必须保证培训质量，每期培训班均要有满足教学要求的师资队伍，并按需要配备专职管理人员。

（五）继续教育监督管理

中国建设监理协会在建设部的监督指导下负责组织开展全国注册监理工程师继续教育工作，各专业监理协会负责本专业注册监理工程师继续教育相关工作，地方监理协会在当地建设行政主管部门的监督指导下负责本行政区域内注册监理工程师继续教育相关工作。

工程监理企业应督促本单位注册监理工程师按期接受继续教育，有责任为本单位注册监理工程师接受继续教育提供时间和经费保证。注册监理工程师有义务接受继续教育，提高执业水平，在参加继续教育期间享有国家规定的工资、保险、福利待遇。

四、监理工程师执业

取得资格证书的人员应当受聘于一个具有建设工程勘察、设计、施工、监理、招标代理、造价咨询等一项或者多项资质的单位，经注册后方可从事相应的执业活动。从事工程监理执业活动的，应当受聘并注册于一个具有工程监理资质的单位。

注册监理工程师可以从事工程监理、工程经济与技术咨询、工程招标与采购咨询、工程项目管理服务以及国务院有关部门规定的其他业务。

工程监理活动中形成的监理文件由注册监理工程师按照规定签字盖章后方可生效。修改经注册监理工程师签字盖章的工程监理文件，应当由该注册监理工程师进行；因特殊情况，该注册监理工程师不能进行修改的，应当由其他注册监理工程师修改，并签字、加盖执业印章，对修改部分承担责任。

注册监理工程师从事执业活动，由所在单位接受委托并统一收费。

因工程监理事故及相关业务造成的经济损失，聘用单位应当承担赔偿责任。聘用单位承担责任并赔偿后，可依法向负有过错的注册监理工程师追偿。

第六节　工程监理单位的选择

一、项目法人选择监理单位需考虑的主要因素

如何选取一家理想的、适当的工程监理机构，对于一个工程施工项目的成败起着至关重要的作用，所以施工时一定要仔细挑选。工程公司在选用监督机构时要注意下列几点：

（1）应根据法律规定，选用建设项目的监督机构。也就是要选择一家具有法人资格，并且已经获得了监理单位资质证书的专业监理单位。

（2）已被选定的工程监理单位，选择可以胜任的工作人员时应考虑其是否具备良好的素质，能否胜任建设项目监理业务的管理、技术、法律、经济等各类工作。

（3）已被选定的工程监理单位应该具备较高的工程施工监理业务水平和实际工作经历，可以为客户提供较好的监督服务。

（4）已被选定的工程监理单位必须具备一定的项目施工经营能力。

（5）已被选定的工程监理单位必须具有一定的社会声誉和一定的管理绩效。工程监理单位不仅要在过去的工程项目监理中有较好的表现，还要在守法、公平、诚信、科学各方面具有良好的信誉，监理单位能诚心诚意、全力以赴与项目法人和施工承包单位相配合。

（6）监理费用要合理合规。

在国外，对监理机构的选择一般是指由项目业主指定的代表在对相关咨询、监理公司的了解及调查的基础上选择3～6家公司进行初选，然后业主代表会与初选名单上的咨询公司展开谈判，一起讨论工作范围、服务要求、拟委托的权力、开展工作的方式、所需达成的目标，以及在谈判中所需的专业技术、资质、请求开支、业绩、经验、表现和其他事项。在与全部选定企业逐一会面之后，根据对企业的认识及了解进行排序，按照排队的次序与各个公司谈判，如果无法与第一个公司达成一致，就会与第二个公司谈判，以此类推。

二、建设监理委托方式

建设单位的监理工作可以由建设单位直接委托，还可以由建设单位采用公开招标的方法择优汰劣。根据《水利工程建设施工合同》的有关要求，提出新的、符合国家有关法律法规的监督管理办法，并将该方案汇报上级部门以便备案。工程公司与监理方应按规定签署监督协议。

对于技术较复杂、有特别需要的，应按照有关法律法规的规定办理。工程监理投标通常不能单独投标。如果是分标，则每个项目的总承包造价必须超过50万元。在进行项目监理分标时，应该对管理和竞争更加有利，这样可以有效地确保监理工作的延续性和相对独立性，从而避免出现互相交叉、干扰，甚至可能造成的责任划分不清的情况。

工程建设的监理机构通常采用招投标的方法选择。项目法人可以将施工过程中整个阶段的监理工作交由一家监理单位负责，也可以将施工过程中不同阶段的监理工作交由多家监理单位负责；监理单位既可以承接一项工程，也可以承接多项工程。以下是两种施工监督管理模式。

（一）直接委托方式

一般在下列条件下可直接委托工程监理单位：

（1）项目法人和监理工程师有良好的合作经验，并且彼此都很满意。也就是说，他们在过去的工程建设中曾经有过合作，且配合得相当完美，彼此间还希望继续合作。或者是采用分阶段监理的工程项目，如果在前一阶段，监理单位很成功地履行了监理合同，并且较好地将监理任务完成，同时监理单位又有足够的实力来承担下一阶段的监理任务，那么工程公司就可以采用直接受托管理。

（2）在项目管理方面具有较多的管理经验，在项目中具有良好的声誉。这种项目的施工单位一般具有较高的社会声誉，其施工质量得到了全社会的认可。

（3）非常专业的项目。若工程的专业性非常高，而普通的工程监理单位又没有或缺少足够的经验，仅有一家专业的施工企业具备这种能力，则工程公司在评估其声誉并确定可行性后，大部分会选择直接委托。

（4）工程规模小，受聘监督范围少。如果是小型而简单的项目，或者是尽管项目并不是很大，但是在把少量的工程服务工作分包给了监理公司的时候，大多数人就不用在委托方面花费太多的精力，而是采用直接委托。

（二）竞争招标方式

除上述情形之外，通常大、中型工程，或由国际财务机构提供的信贷，或属国际性的工程承包等，多以竞标为主。

由于实行竞标需要一定的人力、财力和时间，而这种投资相对于所获得的收益来说，常常可以忽略不计。

造成一个工程项目失败的因素很多，而施工企业的质量与管理水平则起着重要的作用。那么如何选择一个最适合自己的公司来做工程的监理，就显得尤为重要。所以，工程公司要慎重选择有才能、有经验、有方法且手段高明、信誉度高的监督机构。

三、竞争性委托的一般程序

项目法人采用竞争方式委托工程监理单位时，一般按下列程序进行。

（一）确定委托监理服务的范围

项目法人在予以委托时首先要考虑的问题就是明确自己的监理需要，要依据该项目的特点及自身的管理能力，决定在哪个阶段监理，是在某一阶段，还是在整个项目的实施阶段；而在此期间，又该把什么工作交由项目监理部门来做，这些都需要项目法人慎重考虑。

（二）编制监理费用概算

施工监督是一种收费的服务性行为，目的在于保证施工单位能够有效地执行监督工作，圆满地完成施工过程中的各项工作，并取得良好的效果。对监理单位在此期间提供的项目服务应给予相应的报酬，包括所产生的各种费用，以及所产生的利润和税收等，这是工程监理存在与发展的基础。另外，由于受人委托，还必须为监督工作的开展提供便利条

件及后勤保障，并要付出相应的成本。对上述各项成本应预先做出评估或预算，做好经济准备，以便协商。

（三）收集并筛选监理单位，确定参选名单

在挑选监督机构时，在候选人名单长度上应该遵循以少胜多的原则，也就是建立一份“短名单”。一是项目多了，审核监督计划书所需的时间就会很长，而且由于项目多，反倒会导致差别过小，从而对品质的识别产生影响；二是由于参与投标的机构太多，可能使得一些有实力、有信誉的监督机构不愿参与投标，或者不愿努力改善方案的品质；三是参与竞标的企业太多，则落选的企业也多，因此会使落选的企业蒙受经济上的亏损，该费用早晚都要从之后的监督合约中得到弥补，最后将会导致监理费的增加，这对项目法人和监理单位来说都是一种损失。

根据国际惯例，申请企业数目一般控制在3～6个，而对诸如世界银行等国际金融机构而言，它们在遴选“咨询人”时也要注意其他方面的规定。比如，规定一个国家内的监督机构数目不得多于两个，应考虑到一些发展中国家，并鼓励借款人选择自己的国家监督机构作为候选人。

（四）拟定招标公告或者投标邀请书

招标公告或者投标邀请书应当至少载明下列内容：

（1）招标人的名称和地址。

（2）监理项目的内容、规模、资金来源。

（3）监理项目的实施地点和服务期。

（4）获取招标文件或者资格预审文件的地点和时间。

（5）对招标文件或者资格预审文件收取的费用。

（6）对投标人的资质等级的要求。

（五）资格审查

招标人应审核投标者的资质。申请人员的审核包括初步审核（资格预审）和后期审核（资格后审）两部分。所谓“资格预审”，就是在招标之前，对竞标者各项资质的审核。所谓“资格后审”，就是在开标之后，由招标方对投标方的资质进行审核，并出具资质审核报告，经参加评审的专家签名后，将其保存在投标文件中，并把该文件提交评审委员会。除投标文件另有规定的以外，通常情况下不再进行资格后审。

资格预审原则如下：

（1）招标人应组织一个预审工作小组，对投标方进行初步的审查。

（2）资格预审工作组将根据资格预审文件中所列的资格评价条件，来评价各投标方的资格。

（3）在资格预审结束后，资格预审小组应当向投标单位递交经全体成员签名的预审报告，并将其存档。

（4）在资格预审之后，招标方应给予通过资格预审的潜在投标人一份资格预审合格通知书，告知合格投标方获得招标文件的时间、地点和方法，同时应告知落选的投标方资格预审结果。

资格审查着重于考察潜在投标人或投标人能否达到以下条件：

（1）要有独立合同签署权，并能履行权利。

（2）要有履行合同的能力。不仅有技术资格，还要有较强的专业性；不仅有类似工程经验，还要有良好的信誉；不仅资金充足，还要有设备和其他物资设施能力及管理能力。

（3）没有被相关部门取消投标资格，没有被银行冻结或接管财产，也没有被有关部门责令停业等情况。

（4）3年内没有重大违规、违纪、违约行为，也没有骗标及重大质量问题等情况。

招标人在资格审核过程中，不能对潜在投标人和投标人进行不公平的限制和排斥，不能歧视性对待。任何组织和个人都不能对竞标人采取行政措施，也不能以其他不合理的方法进行限定。

（六）编制招标文件

监理招标文件在监理招标中起着重要的作用：一方面，它是监理单位进行监理投标的重要依据；另一方面，其主要内容将成为组成监理合同的重要文件。因此，要求监理招标文件全面、准确、具体，不得含糊不清，不得相互矛盾，不得存在歧义。招标文件应当包括下列内容：

（1）投标邀请书。

（2）投标人须知。投标人须知应当包括：招标项目概况，监理范围、内容和监理服务期，招标人提供的现场工作及生活条件（包括交通、通信、住宿等）和试验检测条件，对投标人和现场监理人员的要求，投标人应当提供的有关资格和资信证明文件，投标文件的编制要求，提交投标文件的方式、地点和截止时间，开标日程安排，投标有效期，等等。

（3）书面合同书格式。

（4）投标报价书、投标保证金和授权委托书、协议书和履约保函的格式。

（5）必要的设计文件、图纸和有关资料。

（6）投标报价要求及其计算方式。

（7）评标标准与方法。

（8）投标文件格式。

（9）其他辅助资料。

（七）评审

评审具体包含3个方面的基本要素，分别是监理单位的监理经验和绩效、监理人员的素质和水平、监理计划书（又称监理纲要）。

然而，上述三点的评价却并不是同等重要，不能一视同仁。监理工作的重要性从高到低的顺序为：监理人员的素质与水平，监理工作纲要，监理单位的工作经历。之所以监理单位的资历比重偏低，是因为在选定的机构中有一系列的评审与甄别，而甄别则是对单位总体资历的评估。在审查阶段，对于监理单位的审查重点放在了该工程更直接的经验和特别的经验要求上。

监督计划（监督纲要）的审查重点在于监督机构对所委派工作内容的了解，监督的方法和手段是否科学、恰当，有没有创新的思维，能否达到监督的要求。

由于工程监理工作具有特殊性，因此必须高度关注并重视工程建设中所配备的工程技术骨干。一个工程项目的质量优劣，不仅要看施工过程中所涉及的专业技术人员的工作态度，更要看其在施工过程中起到的关键作用。例如，主管监督人员及监督管理部门的领导。对监督管理人员的评价主要集中在3个层面，即普通资质，包括工作经验、专业成绩、学历等；对该项目的适应性，包含与该项目相似的监督工作经历，其所承担的工作与专业特长和经历是否相符等；在工程现场工作的经历，即对工程外环境的了解，这是必不可少的经验。

一些监督机构为争取通过，在监督人员名录上不恰当地增加了大量的资深专业技术人员，在审核过程中应加以重视。由于太多的高级专家聚集在一起，他们无法长期驻扎在施工现场，无法理解施工现场的真实情况，这将导致监管成本的增加。因此，在进行评审时，应该将重点放在监督主管的素质和能力，以及监督人员的总体结构是否合理等方面。

（八）签订监理委托合同

与中选监理单位谈判，签订监理委托合同。

第七节　工程建设监理合同

一、监理合同的概念

监理合同在我国是改革开放中新出现的一个合同种类，是经济合同的一种特殊形式。监理合同是利用集团的智力和技术密集型的特点，协助项目法人对工程项目承包合同进行管理，对承包合同实施进行监督、控制、协调、服务，以实现承包合同目标的一种新的合同类型。监理合同的当事人双方是委托方（项目法人）和被委托方（监理单位）。

二、签订工程建设监理合同的必要性

建设监理的委托与被委托实质上是一种商业行为，所以在监理的委托与被委托过程中，用书面的形式来明确工程服务的合同，最终是为委托方和被委托方的共同利益服务的。它用文字明确了合同的各方所需要考虑的问题及预期的目标，包括实施服务的具体内容、所需支付的费用及工作需要的条件等。在监理委托合同中，还必须确认签约双方对所讨论问题的认识，以及在执行合同过程中由于认识上的分歧而可能导致的各种合同纠纷，或者因为理解和认识上的不一致而出现争议时的解决方式，更换工作人员或发生了其他不可预见的事件的处理方法等。依法签订的合同对双方都有法律约束力。合同一经签订，双方必须全面履行。如果合同的某一方不履行或不适当履行合同规定的义务，则应视为违约行为，应承担相应的违约责任。合同一经签订，就不得随意变更或解除。如果客观情况发生变化，一方要求变更合同或解除合同时，须经双方协商一致后才能变更或解除，否则也是违约行为。总之，双方均应严格履行合同，除不可抗力和法律规定的情况外，双方当事人不履行或不完全履行合同时就要支付违约金，承担违约责任。签订委托合同实际上是为双方在事先就提供一个法律保护的基础，一旦双方对合同执行中监理服务或要支付的费用发生争议，书面合同可以作为法律活动的依据。国外有的咨询监理公司需要从银行借款垫付合同项目监理所需要的资金，则书面合同就是贷款的一个主要依据。因此，项目法人和监理单位应采用书面合同的形式，明确委托方与被委托方的协议内容。

三、工程建设监理合同的形式

国际上咨询或监理合同主要有以下几种形式。

（一）正式合同

根据法律要求制定的，并经当事人双方协商一致，由适宜的管理机构签订并执行的正式合同。

（二）信件合同

任务较小和简单的工程，常用于正规合同订立后，追加任务时采用。一般双方权利义务在正规合同中均已约定，此次只是增加少量任务，权利义务不变。为了明确任务的增加，建议以书面形式证明。这种信件式合同通常是由业主（委托方）制定，由委托方签署一份备案，退给咨询监理单位执行。

（三）委托通知单

由委托方发出的执行任务的委托通知单。有时，建设单位（委托方）喜欢用这种办法，即通过一份份的通知单，把监理单位在争取委托合同提出的建议中所规定的工作内容委托给他们，成为监理单位所接受的协议。

（四）标准合同

国际上许多具有权威性的咨询或监理行业协会或组织，以及一些国家的政府专门制定有具有一定通用性的标准委托合同范本，提供使用或参照使用。目前国际上比较通用的合同范本多是经过较长时期的实践和多次修改而日趋完善，较好地体现了条文的严谨性、内容的公正性、整体的科学性、格式的标准化、广泛的适用性等特点，由于受到业主和咨询监理双方的欢迎，因此国际上目前广泛地采用或参照这类有权威性的通用标准合同范本，如世界银行推荐采用国际咨询工程师联合会编制的标准合同范本。

随着国际咨询监理业务越来越发达，标准委托合同的应用已越来越普遍。采用这些通用性很强的标准合同格式，能够简化合同的准备工作，可以把一个重要的词句简略到最低程度，有利于双方讨论、交流和统一认识，也易于通过有关部门的检查和批准。更重要的是，标准合同都是由法律方面的专家着手制定的，所以采用标准合同格式，能够准确地在法律概念内反映出双方所想实现的意图。

国际咨询工程师联合会颁布的《业主/咨询工程师标准服务协议书》（1990年版），由于受到了世界银行等国际金融机构以及一些国家政府有关部门的认可，已作为一种标准委托合同格式应用于世界大多数工程中。其第一部分主要内容包括定义及解释，咨询工程师的义务，业主的义务，责任和保险，协议书的开始、完成、变更与终止，支付，一般规定，争端的解决等部分；第二部分特殊应用条件的内容与第一部分顺序编号相联系，这部分内容须专门拟定，以适应每个具体工程的实际情况和要求。

第八节　工程监理的费用

一、工程监理服务收费的必要性

服务业是国民经济的重要组成部分，服务业的发展水平是衡量现代社会经济发达程度的重要标志。我国建设监理有关规定指出："工程建设监理是有偿的技术服务活动，酬金多少应根据监理深度确定。酬金及计费办法，由监理单位与建设单位协商，并在合同中明确。"执行监理合同，维护合同的权威性，这条规定与国际惯例是吻合的，不同的服务规模所要求的费用是不同的，这些都由建设单位和监理单位事先谈判确定，并在委托合同中预先说明。从建设单位的立场看，为了使监理单位能顺利地完成任务，达到自己所提出的要求，必须付给他们适当的报酬，用以补偿监理单位去完成任务时的支出（包括合理的劳务费用支出及需要缴纳的税金），这也是委托方的义务，必须支付这部分费用。

二、工程监理费的计算

（一）工程监理费的构成

工程监理费是指建设单位（业主）依据委托监理合同支付给监理企业的监理酬金。它由监理直接成本、间接成本、税金和利润4个部分构成。

1.直接成本

直接成本是指监理企业履行委托监理合同时所发生的成本。主要包括以下几个方面。

（1）监理人员和监理辅助人员的工资、奖金、津贴、补助、附加工资等。

（2）用于监理工作的常规检测工器具、计算机等办公设施的购置费，其他仪器、设备的租赁费。

（3）用于监理人员和监理辅助人员的其他专项开支，包括办公费、通信费、差旅费、书报费、文印费、会议费、医疗费、劳保费、保险费、休假探亲费等。

（4）其他费用。

2.间接成本

间接成本是指全部业务经营开支及非工程监理的特定开支。具体内容如下。

（1）管理人员、行政人员及后勤人员的工资、奖金、补助和津贴。

（2）经营性业务开支，包括为招揽监理业务而发生的广告费、宣传费、有关合同的公证费等。

（3）办公费，包括办公用品、报刊、会议、文印、上下班交通费等。

（4）公用设施使用费，包括办公使用的水、电、气、环卫、保安等费用。

（5）业务培训费、图书、资料购置费。

（6）附加费，包括劳动统筹、医保社保、福利基金、工会经费、人身保险、住房公积金、特殊补助等。

（7）其他费用。

3.税金

税金是指按照国家规定，工程监理企业应缴纳的各种税金总额，如营业税、所得税、印花税等。

4.利润

利润是指工程监理企业的监理活动收入扣除直接成本、间接成本和各种税金之后的余额。

（二）监理费的计算方法

工程监理与相关服务收费根据建设项目性质不同情况，分别实行政府指导价或市场调节价。依法必须实行监理的建设工程施工阶段的监理收费实行政府指导价；其他建设工程施工阶段的监理收费和其他阶段的监理与相关服务收费实行市场调节价。

工程监理与相关服务收费，应当体现优质优价的原则。在保证工程质量的前提下，由于监理单位提供的监理与相关服务使得节省投资，缩短工期，取得显著经济效益的，建设单位可根据合同约定奖励监理单位。

建设工程监理与相关服务收费包括建设工程施工阶段的工程监理（以下简称“施工监理”）服务收费和勘察、设计、保修等阶段的相关服务（以下简称“其他阶段的相关服务”）收费。

（三）施工监理服务收费

铁路、水运、公路、水电、水库工程的施工监理服务按建筑安装工程费分档定额计费方式计算收费。其他工程的施工监理服务按照建设项目工程概算投资额分档定额计费方式计算收费。施工监理服务收费按照下列公式计算。

施工监理服务收费=施工监理服务收费基准价×（1±浮动幅度值）

施工监理服务收费基准价=施工监理服务收费基价×专业调整系数×工程复杂程度调整系数×高程调整系数

施工监理服务收费基价是完成国家法律法规、规范规定的施工阶段监理基本服务内容的价格。施工监理服务收费基价按《施工监理服务收费价表》确定，计费额处于两个数值区间的，采用直线内插法确定施工监理服务收费基价。

施工监理服务收费调整系数包括专业调整系数、工程复杂程度调整系数和高程调整系数。

（四）其他阶段的相关服务收费

其他阶段的相关服务收费一般按相关服务工作所需工日和相关标准计费。

第七章
水利工程施工实施阶段的监理

第一节 质量控制

一、事前质量控制的内容

事前质量控制的内容是指正式开工前所进行的质量控制工作，其具体内容包括以下方面：

（1）承包人资质审核。主要包括：①检查工程技术负责人是否到位；②审查分包单位的资质等级。

（2）施工现场的质量检验、验收。包括：①现场障碍物的拆除、迁建及清除后的验收；②现场定位轴线，高程标桩的测设、验收；③基准点、基准线的复核、验收等。

（3）审核承包单位或承包人提交的阶段工程和部分工程的施工方案、方法，并批准其施工，以及保证施工质量达到要求。

（4）督促承包人建立和健全质量保证体系，组建专门的质量管理机构，配备专职的质量管理人员。在工程承包现场，应当成立专门的质量检查机构，配备专职的检查和试验人员，并建立完善的质量检查制度，以保证工程质量符合要求。另外，在试验过程中，也要不断完善试验条件，确保试验的准确性和可靠性。

（5）进行材料采购和设备的验收。对于承包人采购的材料和工程设备，承包人应与现场监理人员一起开展检查和验收工作，需要检查材料所附带的资质和产品的合格证书等信息。

（6）工程观测设备的检查。在工程监理过程中，监理人需要详细检查承包人采购、运输、保存、校准、安装、埋设、操作和维护各种观测设备的情况。除此之外，监理人员必须现场确认观测设备是否被正确校准、安装、埋设及操作。

（7）对施工机械进行质量控制。①所有能够对工程质量产生直接影响的施工机械（混凝土搅拌机和振动器等），必须严格参照技术规范进行检验，坚决不能使用不符合相关要求的机械；②使用时施工机械应完好且不超过它们的校验周期。所有的衡器、量具及计量装置都必须具备技术合格证书，并且在使用前要检查其使用周期和完整度。

二、事中质量控制的内容

（1）监理人拥有全面检查和检验全部工程中任何一项工艺、材料和工程设备的权利。可以随时在制造地、装配地、储存地、现场、合同规定的任何地点检查和测量，并可查阅施工记录。此外，他们还有权要求承包人协助提供所需要的劳务、电力、燃料、备用品、装置和仪器等。

承包人应在监理人的指示下进行取样试验、设备检测、复合测量等一系列工作，并在完成后提供相应的样品、报告和测量结果。除此之外，承包人还应完成监理人所要求的其他工作。

（2）在施工过程中，对于每一个小项目、每一个工序，承包人都要认真检查，同时还应当将检查结果报送监理人，重要工程及一个工程中的重要环节都需要确保无误，在此基础上才能进入下一道工序。如果现场监理人员认为需要进行物品的抽样检验，则承包人必须配合。如果抽检结果不符合事先约定的合同要求，则需要返工处理，并在确保处理后的物品合格后才能继续施工；否则，可按照质量事故的标准处理。

（3）依据合同规定的检查和检验，应由监理人与承包人共同约定进行。

（4）隐蔽工程和工程隐蔽部位的检查。包括：①在覆盖前进行检查工作。承包人在自行检查后，能够确认隐蔽工程或工程的隐蔽部位具备覆盖条件的，应于约定时间内通知监理人，随后监理人进行检查。如监理人超出约定时间或者无故缺席检查，则所造成的工期延误等后果由监理人承担，承包人可要求赔偿损失或延长工期。②在监理人已经检查并同意将一些部件覆盖后，对质量出现新的怀疑，则监理人仍有权要求承包人对已经覆盖的部件进行钻孔探测甚至重新检查，对此，承包人必须遵照执行；如果因承包人未及时通知监理人，或者监理人未在约定时间内到场，承包人自行进行覆盖，则监理人可要求承包人对已经覆盖的部件进行钻孔探测甚至重新检查，对此，承包人必须遵照执行。

（5）不合格工程、材料和设备的处理。为确保建设项目的质量，禁止使用不符合合同规定标准的材料及设备。

（6）具有质量监督权，有权下达停工指令。出现以下情况之一，监理人有权发布停

工通知：①未经检验即进入下一道工序作业者；②使用未经批准的材料者；③私自转包工程者；④擅自让未经同意的分包商进场作业者；⑤未采取可靠的质量保证措施，而贸然进行工程建设，且出现质量下滑的迹象者；⑥工程质量下降并经指出而未有效改正或改正效果不好仍继续作业者；⑦擅自变更图纸要求者；等等。

（7）通过行使质量否决权来为工程进度款的支付签署质量认证意见。

三、事后质量控制的内容

（1）对完工资料进行审核。

（2）对承包人所提供的检验报告及相关技术性文件进行审核。

（3）整理工程质量相关技术文件，并进行分类编目及存档。

（4）对于整个项目的施工质量进行评价。

（5）组织联动试车等。

第二节　进度控制

一、进度控制的概念

要了解并掌握进度控制这一概念，首先必须要明确进度计划和进度控制之间的关系。进度计划是根据项目的工期目标，在实施过程中对各环节、各部分工作进行周密安排的系统规划工作，它需要确定并掌握项目的任务、进度和所需资源，是进度控制的前提和基础。

进度控制指的是在计划实施中以进度计划为指导，监督、检查整个建设过程，对实际与进化之间的偏差进行及时的分析并制定合理的调整措施，从而保证进度目标实现的行为过程。建设工程进度控制的最主要目标是确保项目在预定时间内或提前交付使用。为了保障项目的顺利实施，必须先编制进度计划，以便达成预设的目标。进度计划的制订与控制是紧密相关的，二者密不可分。一方面，项目的执行始于计划阶段，在项目执行的过程中，项目计划作为有效执行方案，为各项工作的开展提供了基础和方向。系统、周密的进度计划是项目顺利实施的前提保障，如果计划不合理，则会导致人力浪费、设备闲置、环节脱钩、停工待料、工期延误等不良后果。另一方面，进度控制能够在很大程度上保证进度计划的顺利实现，而且有效的进度控制可以及时发现并纠正进度计划中的偏差。如果缺乏有效的进度控制，就会导致实际进度与计划之间偏差过大，甚至使计划失去应有的指导意义和价值。

进度控制是一项系统性、综合型的工程，涉及方方面面，包括资金筹措、勘测设计、施工、土地征用、材料供应、设备装调等，这些方面的工作都必须在主进度的指导下稳步推进。

在工程建设中，能够影响工程进度的因素是多方面的，也是极为复杂的，因为这些因素涉及不同的部门、不同的时期和不同的内容。为保证工程建设顺利进行，监理人必须事先调查分析各种可能影响项目进度的因素，通过预测其对工程进度的影响程度，编制出行之有效的进度计划，以实现工程建设的进度控制目标。

二、进度控制的措施

监理工程师应从建设工程项目的实际情况出发，制定细致的进度控制措施（包括组织措施、技术措施、经济措施及合同措施等），以确保建设工程进度控制工作能取得理想的效果。

（一）组织措施

进度控制的组织措施主要包括以下5个方面：

（1）建立科学的进度控制目标体系，合理规划建设工程现场监理组织机构，明确整个进度控制中涉及的人员及人员职责。

（2）建立工程进度报告制度，畅通进度信息沟通网络。

（3）建立进度计划审核制度和检查分析制度。

（4）建立进度协调会议制度（协调会议时间、地点、参会人员等）。

（5）建立图纸审查、工程及设计变更管理制度。

（二）技术措施

进度控制的技术措施主要包括以下3个方面：

（1）对承包商提交的进度计划进行细致审核，确保承包商的施工状态是合理的。

（2）通过编制工作细则来指导监理人员实施进度控制。

（3）采用包括网络计划技术在内的科学的计划方法动态控制建设工程进度。

（三）经济措施

进度控制的经济措施主要包括以下4个方面：

（1）一般情况下，及时办理工程预付款、进度款支付手续。

（2）需要应急赶工时，给予优厚的赶工报酬。

（3）对工期提前给予一定的奖励。

（4）收取工程延误损失赔偿金。

（四）合同措施

进度控制的合同措施主要包括以下4个方面：

（1）加强合同管理，保证合同中进度目标的按期实现。

（2）严格控制合同变更，监理机构应对各方提出的变更细则进行严格审查，并补入合同文件中。

（3）加强风险管理，应充分考虑风险因素及其对进度的影响，并预设相应的应对方法。

（4）加强索赔管理，做到公正索赔。

第三节　投资控制

一、工程计量与计价控制

（一）工程计量

在建筑施工过程中，工程计量是一项非常重要的工作，它涉及对承包商已完成的工程量进行测量和计算。这个过程通常被称为计量，是监理工程师投资控制的重要内容之一。

工程计量的目的是确保承包商按照合同要求完成工程，并按照约定的价格结算。在计量过程中，监理工程师需要准确测量和计算承包商完成的工程量，以便确定承包商应该得到的支付金额。

在进行工程计量时，监理工程师需要考虑多种因素，如工程的实际完成情况、工程的质量、工程的进度等。这些因素都会对计量结果产生影响，因此监理工程师需要对这些因素进行综合考虑，以确保计量结果的准确性和公正性。

除对承包商已完成的工程量进行计量外，监理工程师还需要对工程的进度和质量进行

监督和控制。这些工作都是投资控制的重要内容，它们可以帮助监理工程师确保工程按照预算和时间计划进行，并且达到预期的质量标准。

工程计量控制是建筑施工过程中非常重要的一环，需要监理工程师准确地测量和计算承包商已完成的工程量，并对工程的进度和质量进行监督和控制，以确保工程按照预算和时间计划进行，并且达到预期的质量标准。符合合同目标且已完成的工程量是应该给予计量的，但不一定就是支付工程量，给承包商进行付款的工程量应是支付工程量，却因为某些原因不一定与实际完成的工程量一致。诸如合同规定按设计开挖线支付，承包商为了节省成本而采用的风险开挖，即欠挖；因承包商原因造成的不合理超挖等，其计量的工程量与应该给予承包商的支付工程量就可能不一致。因此，支付工程量必须符合合同规定。

工程计量是控制项目投资支出的关键环节，经过监理工程师计量所确定的工程量是向承包商支付任何款项的凭证。

在工程建设过程中，监理工程师的计量审核统计工作至关重要。然而，由于地质、地形条件变化，设计变更等多方面的影响，招标中的名义工程量和施工中的实际工程量很难一致，这给计量工作带来了很大的挑战。此外，工程建设的工期通常较长，因而影响因素也很多，这更增加了计量工作的难度。

为了保证计量审核统计工作的公正、诚信、科学，监理工程师需要采取一系列措施。首先，他们需要在工程一开始就做到系统化、程序化、标准化和制度化。这意味着他们需要建立一套完整的计量审核统计制度，明确计量审核统计的流程和标准，确保计量审核统计工作保持科学性和规范性。

其次，监理工程师需要密切关注工程建设过程中的变化，及时调整计量审核统计工作。例如，当地质、地形条件发生变化时，监理工程师需要及时调整计量审核统计工作，确保计量审核统计工作的准确性和公正性。

最后，监理工程师需要与其他相关部门密切合作，共同推进计量审核统计工作。例如，他们需要与设计单位、施工单位、质量监督部门等部门密切合作，共同解决计量审核统计工作中的问题，确保工程建设的顺利进行。

监理工程师的计量审核统计工作是工程建设过程中不可或缺的一部分。通过建立科学的计量审核统计制度，及时调整计量审核统计工作，与其他相关部门密切合作，监理工程师可以保证计量审核统计工作的公正、诚信、科学，确保工程建设的质量和进度。

（二）计价方式

计价是对已完成的工程量的价款进行计算，是在计量的基础上，对符合合同规定的工作，按合同规定的计价方式进行价款计算。在工程建设过程中，合同是双方约定的重要文件，其中对工程的计量和计价都有明确规定。监理工程师在履行职责时必须严格按照合同

规定计量和计价，以确保项目的合法性和合规性。如果合同中存在不合理的计量和计价条款，监理工程师无权擅自修改，但可以向合同双方提出建议，促使其修改；对于合同中不合法的计量和计价条款，监理工程师必须要求合同双方修改，以确保项目的合法性和合规性。如果合同双方不愿意修改不合法条款，监理工程师有权拒绝签发付款证书，以保障项目的合法性和合规性。因此，监理工程师在工程建设中的作用不可忽视，其职责是确保项目的合法性和合规性，维护双方的合法权益，促进工程建设的顺利进行。

在水电工程的固定单价合同中，项目的计价方式是非常重要的一环。一般来说，水电工程的计价方式主要有4种，分别是单价计价、包干计价、计日计价和工计价。4种计价方式各有优缺点，需要根据具体情况选择。

单价计价是指按照工程量和单价计算，工程量越大，费用也就越高。此种计价方式适用于工程量较大、工程内容比较明确的项目。包干计价是指按照整个工程的总价计算，无论工程量大小，费用都是固定的。此种计价方式适用于工程量较小、工程内容比较复杂的项目。

计日计价是指按照工程的施工时间计算，时间越长，费用也就越高。此种计价方式适用于工期较长、工程量较小的项目。工计价是指按照工程的实际工作量计算，工作量越大，费用也就越高。此种计价方式适用于工程量较大、工程内容比较复杂的项目。

在选择计价方式时，需要考虑工程的实际情况，包括工程量、工程内容、工期等因素。同时，还需要考虑合同的风险分担、工程变更等因素，以确保合同的公平性和合理性。因此，在签订水电工程的固定单价合同时，需要认真考虑计价方式的选择，以确保工程的顺利进行和合同的有效履行。

二、工程款支付控制

合同内支付控制是指在项目法人授权的合同价格范围内，监理工程师通过计量和支付手段对费用进行控制的活动。合同内支付控制是基于合同规定的，旨在确保项目的经济效益和质量标准得到保障。监理工程师需要深入理解合同条款，并根据实际情况进行计量和支付的操作，以确保合同价格范围内的费用得到合理控制。此外，监理工程师还需要与承包商和业主沟通，协调各方利益，确保支付过程的公正性和透明度。在实践中，合同内支付控制是一个复杂的过程，需要监理工程师具备丰富的经验和专业知识，以确保项目的成功实施。合同价格内的支付控制是项目法人聘请监理工程师的基本目的，而涉及合同价格变动的工程变更和一般索赔，只要是可以直接援引合同有关规定做出决定的，项目法人也会给监理工程师一定范围的授权。所以，合同内支付一般可由监理工程师自行处理。遇到与项目法人授权范围相关的问题时则视情况而定，有的需要把处理结果报送项目法人，有的需要与项目法人协商处理，有的则需经项目法人批准处理。工程款支付内容如下。

（一）工程预付款的支付与扣还

工程预付款是在项目施工合同签订后，由发包人按照合同约定，在正式开工前预先支付给承包人的一笔款项。其主要供承包人做施工准备用。工程预付款的额度一般为合同总价的15%左右，具体事宜由发包人与承包人在项目施工合同的专用合同条款中约定。发包人将在以后的月支付中按合同规定进行扣回。

（二）材料预付款的支付与扣还

材料预付款是发包人用于帮助承包人在施工初期购进将来成为永久工程组成部分的主要材料或设施的款项。材料预付款金额一般按合同规定以材料发票值的一定百分比，在当月的月进度款中支付，在以后的月支付中陆续扣回。

（三）质量保证金的扣留与退还

为了确保在施工过程中工程的一些缺陷能得到及时的修补，承包人违约造成的损失能获得及时赔偿，建设单位在月支付中按合同规定的百分比扣留一笔款项，这就是质量保证金，也称滞留金或滞付金。

三、监理人索赔控制

索赔处理的主要工作是对索赔历史资料的分析，以及依据法律、法规和合同文件对引起索赔事件的责任界定。索赔历史资料的完整是索赔得以合理处理的前提；熟悉有关的法律、法规和合同文件是索赔得以合理、公正处理的保证。正常情况下，监理机构在接到索赔意向通知后应着手进行索赔事件的调查和取证工作，依据法律、法规和合同文件审查和确定索赔是否成立，清晰划分引起索赔事件的责任，在与施工承包合同双方协商的基础上，科学、公正地确定对索赔事件的处理原则，签发索赔处理报告。

监理人对索赔要求的审查和公正处理，是施工阶段控制投资的一个重要方面，包括以下主要工作。

（一）审定索赔权

在工程施工过程中，承包人可能会因为各种原因提出索赔要求，这时监理人需要进行评审。在评审过程中，监理人需要首先审定承包人的索赔要求是否具有合同法律依据，即是否有该项索赔权。依据就是该工程项目的合同文件，因为合同文件是承包人和业主之间的法律约束力量，规定了双方的权利和义务。因此，监理人需要仔细研究合同文件，了解其中的条款和规定，以便判断承包人的索赔要求是否符合合同规定。

除了合同文件外，监理人还需要参照有关施工索赔的法规。这些法规包括《建设工程施工合同管理条例》《建设工程质量管理条例》等，这些法规对工程施工中的索赔要求和处理程序都有详细规定。监理人需要了解这些法规的内容，以便在评审承包人的索赔报告时能够准确判断其是否符合法规要求。

监理人在评审承包人的索赔报告时需要综合考虑合同文件和有关法规，判断承包人的索赔要求是否合理、合法。只有在确保承包人的索赔要求符合法律规定的情况下，才能给予承包人相应的赔偿。根据施工索赔的实践经验，在以下情况时，监理人可能否决承包人的索赔权：

（1）在施工索赔中，承包人的索赔要求必须符合法律规定，才能获得相应的赔偿。监理人在审核索赔要求时，会根据合同规定的期限和索赔通知书的要求来判断索赔是否合法。如果承包人没有在规定的期限内提出索赔通知书，监理人可能会限制其索赔要求。此外，监理人只会同意承包人用同期记录可证实的索赔金额。

（2）承包人在索赔报告中必须提供充分的事实和证据，并参照工程合同文件的具体条款来论证自己的索赔权。如果承包人提出的索赔理由不充分，监理人可能会否决该项索赔要求。此外，承包人在提出索赔要求前，应该仔细研究合同条款和相关法律法规，以确保自己的索赔要求合法有效。

（3）在施工承包合同中，凡是实施合同工程范围以外的工作时，都应由监理人下达工程变更指令。如果承包人在没有取得合法指令的情况下，完成了合同以外的工程，可能会失去完成这项额外工程的索赔权。因此，承包人在进行额外工程前，应该与监理人进行充分沟通，并取得合法指令，以确保自己的权益不受损失。

（二）事态调查和索赔报告分析

索赔是一项非常重要的法律程序，它需要基于事实进行。这意味着索赔报告中所描述的事实必须以实际现场情况和各种资料为证据。这些证据可以是照片、视频、文件、证人证言等。而且，这些证据必须经过仔细的审查和验证，以确保它们与索赔报告中所描述的事实相符合。

在索赔过程中，证据的重要性不言而喻。证据可以帮助双方确定索赔的合理性和可行性，以及索赔的金额。如果索赔报告中所描述的事实经过与所附证据相符合，那么索赔的成功率将大大提高。

然而，证据的收集和验证并不是一项容易完成的任务。它需要专业知识和经验，以确保证据的真实性和可靠性。此外，证据的收集和验证也需要花费一定的时间和精力，因为它们可能分散在不同的地方，需要调查和收集。

索赔是一项需要仔细考虑和精心准备的法律程序。在索赔过程中，事实基础和证据的

重要性不言而喻。只有通过仔细的审查和验证，才能确保索赔的成功和公正。

1.分析索赔事项

分析承包人索赔事项的目的是确保施工合同的公正执行，同时保护承包人的合法权益。在进行索赔事项分析时，需要从施工的实际情况出发，客观地分析发生的一系列变化对施工的影响，推断可能发生的状态。这样可以更加准确地判断承包人索赔要求的合理程度，避免因为误判而导致不必要的纠纷和损失。

在进行索赔事项分析时，需要考虑多个因素，包括施工合同的条款、工程变更的原因、变更对施工进度和质量的影响、承包人是否已经尽力避免或减少损失等。只有在全面考虑这些因素的基础上，才能做出公正、合理的判断。

此外，索赔事项分析还需要遵循一定的程序和规范，包括索赔申请的递交、证据的收集和审查、听证会的组织等。对这些程序和规范的遵循可以保证索赔事项分析的公正性和客观性，也可以为后续的纠纷解决提供有力的依据。

综上，对承包人索赔事项进行分析是一项复杂而重要的工作，需要全面考虑各种因素，遵循一定的程序和规范，以确保公正、合理地判断。即在因受到干扰而发生索赔事项的条件下，对承包人造成的可能损失款额或工期进行客观公正的评价。

在进行综合分析时，需要采用科学、客观、公正的方法，以确保计算出的经济损失或工期延误是在正常、公正的条件下所引起的。这需要对各种因素进行权衡和评估，以确定索赔的合理性和可行性。同时，还需要考虑索赔的影响范围和可能引起的后果，以及如何最大限度地减少索赔对工程进度和质量的影响。

在进行索赔事项可能状态的分析时，需要仔细地审查和分析承包人提出的索赔原因和论证资料。同时，还需要考虑索赔事项发生时的政治、经济、社会和物价等情况，以及其他可能影响索赔结果的因素。这些因素包括但不限于当地的法律法规、合同条款、工程进度、工程质量、人力资源、技术水平等。

在进行索赔事项可能状态的分析时，需要遵循一定的程序和规范，以确保分析结果的准确性和可靠性。程序包括但不限于收集和整理相关资料、制订分析方案、进行数据处理和统计分析、撰写分析报告，等等。同时，还需要与承包人和业主充分的沟通和协商，以达成双方都能接受的解决方案。

在进行索赔事项可能状态的分析时，需要综合考虑各种因素，采用科学、客观、公正的方法，遵循一定的程序和规范，以确保计算出的经济损失或工期延误是在正常、公正的条件下所引起的。这将有助于保障工程的顺利进行，维护双方的合法权益，促进工程建设的可持续发展。在进行可能状态分析时，还应注意以下问题，以排除不应列入索赔范围的因素。

（1）在引起索赔的原因中，排除属于承包人责任的因素。在工程承包过程中，成本

超支和工期延误是常见的问题。然而，如果这些问题是由承包人方面的原因引起的，那么这些成本超支和工期延误不应该被视为索赔范围内的问题。只有由于发包人方面的干扰、失误或违约导致了这些问题时，承包人才有权提出索赔。这是因为在工程承包中，承包人有责任确保工程按时按质完成，并且承担相应的风险和责任。因此，如果成本超支和工期延误是由承包人方面的原因引起的，那么承包人应该承担相应的责任和后果。

（2）在计算合同风险损失时，排除承包人应承担的风险。承包工程风险的分担原则，在工程项目合同条款中已有规定。

2.仔细分析索赔报告

监理人应对索赔报告仔细审核，包括合同根据、事实根据、证明材料、索赔计算、照片和图表等，在此基础上提出明确的意见或决定，正式通知承包人。一般主要包括以下方面：

（1）反驳承包人的不合理要求。

监理工程师在审核承包人的索赔报告时，首先要分析承包人是否具备提出此项索赔的权利。此项索赔的权利，即该索赔要求是否有合法的根据。如果该项索赔要求不符合工程项目合同文件的规定或工程属地的法律法规，则承包人无权要求索赔。对这类不合理的索赔要求，业主有权反驳和否决。

（2）肯定合理的索赔要求。

判断承包人的索赔要求是否合理，一方面是审核该项索赔是否有合同和法律依据，是否有承包人的责任；另一方面，承包人的索赔款额是否符合施工的实际情况。

当涉及承包人索赔款的计算时，往往会出现合同双方的分歧。此种情况下，最好的解决途径是双方严格按照合同条款的规定，本着协商解决的精神，共同讨论决定。在这个过程中，首先，双方需要充分考虑彼此的利益和需求，以求达成公正、合理的协议。其次，双方还需要注意保持沟通和透明度，确保所有的决策都是基于充分的信息和理解。最后，只有通过合作和理性的讨论，才能找到最佳解决方案，以满足双方的需求和利益。在讨论过程中，监理工程师有权要求承包人提供进一步的论证资料，证明其计算的正确性。

（三）协调讨论解决

监理人在上述工作基础上应通过不断地与发包人和承包人沟通、协商、讨论，及早澄清一些误解和不全面的结论，因为双方都有可能存在不完全理解的观点和看法，这样可以避免和减少今后出现更多的误解或引起争议。

监理人通过与发包人和承包人双方的积极联系和认真讨论，大多数情况下可以将索赔处理得使每一方都比较满意，各方一般情况下都愿意尽早地解决索赔和争议，以免进行既耗时又耗费资金的仲裁和诉讼。

第四节 合同管理

一、施工合同转让与分包管理

（一）合同转让

施工承包合同的转让，实质上就是指合同主体的变更，是权利和义务的转让，即合同当事人一方将合同的权利和义务全部或部分转让给第三者的法律行为，而不是合同的内容和客体发生变化。

施工承包合同经过招标投标，确定中标人，在相互信任的基础上经过谈判，合同双方达成一致，签订合同。事后，合同一方当事人将权利和义务全部或部分转让给第三者，合同另一方当事人出于对自己预期收益的考虑，对第三方履行合同的能力要慎重考虑，有可能信任，有可能不完全信任，因而合同转让只能在一定条件下依法进行。即当事人一方将合同的权利和义务全部或部分转让给第三者的，应当取得合同当事人另一方的同意。法律、法规规定由国家或主管机关批准后才能签订进而使合同成立的，当合同转让时，应当经原批准机关批准，但已批准的合同中另有约定的除外。

此外，施工承包合同的转让要以书面的法律文件为要件，以保障当事人的合法权益。一般包括两个法律文件：一是转让合同的一方当事人与受让的第三者签订的转让合同的协议；二是转让合同当事人的对方出具的同意转让合同的协议，也可以由合同当事人双方和受让的第三者共同签署一份转让合同的协议。

（二）合同分包

分包，在工程建设中是比较常见的现象。原则上讲，项目法人一般希望由他在长期的、复杂的招标工作基础上选择的合格承包商来完成工程建设任务。但实际上，适当的分包可以弥补承包商某些专业方面的局限或力量的不足，有利于保证工程质量和进度。但大量的分包，特别是一些因自身力量不足，想通过分包来获取利润的承包商或受到行政干预而进行的分包，由于分包商的素质良莠不齐，往往导致一些重大的技术、质量问题的发生，引起合同纠纷。因此，对分包加强管理和控制是很重要的。

分包应遵循合同约定或者经项目法人书面认可。禁止承包商将合同工程进行违法分包。分包商应具备与分包工程规模和标准相适应的资质和业绩，在人力、设备、资金等方面具有承担分包工程施工的能力，分包商应自行完成所承包的任务。同时，分包商应按专用合同条款的约定设立项目管理机构，管理分包工程的施工活动。

施工合同的分包有两种类型，即一般分包与指定分包。

二、施工合同变更管理

（一）变更的范围和内容

在履行合同过程中，监理工程师可根据工程的需要并按项目法人的授权，指示承包商进行各种类型的变更。除合同条款另有约定外，在履行合同中发生以下情形之一，都属于变更：

（1）取消合同中任何一项工作，但被取消的工作不能转由项目法人或其他人实施。此规定主要是为了防止项目法人在签订合同后擅自取消合同价格偏高的项目，转由项目法人自己或其他承包商实施而使本合同承包商蒙受损失。

（2）改变合同中任何一项工作的质量或其他特性。

（3）改变合同工程的基线、标高、位置或尺寸。

（4）改变合同中任何一项工作的施工时间或改变已批准的施工工艺或顺序。

（5）为完成工程需要追加的额外工作。额外工作是指合同中未包括而为了完成合同工程所须增加的新内容，如临时增加的防汛工程或施工场地内发生边坡塌滑时的治理工程等额外工作项目。这些额外的工作均应按变更项目处理。

（6）增加或减少专用合同条款中约定的关键项目工程量超过其工程总量的一定数量百分比。在此所指的超过专用合同条款约定的工程总量的一定数量百分比可在15%～20%，一般视具体工程酌定。

需要说明的是，监理工程师发布的变更指令内容必须在合同范围内。即要求变更不能引起工程性质有很大的变动，否则应重新订立合同。因为若合同性质发生很大的变动而仍要求承包商继续施工是不恰当的，除非合同双方都同意将其作为原合同的变更。所以，监理工程师无权发布不属于本合同范围内的工程变更指令，否则承包商可以拒绝。

（二）变更的程序

1.工程变更的提出

（1）项目法人或监理工程师提出变更。其中：

①在合同履行过程中，如果出现需要变更的情况，监理工程师可以向承包商发出变更

意向书。变更意向书需要详细说明变更的具体内容和项目法人对变更的时间要求，并且需要附上必要的图纸和相关资料。此外，变更意向书还应要求承包商提交实施方案，包括拟实施变更工作的计划、措施和竣工时间等内容。在承包商提交实施方案后，监理工程师需要审查和确认，确保实施方案符合相关要求。如果实施方案存在问题，监理工程师需要及时向承包商提出修改意见，并要求承包商重新提交。只有在实施方案得到监理工程师的确认后，承包商才能开始实施变更工作。项目法人同意承包商根据变更意向书要求提交的变更实施方案的，由监理工程师（只能由监理工程师）按合同约定发出变更指示。

②在合同履行过程中，发生合同约定的变更情形的，监理工程师应按照合同约定向承包商发出变更指示，并抄送项目法人。

③若承包商收到监理工程师的变更意向书后认为难以实施此项变更，应立即通知监理工程师，说明原因并附详细依据。

（2）当承包商在执行合同过程中发现需要变更时，应及时向监理工程师提出书面变更建议。变更建议应当详细阐明变更的依据，并附上必要的图纸和说明。监理工程师在收到承包商的书面建议后，应当与项目法人共同研究，确认是否存在变更的必要性。如果确认需要变更，监理工程师应当在收到承包商书面建议后的14天内作出变更指示。如果经过研究后不同意变更，监理工程师应当及时向承包商书面答复，并说明理由。在变更过程中，双方当保持沟通，及时解决问题，确保项目的顺利进行。

2.工程变更估价

监理工程师在工程建设过程中，需要对工程变更进行监督和管理。其中，承包商需要对工程变更进行估价，并提出相应的单价或价格，以便监理工程师审查。在审查过程中，监理工程师需要评估工程变更的合理性、可行性和安全性，并提出相应的建议和意见。一旦监理工程师审查通过，承包商需要向项目法人提交工程变更的价格，经过核批后方可实施。这一过程需要各方密切合作，确保工程变更的顺利实施，同时也需要注意工程变更对工程进度和质量的影响，以便及时采取相应的措施加以调整和管理。

3.工程变更指示发布与实施

监理工程师在审核工程变更设计文件、图纸以及项目法人批准确定的单价或价格后，需要向承包商下达工程变更指示。这个过程需要严格遵守相关规定，以确保工程变更的顺利实施。监理工程师需要对工程变更的具体情况进行全面评估，以便根据实际情况分两次下达工程变更指示。

第一次发布的变更指示主要是变更设计文件和图纸，这些变更需要及时通知承包商，以便他们能够继续工作。监理工程师需要确保变更指示的准确性和及时性，以免耽误施工进度。同时，监理工程师还需要监督和检查承包商的工作，以确保工程变更的质量和安全。

第二次发布的变更指示主要是项目法人核批后的工程变更单价和价格。这些变更需要得到项目法人的批准后才能下达指示。监理工程师需要仔细核对工程变更单价和价格，以确保其准确性和合理性。同时，监理工程师还需要与承包商沟通和协调，以确保工程变更的实施符合相关规定和标准。

监理工程师在工程变更过程中扮演着重要的角色，需要对工程变更的各个环节进行全面的监督和管理。只有这样，才能确保工程变更的顺利实施，保证工程的质量和安全。

工程变更指示必须是书面的指示。当监理工程师发出口头指令时，其后应在规定的时间内以书面加以证实。一旦发出变更指示，承包商必须予以执行。承包商对工程变更指示的内容，如单价不满意时，可以提出索赔要求，但必须按要求完成。

4.工程变更计量与支付

承包商在完成工程变更的工作内容后，按月支付的要求申请进行工程计量与支付。如发展成合同争端，则按相应的办法进行处置。

第五节　信息管理

一、监理工作信息流程

监理工作中的信息流常有以下几种。

（一）自上而下的信息流

自上而下的信息流是指信息源在上，接收信息者在下的信息传递方式。此种方式下，信息的流动是从主管单位、主管部门、业主及总监开始，逐级向下流动，最终传递到项目监理工程师、检查员，乃至工人班组。自上而下的信息流的特点是信息的传递是单向的，信息源在上，接收信息者是其下属，信息的传递是有序的、有层次的。

在自上而下的信息流中，信息的内容主要包括监理目标、工作条例、命令、办法及规定、业务指导意见等。这些信息对于下属来说非常重要，因为它们是完成工作的基础和保障。监理目标是指监理工作的目标和任务，工作条例是指监理工作的规范和标准，命令是指监理工作的具体指令，办法及规定是指监理工作的操作方法和规定，业务指导意见是指监理工作的指导和建议。

在自上而下的信息流中，信息的传递需要遵循一定的原则和方法。首先，信息的传递应该是及时的，确保信息的及时传递可以避免工作中的延误和错误。其次，信息的传递应该是准确的，确保信息的准确传递可以避免工作中的失误和错误。最后，信息的传递应该是清晰的，确保信息的清晰传递可以避免工作中的混淆和误解。

自上而下的信息流是重要的信息传递方式，它可以确保信息的有序传递和工作的顺利进行。在实际工作中，信息传递者应该遵循一定的原则和方法，确保信息的及时、准确和清晰传递。

（二）自下而上的信息流

自下而上的信息流是指信息从下级向上级（通常是逐级向上）流动的过程。自下而上的信息流通常涉及项目实施和监理工作中的各个方面，包括目标的完成量、进度、成本、质量、安全、消耗、效率以及监理人员的工作情况等。此外，上级部门所关注的意见和建议也是自下而上信息流的重要组成部分。

在项目实施和监理工作中，自下而上的信息流对于确保项目的顺利进行和监理工作的有效实施至关重要。通过自下而上的信息流，下级部门可以向上级部门汇报项目进展情况、存在的问题和需要解决的难题等，上级部门则可以及时了解项目的实际情况，并提供必要的支持和指导，以确保项目能够按时、按质、按量完成。

此外，自下而上的信息流还可以促进组织内部的沟通和协作。通过信息的充分共享和有效交流，不同部门之间可以更好地协调工作，避免重复劳动和资源浪费，提高工作效率和质量。

自下而上的信息流在项目实施和监理工作中具有重要的作用，它可以帮助组织及时了解项目的实际情况，并提供必要的支持和指导，促进组织内部的沟通和协作，从而确保项目的成功实施和监理工作的有效实施。

（三）横向间的信息流

在项目监理工作中，横向流动的信息是指同一层次的工作部门或工作人员之间相互提供和接收的信息。横向流动的信息的产生通常是由于分工不同，但为了共同的目标，各部门或人员之间需要相互协作、互通有无或相互补充。在特殊或紧急情况下，为了节省信息流动时间，横向提供信息也是必要的。

横向流动的信息在项目监理工作中具有重要的作用。首先，它可以促进各部门或人员之间的协作和沟通，确保项目的顺利进行。其次，它可以帮助各部门或人员更好地了解项目的整体情况，从而更好地完成自己的工作。此外，在特殊或紧急情况下，横向流动的信息可以帮助各部门或人员更快地做出决策和行动，从而有效地应对问题。

然而，横向流动的信息也存在一些问题。例如，信息的传递可能会出现误解或失真，导致工作出现偏差或错误。此外，信息的传递也可能会受到时间和空间的限制，从而影响工作的进展和效率。

在项目监理工作中，需要采取一些措施来优化横向流动的信息。例如，可以建立信息共享平台，让各部门或人员及时地获取和共享所需信息。此外，也可以加强沟通和协作，建立良好的工作关系，从而更好地实现信息的横向流动。

（四）以咨询机构为集散中心的信息流

咨询机构在项目决策中扮演着至关重要的角色。它不仅需要收集大量的信息，还需要对收集的信息加以分析和整合，以便为工作部门提供有关的专业、技术等问题的咨询服务。咨询机构的职责包括汇总信息、分析信息、分散信息，以帮助工作部门进行规划和任务检查。同时，咨询机构还需要向上级汇报工作进展情况，以便上级领导能够及时了解项目的进展情况。

为了确保咨询机构能够为项目决策做好充分准备，各工作部门需要积极向咨询机构提供有关信息。这些信息包括项目的进展情况、存在的问题、需要解决的难题等。通过向咨询机构提供这些信息，工作部门可以帮助咨询机构更好地了解项目的情况，从而为项目决策提供更加准确和全面的建议。

另外，咨询机构还需要与各工作部门保持密切的沟通和联系，以便及时了解项目的进展情况和存在的问题。通过与各工作部门的沟通和协作，咨询机构可以更好地了解项目的实际情况，从而为项目决策提供更加准确和全面的建议。

咨询机构在项目决策中扮演着至关重要的角色。通过收集、分析和整合信息，咨询机构可以为工作部门提供有关的专业、技术等问题的咨询服务，从而帮助工作部门进行规划和任务检查。同时，各工作部门也需要积极向咨询机构提供有关信息，以便咨询机构为项目决策做好充分准备。

（五）工程项目内部与外部环境之间的信息流

在工程项目中，信息交流是非常重要的一环。项目监理机构、项目法人、施工单位、设计单位、银行、质量监督主管部门、有关国家管理部门和业务部门都需要进行信息交流，以满足各自的监管和协作要求。然而，在实际工作中，自下而上的信息流通比较畅通，而自上而下的信息流通则往往存在一定的障碍——渠道不畅或流量不够。此种情况下，工程项目主管应当采取措施解决信息流通的障碍，发挥信息流应有的作用，特别是对横向间的信息流动及自上而下的信息流动，应给予足够的重视，增加流量，以利于合理决策，提高工作效率和经济效益。

为了实现信息流通的畅通，工程项目主管可以采取以下措施：

（1）建立信息交流平台。建立一个信息交流平台，将各个部门的信息整合在一起，方便各方获取所需信息，提高信息的流通效率。

（2）加强沟通。加强各部门之间的沟通，建立良好的合作关系，促进信息的共享和交流。

（3）提高信息的质量。提高信息的质量，确保信息的准确性和及时性，避免信息传递中的错误和偏差。

（4）加强信息的保密性。加强信息的保密性，确保敏感信息不被泄露，保护各方的利益。

（5）加强信息的监管。加强对信息的监管，确保信息的合法性和规范性，避免信息传递中的违规行为。

以上措施可以有效地解决信息流通的障碍，提高信息的流通效率，促进各方达成有效的合作和协作，提高工作效率和经济效益。

二、监理信息收集

监理工程师主要通过各种方式的记录来收集监理信息，这些记录统称为监理记录，是与工程项目建设监理相关的各种记录中资料的集合。通常可分为以下几类。

（一）现场记录

现场监理人员必须每天利用特定的表格或以日志的形式记录工地上所发生的事情。所有记录应始终保存在工地办公室内，供监理工程师及其他监理人员查阅。这类记录每月由专业监理工程师整理成书面资料上报监理工程师办公室。监理人员在现场遇到工程施工中不得不采取紧急措施而对承包商所发出的书面指令时，应尽快上报上一级监理组织，以征得其确认或修改指令。现场记录通常记录以下内容：

①现场监理人员对所监理工程范围内的机械、劳力的配备和使用情况做详细记录。例如承包人现场人员和设备的配备是否同计划所列的一致；工程质量和进度是否因某些职员或某种设备不足而受到影响，受到影响的程度如何；是否缺乏专业施工人员或专业施工设备，承包商有无替代方案；承包商施工机械完好率和使用率是否令人满意；维修车间及设施情况如何，是否存储有足够的备件等。

②记录气候及水文情况。例如记录每天的最高和最低气温、降雨和降雪量、风力、河流水位；记录有预报的雨、雪、台风及洪水到来之前对永久性或临时性工程所采取的保护措施；记录气候、水文的变化影响施工及造成损失的细节，如停工时间、救灾的措施和财产的损失等。

③记录承包商每天的工作范围、完成工程数量，以及开始和完成工作的时间，记录出现的技术问题，采取了怎样的措施处理，效果如何，能否达到技术规范的要求等。

④对工程施工中每步工序完成后的情况做简单描述，如此工序是否已被认可，对缺陷的补救措施或变更情况等做详细记录。监理人员在现场对隐蔽工程应特别注意记录。

⑤记录现场材料供应和储备情况。例如每一批材料的到达时间、来源、数量、质量、存储方式和材料的抽样检查情况等。

⑥对于一些必须在现场进行的试验，现场监理人员应记录并分类保存。

（二）会议记录

由监理人员主持的会议应由专人记录，并且形成纪要，由与会者签字确认，这些纪要将成为今后解决问题的重要依据。会议纪要应包括以下内容：会议地点及时间，出席者姓名、职务及他们所代表的单位，会议中发言者的姓名及主要内容，形成的决议，决议由何人及何时执行，未解决的问题及其原因。

（三）计量与支付记录

计量与支付记录包括所有计量及付款资料。应清楚地记录哪些工程进行过计量，哪些工程没有进行计量，哪些工程已经进行了支付，已同意或确定的费率和价格变更等。

（四）试验记录

除正常的试验报告外，试验室应由专人每天以日志形式记录试验室工作情况，包括对承包商的试验监督、数据分析等。记录内容如下。

1.日志记录试验室工作情况的重要性

除了正常的试验报告外，试验室还应该由专人每天以日志形式记录试验室工作情况。这些记录包括对承包商的试验监督、数据分析等。这些记录对于试验室的管理和运营非常重要，可以帮助管理人员更好地了解试验室的工作情况，及时发现问题并采取措施解决。

2.记录试验情况的内容

试验室日志记录的内容应该包括试验室所做的试验、监督承包商做的试验、试验结果等。这些记录应该简单明了，方便管理人员查看。同时，记录中还应该包括承包商试验人员的配备情况，包括数量和素质是否满足需要，是否需要增减或更换试验人员等。

3.承包商试验仪器设备配备情况的记录

试验室日志中还应该记录承包商试验仪器设备的配备情况，包括使用和调动情况。如果需要增加新设备，也应该在记录中提出建议。这些记录可以帮助管理人员更好地了解承

包商的试验能力和设备配备情况，及时发现问题并采取有效措施解决。

4.监督试验结果的记录

试验室日志中还应该记录监理试验室与承包商试验室所做同一试验的结果，以及是否存在重大差异。如果存在差异，还应该记录造成差异的原因。这些记录可以帮助管理人员更好地了解试验结果的准确性和可靠性，及时发现问题并采取措施解决。

（五）工程照片和录像

以下情况，可辅以工程照片和录像进行记录。

1.科学试验

重大试验，如桩的承载试验，板、梁的试验及科学研究试验等；新工艺、新材料的原型及为新工艺、新材料的采用所做的试验等。

2.工程质量

工程质量是衡量一个建筑项目成功与否的重要指标。在工程质量方面，工作人员需要拍摄能够体现高水平建筑物总体或分部的照片，这些照片应该能够展现出建筑物的宏伟、精致、美观等特色。同时，工作人员也需要拍摄工程质量较差的项目，指令承包商返工或需补强的工程的前后对比照片，以便更好地了解工程质量的问题所在。此外，工作人员还需要拍摄不同施工阶段的建筑物照片，以便更好地了解工程进展情况。最后，工作人员还需要拍摄不合格原材料的现场和清除出现场的照片，以便更好地了解工程质量的问题根源。

3.工程索赔和延期

工程索赔和延期是建筑项目中常见的问题，工作人员需要拍摄能证明或反映未来会引起索赔或工程延期的特征照片或录像，以便更好地向上级反映即将引起影响工程进展的情况。这些照片或录像可以包括工程进度滞后、工程质量问题、材料供应问题等。

4.工程试验和试验室

工程试验和试验室操作及设备情况也是建筑项目中需要关注的重要方面。工作人员需要拍摄工程试验的照片或录像，以便更好地了解工程试验的情况。同时，工作人员还需要拍摄试验室操作及设备情况的照片或录像，以便更好地了解试验室的运行情况。

5.隐蔽工程

隐蔽工程是指在建筑内部或地下的工程，如基础工程、管道渗漏等。工作人员需要拍摄被覆盖前的基础工程照片，以便更好地了解基础工程的情况。同时，工作人员还需要拍摄重要项目钢筋绑扎、管道渗漏的典型照片，以便更好地了解隐蔽工程的情况。此外，工作人员还需要拍摄混凝土桩的桩头开花及桩顶混凝土的表面特征情况的照片，以便更好地了解混凝土桩的质量情况。

6.工程事故

工程事故是建筑项目中不可避免的问题，工作人员需要拍摄工程事故处理现场及处理事故状况的照片或录像，以便更好地了解事故的详细情况。同时，工作人员还需要拍摄工程事故及其处理和补强工艺的照片或录像，以便更好地了解事故的处理情况。这些照片或录像能够证实工程质量得到保障。

7.监理工作

监理工作是建筑项目中非常重要的一环，工作人员需要拍摄重要工序的旁站监督和验收的照片或录像，以便更好地了解监理工作的情况。同时，工作人员还需要拍摄现场监理工作实况的照片或录像，以便更好地了解监理工作的进展情况。此外，工作人员还需要拍摄参与的工地会议，参与承包商的业务讨论会，班前、工后会议的照片或录像，以便更好地了解监理工作的具体情况。最后，工作人员还需要拍摄被承包商采纳的建议，证明确有经济效益及提高了施工质量的实物，以便更好地了解监理工作的成效。拍照时，要采用专门登记本标明序号、拍摄时间、拍摄内容、拍摄人员等。

（六）项目法人提供的信息

作为工程项目建设的出资者，项目法人在施工过程中扮演着重要的角色。他们需要按照合同文件规定提供相应的条件，并时常地表达对工程各方面的意见和看法，通过项目管理者下达某些指令。因此，监理机构应该及时收集项目法人提供的信息，以便更好地监督和管理工程项目。

在一些项目中，甲方对钢材、水泥、砂石等材料在施工过程中以某一价格提供给施工单位使用。项目法人应及时将这些材料在各个阶段提供的数量、材质证明、试验资料、运输距离等情况告诉有关单位。监理机构应及时收集这些信息，以便更好地监督和管理工程项目。

此外，项目法人在建设过程中对进度、质量、投资、合同等方面的意见和看法也非常重要。监理机构应及时收集这些信息，以便更好地监督和管理工程项目。通过及时收集项目法人提供的信息，监理机构可以更好地了解工程项目的进展情况，及时发现问题并采取措施加以解决，确保工程项目的顺利进行。

（七）施工单位提供的信息

在施工过程中，施工单位和监理机构需要收集和掌握现场发生的各种情况，这些情况往往包含了大量的信息。施工单位需要了解工程进度、质量、安全等方面的情况，以便及时采取措施，保证工程的顺利进行。监理机构需要对施工单位的工作进行监督和检查，确保施工单位按照合同要求进行施工，并及时发现和处理问题。

为了保证施工单位和监理机构能够及时掌握现场情况，施工单位需要向有关单位发出各种文件，传达一定的内容。这些文件包括施工组织设计、各种计划、单项工程施工措施、月支付申请表、工程项目自检报告、质量问题报告、有关问题的意见等。这些文件的发出可以帮助施工单位和监理机构更好地了解工程的进展情况，及时发现和解决问题。

监理机构在现场监理中也需要全面系统地收集这些资料，以便对施工单位的工作进行监督和检查。监理机构需要审核和评估施工单位提交的各种文件，确保施工单位按照合同要求施工，并及时发现和处理问题。监理机构还需要对施工单位的工作进行现场检查，以便及时发现和解决问题。

施工单位和监理机构需要密切合作，共同收集和掌握现场情况，及时发现和解决问题，保证工程的顺利进行。

三、监理信息的处理

为了确保监理信息的有效性，必须遵循及时、准确、适用和经济的原则进行处理。这意味着监理信息必须能够快速传递，反映实际情况，符合实际需要，并且处理成本要尽可能低。为了实现这些目标，监理人员需要采用先进的技术和工具来收集、分析和处理信息。此外，监理人员还需要与其他项目参与者密切合作，以确保信息的准确性和适用性。最后，监理人员还需要不断改进信息处理方法，以提高效率和降低成本，从而更好地服务于项目。

水利工程建设监理信息的处理主要有以下几个程序。

（一）监理信息的加工

监理信息的加工是信息处理的基本内容，是指对监理工程中所涉及的各种信息进行分类、排序、计算、比较、选择等方面的工作。这些工作需要按照监理任务的要求，通过一定形式的加工，为监理工程师提供有用的信息。监理信息的加工是一个非常重要的过程，它可以帮助监理工程师更好地了解工程的进展情况，及时发现问题并采取措施加以解决。

在监理信息的加工过程中，需要对原始数据进行处理，包括数据的清洗、去重、归一化等。同时，还需要分析和挖掘数据，以发现其中的规律和趋势。这些工作需要借助各种信息处理工具和技术，如数据挖掘、机器学习、人工智能等。

（二）监理信息的储存

监理信息储存是将信息保存起来以备将来使用。对有价值的原始资料、数据及经过加工整理的信息，要注意长期积累以备查阅。信息储存的方式主要有纸张、胶卷和计算机存储器（或磁盘）。

在监理信息的储存过程中，需要对信息进行进行分类和归档，便于查找和使用。同时，还需要对信息进行备份和保护，以防止信息丢失和泄露。这些工作需要借助各种信息管理工具和技术来完成，如文档管理系统、备份和恢复系统等。

（三）监理信息的检索

无论是存入档案库还是存入计算机存储器的信息、资料，为了查找方便，在入库前都要拟定一套科学的查找方法和途径，这就是信息的检索。做好编目分类工作，健全检索系统，可以使报表、文件、资料、档案等既保存完好，又查找方便，使信息得以高效利用。

在监理信息的检索过程中，需要对信息进行分类和编目，以便查找和使用。同时，还需要对信息进行索引和标记，以便快速定位和检索。这些工作需要借助各种信息管理工具和技术，如搜索引擎、标签管理系统等。

（四）监理信息的传递

信息的传递是借助一定的载体（如纸张、软盘、磁带等），使信息在监理工作的各部门、各单位之间传递。通过传递，形成各种信息流。畅通的信息流，将利用报表、图表、文字、记录、电讯、各种收发、会议、审批及电子计算机等传递手段，不断地将监理信息输送到监理工程师手中，成为监理工作的重要依据。

在监理信息的传递过程中，需要借助各种信息传递工具和技术，如邮件、即时通信、视频会议等。同时，还需要对信息进行加密和安全传输，以保护信息的机密性和完整性。

（五）监理信息的输出

信息管理的目的是更好地使用信息，为科学管理、决策提供服务。处理好的信息，就是按照需要和要求编印成的各类报表和文件，以供监理工作使用。

在监理信息的输出过程中，需要对信息进行整理和排版，以便阅读和使用。同时，还需要分发和共享信息，以便各个部门和单位共同使用。这些工作需要借助各种信息管理工具和技术达成，如报表生成系统、文档共享系统等。

第六节　施工安全与环境保护管理

一、施工安全管理

（一）监理单位的安全生产责任

在工程建设中，监理单位和监理人员扮演着关键角色，他们负责监督和监管工作，并确保遵守法律、法规和工程建设的强制性标准。特别是在水利工程建设中，他们还要承担安全生产的责任。监理单位在履行监理职责时，应仔细审查施工组织设计中的安全技术措施或专项施工方案是否符合工程建设的标准。一旦发现存在安全隐患，监理单位应要求施工单位及时整改，对于严重情况，还应要求施工单位暂停施工，并及时向水行政主管部门、流域管理机构或相关安全生产监督机构和项目法人报告。

（1）作为公正的第三方，监理单位承担着监督建设单位的责任，并需遵守国家法律、法规和建设工程监理规范。监理单位必须践行安全生产方针政策，敦促施工单位遵守施工安全生产的法律、法规和标准，全面实施各项安全技术措施，有效预防各类安全隐患，控制和减少伤亡事故的发生，以实现安全生产目标。

（2）监理单位在工程建设中对施工安全负有重要责任，主要体现在审查施工组织设计中的安全技术措施或专项施工方案是否符合工程建设的强制性标准。施工组织设计是一份综合性的技术经济文件，规划和指导工程施工全过程。它对整个项目工程有着极大的作用，所以在设计时既要符合工程建设客观规律，又要体现出建设工程的设计要求和使用需求。监理单位需要审查这些技术措施和专项施工方案，重点检查是否符合工程建设的标准。针对基坑支护与降水工程、土方开挖工程、模板工程、起重吊装工程、脚手架工程以及拆除、爆破工程等危险性较大的分部分项工程，还需要编制专项施工方案。监理单位应重点审查这些方案是否符合标准，对于不符合标准的方案，应要求施工单位完善补充。

（二）建设工程安全生产监督管理

确保建设工程安全生产是一项重要的任务，直接关系到广大民众的福祉和社会的稳定。为了坚绝且有效地保护人民群众的生命和财产安全，国家应采取更加坚决有力的措

施，加强对建设工程安全生产的监督管理。作为公共事务的监管者，政府应采用多样化的监督管理方法，包括严格的事前监督和强有力的事后监督，以及行政手段、法律手段和经济手段等多元化的监管手段。在我国当前阶段，为了确保政府的监督管理形式与经济社会发展需要相适应，应主要运用经济和法律手段，通过事后监督来实现监管目标。政府的监督管理旨在营造健康有序的市场环境，充分发挥市场主体的创造性和积极性。政府应采取多种手段加强对建设工程安全生产的监督管理，以激发市场主体的积极性和创造性，确保建设工程的安全生产。

二、环境保护

（一）环境保护责任

在施工过程中，承包人肩负着严格遵守国家以及地方有关环境保护法规、规章以及施工合同中相关规定的重要责任。如果承包人违反上述法规、规章和合同规定，导致环境破坏、人员伤害和财产损失，应该承担所有责任。

（二）采取合理的措施保护环境

（1）为确保施工过程中废弃物处理的安全和环保，承包人必须严格遵循施工组织设计，制订详细的废弃物处理方案，包括选择合适的堆放地点、采取防渗漏措施、分类处理废弃物等。通过有序地堆放和合理利用废弃物，可以避免对河道防洪标准、其他承包人正常施工以及下游居民的安全产生不良影响。

（2）承包人在施工过程中必须按照合同规定采取适当的措施进行边坡支护和排水。包括安装和维护边坡支护结构，采取防渗排水措施，以防止施工引起的水土流失问题。

（3）承包人在施工过程中应特别注意保护饮用水源的安全和纯净，必须采取一系列有效的措施，如设置隔离带、覆盖、使用环保材料等，以防止施工活动对饮用水源造成污染。

（4）承包人应根据合同技术规范的要求，通过采用先进设备和技术，加强对噪声、粉尘和废气的控制和治理，努力降低噪声水平，控制粉尘浓度，并对废弃、废水和废油进行排放和治理。

（5）承包人应确保施工区域、生活区域及周围环境的卫生状况保持良好，及时清理施工废弃物并将其运送到指定地点，以确保通道的畅通，不得造成阻碍和堵塞。

（三）监理机构在环境保护控制上的主要工作

（1）在工程项目开工之前，监理机构有责任督促承包人遵守施工合同的规定，确保

承包人在施工前充分考虑环境管理和保护措施，并制订详细的施工环境管理和保护方案，同时检查和核查实施情况。

（2）在承包人施工过程中，监理机构应严格监督，以免对施工区域内的植物、建筑物等造成破坏和损害，确保施工区域安全完整。

（3）监理机构要求承包人在施工期间对挖掘边坡采取有效措施，减少植被损害，并及时修复受损植被。

（4）监理机构督促承包人遵守弃渣规划，有序处理和利用废渣，防止随意弃渣后对环境造成污染，并监督检查弃渣情况。

（5）监理机构严格监督承包人执行相关规定，管理和控制噪声、粉尘、废气、废水、废油，并确保按照合同规定有效处理。

（6）监理机构督促承包人维护施工区和生活区环境卫生，清除废弃物和垃圾，有序放置现场材料和设备，以保证施工顺利进行。

（7）监理机构严格监督承包人拆除施工临时设施，彻底清理场地，确保环境恢复、工作顺利进行，并确保承包人按合同约定妥善处理各类拆除和清理工作，使场地恢复原状。

第七节　组织协调

工程监理目标的实现，需要监理工程师有较强的专业知识和对监理程序的充分理解，还有一个重要方面就是要有较强的组织协调能力。进行组织协调，使影响项目监理目标实现的各个方面处于统一体中，使项目系统结构均衡，使监理工作实施和运行过程顺利。

一、组织协调的概念

协调管理是指组织在运行过程的各阶段、各环节在品种、数量、进度和投入产出等方面都协调配合，紧密衔接，贯穿在整个项目中。

项目系统由多个相互联系且相互制约的要素有组织地组成，具有特定的功能和目标。组织系统的各要素则构成了项目系统的子系统，项目系统可以看作由人员、物质、信息等组成的人为组织系统。通过系统方法对项目协调的一般原理进行分析，可将项目协调之间

的关系归纳为三大类，即“人员/人员界面”“系统/系统界面”“系统/环境界面”。

项目组织是以实施某一个项目为目的，按照一定的形式组建起来的机构。多人工作会因为性格、能力、习惯、思维的差异而引发矛盾，就算两个有着多年合作经历的伙伴，在某些方面也存在着矛盾或危机。“人员/人员界面”就是指人与人之间的不可调和的间隔。

项目系统是由若干个项目组组成的完整体系，可以说项目组像一个和人一样的子系统。这些子系统的运作方式不同、目标不同，所以容易产生各不相谋和互相踢皮球的现象。“系统/系统界面”就是指子系统和子系统之间的间隔。

作为典型的开放系统，项目系统具有环境适应性，能够主动地获取来自外部世界的能量、物质和信息，在获取过程中难免会遇到障碍和阻力。系统与环境之间的差异即“系统/环境界面”。

工程项目协调管理是指在“人员/人员界面”“系统/系统界面”“系统/环境界面”之间，对各项工作进行整体协调和管理的过程。它涉及多个方面，包括计划制订、资源调配、进度控制、沟通协调、问题解决等。其目标是确保项目按时、按质、按成本完成，同时保持良好的团队合作和客户满意度。要对复杂的工程项目进行全面的规划、组织、实施和控制，就必须强调系统方法。只有重视协调管理，发挥系统整体功能，才能顺利实现工程项目建设系统目标。组织协调是工程项目监理中最核心的关键，只有做好积极的组织协调，整个系统才能全面协调，才能保证项目各方面围绕项目开展工作，使得项目目标顺利实现。

二、组织协调的方法

监理工程师的工作范围广泛，组织协调工作受到主观和客观因素的较大影响。因此，监理工程师需要具备广泛的知识面和强大的工作能力，以便能够灵活应对各种情况，并根据实际情况采取适宜的措施解决问题，从而确保监理工作的顺利进行。协调组织的方法主要包括以下内容。

（一）首次工地会议

项目首次工地会议由监理总工程师主持，项目业主代表、承包商授权代表必须参加会议。同时，工程项目中的主要职务负责人和高级管理人员也应该出席会议。首次工地会议的重要性不言而喻，它是项目启动前的一次重要宣传和通报会。在会议中，监理总工程师会详细介绍监理规划、监理程序、人员分工以及项目业主、承包商和监理单位之间的三方关系等要点。以下是具体的任务安排。

1.介绍各方人员及组织机构

（1）各方通报自己单位的正式名称、地址、通信方式。

（2）项目法人或项目法人代表介绍项目法人的办事机构、职责，主要人员名单，并就有关办公事项做出说明。

（3）总监理工程师宣布其授权的代表的职权，并将授权的有关文件交承包商与项目法人，宣布监理机构、主要人员及职责范围，组织机构框图、职责范围及全体人员名单，并交项目法人与承包商。

（4）承包商应书面提出现场代表授权书、主要人员名单、职能机构框图、职责范围及有关人员的资质材料，以获得监理工程师的批准。

2.宣布承包商的进度计划

中标后，承包商应按合同规定的时限向监理工程师提交进度计划。在首次工地会议上，监理工程师将对进度计划进行说明，包括以下方面：

（1）进度计划的批准时间：监理工程师将明确进度计划的批准时间，并说明哪些分项工程已经获得批准。这有助于承包商了解自己的工作安排和进度控制。

（2）工程施工的开始时间：根据已批准或即将批准的进度计划，监理工程师将指明承包商可以开始进行哪些工程施工。这有助于确保工程按计划有序进行。

（3）需补充详细进度计划的重要分项工程：监理工程师将明确哪些重要或复杂的分项工程需要补充详细的进度计划。这是为了确保对关键工程有更准确的时间安排和进度管控。

3.检查承包商的开工准备

（1）主要人员是否进场，并提交进场人员名单。

（2）用于工程的材料、机械、仪器和其他设施是否进场或何时进场，并提交清单。

（3）施工场地、临时工程建设进展情况。

（4）工地实验室及设备是否安装就绪，并提交试验人员名单及设备清单。

（5）施工测量的基础资料是否复核。

（6）履约保证金及各种保险是否已办理完毕，并应提交已办手续的副本。

（7）为监理工程师提供的各种设施是否具备，并应提交清单。

（8）检查其他与开工条件有关的内容及事项。

（二）工地例会

在项目实施期间应定期召开工地例会，由监理工程师主持，参会人员包括监理工程师代表、相关监理人员、承包商的授权代表及相关人员、项目法人或代表及相关人员。工地例会的召开时间根据工程进展情况安排，通常包括旬会、半月会和月度会等形式。工地例会在工程监理中扮演着重要角色，许多信息和决策都在会议上产生并确定，大部分协调工

作也在此进行。

工地会议的决策在效力上与其他指令性文件相当，因此工地例会的会议纪要具有重要的地位。会议纪要作为监理工作指令文件之一，必须保持真实准确的记录。当会议上对某些问题存在异议时，监理工程师应坚持公正立场并做出决策。然而，在处理一些复杂的技术问题或难度较大的情况时，工地例会可能无法当场进行深入讨论，所以此时监理工程师可以在此基础上做出决定，安排专题会议开始详细研究，以更全面地解决这些问题。总之，会议纪要在确保信息真实性的同时，对于指导工程项目的顺利进行发挥着至关重要的作用。

工地例会一般按照标准的议程进行，主要内容包括对进度、质量和投资执行情况的全面检查，信息交流，并提出处理意见和今后工作的措施。此外，还会讨论延期、索赔及其他事项。定期召开工地例会，按照议程内容进行讨论，能够全面检查工程的进展情况，及时交流信息，并提出处理建议和改进措施。因此，开好工地例会是工程监理工作中的一项重要任务。

（三）专题现场协调会

针对工程中的一些重要问题和不适合在工地例会上解决的问题，可以召开现场协调会议，该会议需要相关人员参加。现场协调会议的目的是就设计交底、施工方案或施工组织设计审查、材料供应、复杂技术问题的研讨、重大工程质量事故的分析和处理、工程延期、费用索赔等进行协调，提出解决办法，并要求及时实施到位。

一般来说，专题会议由总监理工程师提议或承包商提出后，再由总监理工程师最终定夺。人员在参与专题会议时由会议的内容决定。项目法人、承包商和监理单位等有关人员不仅可以参加，还可邀请设计人员和有关部门的人员参与。

专题会议研究的问题具有重大性和复杂性，因此在会议之前需要与相关单位一起充分准备，包括调查和收集资料，以便详细介绍情况。为了保证协调会达到更好的共识，避免会议上出现冲突或者僵局的情况，又或者为了更快地达成一致，有时可以提前将议程打印并分发给与会人员，还可以与一些主要人员就议程预先商议，这样才能让与会人员在有限的时间内充分研究并得出结论。在会议过程中，主持人应具备掌控会议局势的能力，防止非正常干扰现象阻碍会议的正常秩序。主持人应善于发现和抓住有价值的问题，鼓励大家集思广益，提供补充的解决方案。通过有效的沟通和协调，应力求达成共识，使会议富有成效。针对专题会议，应当做好会议记录及会议纪要，以及监理工程师发布的相关指令文件的附件，或者用于存档备查的文件。

（四）监理文件

监理工程师组织协调的方法不仅限于上述提到的会议制度，还可以通过一系列书面文件来实现。监理书面文件的形式可以根据具体的工程情况和监理要求制定。这些书面文件扮演着重要的角色，用于明确和记录各方之间的协调事项和解决方案。

第八章 水利工程项目施工管理

第一节 工程项目进度管理与控制

一、项目进度管理方法

（一）项目进度管理的几个相关概念

1.制定项目任务

每一个项目都由许多任务组成。用户在进行项目时间管理前，必须首先定义项目任务，合理地安排各项任务对一个项目来说是至关重要的。定义企业项目任务及设置企业项目中各项任务信息，包括设置任务工作的结构、限制条件范围信息、任务分解、模板、任务清单和详细依据等，创建一个任务列表是合理安排各项任务不可缺少的。

2.任务历时估计

任务通常按尽可能早的时间进行排定，在项目开始后，只要后面列出的因素允许，它将尽可能早地开始，如果是按一个固定的结束并以早期排定，则任务将尽可能晚地排定即尽可能地靠近固定结束日期，系统默认的方法是按尽可能早的时间排定。任务之间的关系有很多种，例如链接关系表明一项任务在另一项任务完成后立即开始，这些链接称作任务相关性，Microsoft Project自动决定依赖其他任务日期的任务的开始和完成时间。

3.任务里程碑

里程碑是一种用于识别日程安排中重要文件的任务，用户在进行任务管理时，可以通过将某些关键性任务设置成里程碑，以此来标记被管理项目取得的关键性进展。

（二）进度计划的表示方法

1.横道图进度计划

横道图进度计划法是传统的进度计划方法。横道图计划表中的进度线（横线）与时间坐标相对应，这种表达方式较直观，易看懂计划编制的意图。

它的纵坐标根据项目实施过程中的先后顺序自上而下排列任务的名称以及编号，为了方便计划的核查使用，在纵坐标上可同时注明各个任务的工作计划量等。图中的横道线代表各个任务的工作开展情况、持续时间，以及开始与结束的日期等，一目了然。它是一种图和表的结合形式，在工程中被广泛使用。

当然，横道图进度计划法也存在一些缺点：工作之间的逻辑关系可以设法表达，但不易表达清楚；仅适合于手工编制计划，不方便；没有通过严谨的时间参数计算，不能确定计划的关键工作、关键路线与时差；计划调整只能用手工方式进行，其工作量大，难以适应大的进度计划系统。

2.网络计划技术

网络图是指由箭线和节点组成的，用来表示工作流程的有向、有序网络图形。这种利用网络图的形式来表达各项工作的相互制约和相互依赖关系，并标注时间参数，用以编制计划，控制进度，优化管理的方法统称为网络计划技术。

（1）我国《工程网络计划技术规程》推荐的常用的工程网络计划类型如下：

①双代号网络计划——以箭线及其两端节点的编号表示工作的网络图。工作之间的逻辑关系包括工艺关系和组织关系。关键线路法是计划中工作与工作之间逻辑关系肯定，且每项工作估计一定的持续的时间的网络计划技术。

②双代号时标网络计划——以时间坐标为尺度编制的双代号网络计划。

③单代号网络图——以节点及其编号表示工作，以箭线表示工作之间逻辑关系的网络图。工作之间的逻辑关系和双代号网络图一样，都应正确反映工艺关系和组织关系。

④单代号搭接网络计划——指前后工作之间有多种逻辑关系的肯定型（工作持续时间确定）单代号网络计划。

（2）总的来说，网络计划技术是目前较为理想的进度计划和控制方法。与横道图相比，它有不少优点：

①网络计划技术把计划中各个工作的逻辑关系表达得相当清楚，这实质上表示项目工程活动的全流程，网络图就相当于一个工作流程图。

②通过网络分析，它能够给本项目组织者提供丰富的信息或时间参数等。

③能十分清晰地判断关键工作，这一点对于工程计划的调整和实施中的控制来说非常

重要。

④能很方便地进行工期、成本和资源的最优化调整。

⑤网络计划方法具有普遍的适用性，特别是对复杂的大型工程项目更能显现出它的优越性。对于复杂点的网络计划，网络图的绘制、分析、优化和使用都可以借助计算机软件来完成。

在施工中，一般这两种方式均可采用。在编制施工组织设计时，多采用网络图编制整个工程的施工进度计划；在施工现场，多采用横道图编制分部分项工程施工进度计划。

二、项目进度控制方法

（一）项目进度控制的基本作用和原理

1.进度控制的基本作用

（1）能够有效地缩短工程项目建设周期。

（2）落实承建单位的各项施工规划，保障施工项目的成本、进度及质量目标的顺利完成。

（3）为防止或提出项目施工索赔提供依据。

（4）能减少不同部门和单位之间的相互干扰。

工程项目进度控制的任务主要包括两个方面：一方面，业主方进度控制的主要任务是，控制整个项目实施阶段的进度，以及项目启动用之前准备阶段工作的进度；另一方面，施工方进度控制的任务是，依据施工任务承包合同对施工进度的要求对施工进度进行控制。

2.项目进度控制的基本原理

工程项目进度控制的一般原理有：

（1）系统控制原理

①项目施工进度计划系统包括施工项目总进度计划、单位工程的施工度计划，分部分项工程进度计划、月施工作业计划。这些项目施工进度计划由粗到细，编制时应当从总体计划到局部计划，逐层按目标计划进行控制，用以保证计划目标的实现。

②项目施工进度实施系统包括施工项目经理部和有关生产要素管理职能部门，这些部门都要按照施工进度规定的施工要求严格管理，落实各自的任务，从而形成严密的施工进度实施系统，用以保证施工进度按计划实现。

（2）动态控制原理

项目施工进度控制是一个不断进行的动态控制，也是一个循环进行的过程，实际进度与计划进度两者经常会出现超前或延后的偏差。因此，要分析偏差的原因并采取措施加以调整，施工进度计划控制就是采用动态循环的控制原理进行的。

（3）信息反馈原理

信息反馈是项目施工进度控制的依据，要做好项目施工进度控制的协调工作就必须加强施工进度的信息反馈，当项目施工进度出现偏差时，相应的信息就应当反馈到项目进度控制的主体。然后由该主体进行比较分析并做出纠正偏差的反应，使项目施工进度仍朝着计划的目标进行并达到预期效果。这样就使项目施工进度计划执行、检查和调控过程成为信息反馈控制的实施过程。

（4）弹性控制原理

项目施工进度控制涉及因素较多、变化较大且持续时间长，因此不可能十分精确地预测未来或做出绝对准确的项目施工进度安排，也不能期望项目施工进度会完全按照规划日程得以实现；因此在确定项目施工进度目标时必须留有余地，使得进度目标具有弹性，使项目施工进度控制具有较强的应变能力。

（5）循环控制原理

项目施工进度控制包括项目施工进度计划的实施、检查、比较分析和调整四个过程，这实质上构成一个循环控制系统。

（二）进度控制的主要方法及措施

1.进度控制的主要方法

工程项目进度控制的主要工作环节首先是确定（确认）总进度目标和各进度控制子目标，并编制进度计划；其次在工程项目实施的全过程中，分阶段进行实际进度与计划进度的比较，出现偏差则及时采取措施予以调整，并编制新计划；最后是协调工程项目各参加单位、部门和工作队之间的工作节奏与进度关系。简单说，进度控制就是规划（计划）、检查与调整、协调这样一个循环的过程，直到项目活动全部结束。

2.工程项目进度的控制措施

工程项目进度控制采取的主要措施有组织措施、管理措施、经济措施、技术措施等。

（1）组织措施

组织是目标能否实现的决定性因素，为实现项目的进度目标，应充分重视项目管理的组织体系。

①落实工程项目中各层次进度目标的管理部门及责任人。

②进度控制主要工作任务和相应的管理职能应在项目管理组织设计分工表和管理职能分工表中标示并落实。

③应编制项目进度控制的工作流程，如确定项目进度计划系统的组成；各类进度计划

的编制程序、审批程序、计划调整程序等。

④进度控制工作往往包括大量的组织和协调工作，而会议是组织和协调的重要手段，应进行有关进度控制会议的组织设计，以明确会议的类型；各类会议的主持人及参加单位和人员；各类会议的召开时间（时机）；各类会议文件的整理、分发和确认等。

（2）管理措施

建设工程项目进度控制的管理措施涉及管理的思想、管理的方法、管理的手段、承发包模式，合同管理和风险管理等。在各方面、各部门方向协调一致的前提下，科学和严谨的管理显得十分重要。

①在管理观念方面下述问题比较突出。一是缺乏进度计划系统的观念，分别编制各种独立而互不联系的计划，形成不了系统；二是缺乏动态控制的观念，只重视计划的编制，而不重视计划执行中的及时调整；三是缺乏进度计划多方案比较和择优的观念，合理的进度计划应体现资源的合理使用，空间（工作面）的合理安排，有利于提高建设工程质量，有利于文明施工和缩短建设周期。

②工程网络计划的方法有利于实现进度控制的科学化。用工程网络计划的方法编制进度计划应仔细严谨地分析和考虑工作之间的逻辑关系，通过工程网络的计划可发现关键工作和关键线路，也可以知道非关键工作及时差。

③承发包模式的选择直接关系到工程实施的组织和协调。应选择合理的合同结构，以避免合同界面过多而对工程的进展产生负面影响。工程物资的采购模式对进度也有直接影响，对此应做分析比较。

④应该分析影响工程进度的风险，并在此基础上制定风险措施，以减少进度失控的风险量。

⑤重视信息技术（包括各种应用软件、互联网以及数据处理设备等）在进度控制中的应用。信息技术应用是一种先进的管理手段，有利于提高进度信息处理的速度和准确性，有利于增加进度信息的透明度，有利于促进相互间的信息统一与协调工作。

（3）经济措施

建设工程项目进度控制的经济措施涉及资金需求计划、资金供应的条件及经济激励措施等。

①应编制与进度计划相适应的各种资源（劳力、材料、机械设备和资金等）需求计划，以反映工程实施的各时段所需的资源。进度计划确定在先，资源需求量计划编制在后，其中，资金需求量计划非常重要，同时它也是工程融资的重要依据。

②资金供应条件包括可能的资金总供应量、资金来源以及资金供应的时间。

③在工程预算中应考虑加快工程进度所需要的资金，其中应包括为实现进度目标将要采取的经济激励措施所需要的费用。

（4）技术措施

建设工程项目进度控制的技术措施涉及对实现进度目标有利的设计技术和施工方案。

①不同的设计理念、设计技术路线、设计方案会对工程进度产生不同的影响。在设计工作的前期，特别是在设计方案评审和择优选用时，应对设计技术与工程进度尤其是施工进度的关系做分析比较。在工程进度受阻时，应分析是否存在设计技术的影响因素，以及为实现进度目标有无设计变更的可能性。

②施工方案对工程进度有直接的影响。在选择施工方案时，不仅应分析技术的先进性与合理性，还应考虑其对进度的影响。在工程进度受阻时，应分析是否存在施工技术的影响因素，以及为实现进度目标有无变更施工技术、施工流向、施工机械和施工顺序的可能性。

（三）项目进度管理的基础工作

为了保障工程项目进度的有序进行，进度管理的基础工作必须全部做到位。

资源配备。施工进度的实施的成功取决于人力资源的合理配置、动力资源的合理配置；设备和半成品供应、施工机械配备、环境条件要求、施工方法的及时跟踪等应当与施工计划同时进行、同时审核，这样才能使施工进度计划有序进行，是项目按时完成的保障。

技术信息系统。信息收集和管理工作，利用现代科技，实时关注工程进度，并将其搜集整理，系统地分析与整个工程施工的关系，及时调整实施细节，高效快速地完成工作。

统计工作。工程在实施的过程中，有些工作不止做一次，需要的材料不止一套，因此需要施工人员及时做好相应的统计工作，已施工多少个、已用多少材料、剩余工作量及材料，以便个别材料有质量问题时及时补充新的质量过关的材料。

应对常见问题的准备措施。根据以往相似工程的施工过程，预测在施工时是否会出现以往的问题。根据这些信息，准备相应的方案及资源设施。

第二节　工程项目施工成本管理与质量管理

一、工程项目施工成本管理

（一）水利工程项目施工成本概述

水利工程项目施工成本是指在水利工程项目施工过程中产生的直接成本费用和间接成本费用的总和。

直接成本指施工企业在施工过程中直接消耗的活劳动和物化劳动，由基本直接费和其他直接费组成。其中，基本直接费包括人工费、材料费、机械费；其他直接费包括夜间施工增加费、冬雨季施工增加费、特殊地区施工增加费、施工工具用具使用费、检验试验费、安全生产措施费、临时设施费、工程项目及设备仪表移交生产前的维护费、工程验收检测费。

间接成本指施工企业为水利工程施工而进行组织与经营管理所发生的各项费用，由规费和企业管理费组成。其中，规费包括社会保险费和住房公积金；企业管理费包括差旅办公费、交通费、职工福利费、劳动保护费、工会经费、职工教育经费、管理人员工资、固定资产使用费、保险费、财务费、工具用具使用费等。

水利工程项目成本在成本发生和形成过程中，必然产生人力资源、物资资源和费用的开支，针对产生成本的各项费用应采取一系列行之有效的措施，深入成本控制的各个环节，对每个环节都进行有效合理的控制，使各项费用都能控制在成本目标之内。

（二）施工项目成本管理的主要内容

施工项目成本管理是指在保证工程质量的前提下，以目标成本为核心所采取的一系列科学有效的管理手段和方法。施工项目成本管理的主要内容有：

1.施工项目成本预测

施工项目成本预测是通过取得历史资料和环境调查，选择切实可行的工程项目预测方法，对施工项目未来成本进行科学的估算。

2.施工项目成本计划

施工项目成本计划是根据施工项目责任成本确定施工项目中的施工生产耗费计划总水平及主要经济技术措施的计划方案，该计划是项目全面计划管理的核心。

3.施工项目成本控制

施工项目成本控制是依据施工项目成本计划规定的各项指标，对施工过程中所发生的各种成本费用采取相应的成本控制措施进行有效的控制和监督。

4.施工项目成本核算

施工项目成本核算是对项目施工过程中所直接发生的各种费用进行的会计处理工作。是按照成本核算的程序进行成本计算，计算出全部工程总成本和每项工程成本的过程，是施工项目进行成本分析和成本考核的基本依据。

5.施工项目成本分析

施工项目成本分析是依据施工项目成本核算得到的成本数据，对成本发生的过程、成本变化的原因进行分析研究。

6.施工项目成本考核

施工项目成本考核是对施工项目成本目标完成情况和成本管理工作业绩所进行的总结和评价，是实现成本目标责任制的保证和实现决策目标的重要手段。

（三）施工项目成本控制的措施

施工项目成本控制的措施包括组织措施、技术措施、经济措施、合同措施。通过这几方面的措施来进行施工成本控制，使之达到降低成本的目的。

1.组织措施

组织措施是为落实成本管理责任和成本管理目标而对企业管理层的组织方面采取的措施。项目经理应负责组织项目部的成本管理工作，组织各生产要素，使各生产要素发挥最大效益。严格管理下属各部门、各班组，围绕增收节支对项目成本进行严格的控制；工程技术部在项目施工中应做好施工技术指导工作，尽可能采取先进技术，避免出现施工成本增加的现象；做好施工过程中的质量、安全监督工作，避免质量事故及安全事故的发生，减少经济损失；经营部按照工程预算及工程合同进行施工前的交底，避免盲目施工造成浪费；对分包工程合同应认真核实，落实执行情况，避免因合同漏洞造成经济损失；对现场签证严格把关，做到现场签证现场及时办理；及时落实工程进度款的计量及支付。材料部应根据市场行情合理选择材料供应商，做好进场材料、设备的验收工作，并实行材料定额储备和限额领料制度。财务部应及时分析项目在实施过程中的财务收支情况，合理调度资金。

2.技术措施

（1）根据项目的分部工程或专项工程的施工要求和施工外部环境条件进行技术经济分析，选择合适的项目施工方案。

（2）在施工过程中采用先进的施工技术、新材料、新开发机械设备等降低施工成本的措施。

（3）根据合同工期或业主单位的要求合理优化施工组织设计。

（4）制定冬雨季施工技术措施，组织施工人员认真落实该措施的相关规定。

3.经济措施

（1）人工费成本控制。加强项目管理，选择劳务水平高的队伍，合理界定劳务队伍定额用工，使定额控制在造价信息范围内，同时制订科学、合理的施工组织设计和施工方案，合理安排人员，提高作业效率。

（2）材料费成本控制。应对材料的采购进行严格的控制，要确保价格、质量、数量达到降低成本的要求，还要加强对材料消耗的控制，确保消耗量在定额总需要量内。

（3）机械费成本控制。根据施工情况和市场行情确定性价比最高的施工机械，建立机械设备的使用方案，完善保养和检修制度。

4.合同措施

首先要选择适合工程技术要求和施工方案的合同结构模式；其次对于存在风险的工程应仔细考虑影响成本的因素，提出降低风险的改进方案，并反映在合同的具体条款中；再次要明确合同款的支付方式和其他特殊条款；最后要密切注视合同执行的情况，寻求合同索赔的机会。

二、水利工程质量管理及其优化

（一）水利工程施工管理内容

1.施工前管理

水利工程施工前主要完成的工作包括投标文件的编制及施工承包合同的签订以及工程成本的预算，同时要根据工程需要制定科学合理的合同及施工方案。施工前的管理属于准备工作阶段，这段时间是为工程的顺利施工提供基础，准备得充分与否是工程能否顺利进行以及能否达到高标准高质量的先决条件。

2.施工中管理

（1）对图纸进行会审，根据工程的设计确定质量标准和成本目标，根据工程的具体情况，对于一些相对复杂、施工难度较高的项目，要科学安排施工程序，本着方便、快速、保质、低耗的原则安排施工，并根据实际情况提出修改意见。

（2）对施工方案的优化。施工方案的优化是建立在现场施工情况的基础之上的，根据施工中遇到的情况，科学合理地进行施工组织，以有效的成本控制进行针对性管理，做好优化细化的工作。

（3）加强材料成本管理。对于材料成本控制，首先是要保证质量，然后才是价格，不能为了节约成本而使用质量难以保证的材料，要质优价廉；其次根据工序和进度，细化材料的安排，确保流动资金的合理使用，既能保证施工作业的连续性，也能降低材料的存储成本。对于施工现场材料要科学合理放置，减少不合理的搬运和损耗，达到降低成本的目的。同时要控制材料的消耗，对大宗材料及周转料进行限额领料，对各种材料要实行余料回收，废物利用，降低浪费。

3.水利工程施工后管理

水利工程完工后要完成竣工验收资料的准备和加强竣工结算管理。要做好工程验收资料的收集、整理、汇总，以确保完工交付竣工资料的完整性、可靠性。在竣工结算阶段，项目部有关施工、材料部门必须积极配合预算部门，将有关资料汇总、递交至预算部门，预算部门将中标预算、目标成本、材料实耗量、人工费发生额进行分析、比较，查找结算的漏项，以确保结算的正确性、完整性。加强资料管理和加强应收账款的管理。

（二）水利工程质量管理的重要性

随着科学技术的发展和市场竞争的需要，质量管理越来越被人们重视。在水利工程建设中，工程质量始终是水利工程建设的关键，任何一个环、任何一个部位出现问题，都会给整体工程带来严重的后果，直接影响到水利工程的使用效益，甚至造成巨大的经济损失。因此，可以肯定地说，质量管理是确保水利工程质量的关键。

工程质量的优劣，直接影响工程建设的速度。劣质工程不仅增加了维修和改造的费用、缩短工程的使用寿命，还会给社会带来极坏的影响。反之，优良的工程质量能给各方带来丰厚的经济效益和社会效益，建设项目也能早日投入运营，早日见效。由此可见，质量是水利工程建设的重中之重，不能因为追求进度，而轻视质量，更不能因为追求效益而放弃质量管理。只有深刻认识质量管理的重要性，我们的工作才能做好。

（三）水利工程质量管理的要点

1.加强水利工程的测量工作，保证测量的准确性

水利工程建设中，工程设计所需的坐标和高程等基本数据以及工程量计算等都必须经过测量来确定，而测量的准确性又直接影响到工程设计、工程投入。

2.加强水利工程设计工作

在水利工程建设项目可行性论证通过并立项后，工程设计就成为影响工程质量的关

键因素。工程设计得合理与否对工程建设的工期、进度、质量、成本，工程建成运行后的环境效益、经济效益和社会效益起着决定作用。先进的设计应采用合理、先进的技术、工艺和设备，考虑环境、经济和社会的综合效益，合理布置场地和预测工期，组织好生产流程，降低成本，提高工程质量。

3.加强施工质量管理

施工是决定水利工程质量的关键环节之一，因此在施工过程中应加强施工质量管理，保证施工质量，如：

（1）加强法治建设，增强法治意识，认真遵守相关的法律法规。

（2）完善水利工程施工质量管理体系，严格执行事先、事中、事后“三检制”的质量控制，并确保水利工程施工过程中该体系正常而有效地运转，质量管理工作到位。

（3）水利工程建设中，影响工程质量的因素主要有人、材料、机械、工艺和方法、环境5个方面。因此，在建设过程中应从以上5个方面做好施工质量的管理。

（4）整个施工过程中应实行严格的动态控制，做到“施工前主动控制，施工时认真检查，施工后严格把关”的质量动态控制。

（5）施工时不偷工减料，应严格按照设计图纸和施工规程、规范、技术标准精心施工。

（6）加强相关人员的管理，有特殊要求的人员应持证上岗。

（7）加强工程施工过程中的信息交流和沟通管理。

（8）加强技术复核。

水利工程施工过程中，重要的或关系整个工程的核心技术工作，必须加强对其的复核以避免出现重大差错，确保主体结构的强度和尺寸得到有效控制，保证工程建设的质量。

4.重视质量管理，落实责任制

相关的管理部门应高度重视水利工程质量管理工作，本着以对国家和人民负责的态度真正把工程质量管理工作落到实处，明确相关人员的责任，层层落实责任制，全面落实责任制。并加强监督和检查，严格按照水利规范和技术要求，如出现质量问题就要进行追溯，追究当事人的责任，即工程质量终身制，彻底解决工程质量无人负责问题，能够提高相关人员的责任感。

5.改进监控方法，提高检测水平

加强原材料、设备的质量控制，对批量购置的材料、设备等，要按国家相关部颁或行业技术标准先检测（全面检测或抽样检测）后使用，不使用不合格材料和设备。加强施工质量监测，对关键工序和重点部位，应严格监控施工质量。

6.加强技术培训，提高相关人员的业务素质

设计人员、管理人员、施工人员和操作人员业务素质的高低直接影响水利工程建设

的质量，加强相关人员的技术培训，提高技术人员的业务素质，能够大大地提高水利工程建设的质量。因此，各个单位应重视员工的专业素质，定期进行相关的培训，提高员工的专业技能和业务素质，使之掌握并运用新技术、新材料和新工艺等，还应建立完善的考核机制。

综上所述，质量是企业的生存之本，只有高度重视工程质量，才能使企业更好更快地发展。

（四）施工过程的质量控制

1.加大工地试验对质量控制的力度

工地试验室在工程质量管理中是非常重要的一个环节，是企业自检的一个重要部门，应该予以高度的重视。试验人员的素质一定要高，要有强烈的工作责任心和实事求是的精神。否则，既花了冤枉钱，又耽误了工期，更可能造成严重的后果。

试验室配备的仪器和使用的试验方法除满足技术条款和规范要求外，还要尽量做到先进。比如在测量工作中，尽量使用全站仪校验放样：①精度较高；②可以提高工作效率。

2.加强现场质量管理和控制

要加强现场质量控制，就必须加强现场跟踪检查工作。工程质量的许多问题，都是通过现场跟踪检查发现的。要做好现场检查，质量管理人员就一定要腿勤、眼勤、手勤。

腿勤就是要勤跑工地，眼勤就是要勤观察，手勤就是要勤记录。要在施工现场发现问题、解决问题，将质量事故消灭在萌芽状态，减少经济损失。质量管理人员要在施工现场督促施工人员按规范施工，并随时抽查一些项目，如混凝土的砂石料、水的称量是否准确，钢筋的焊接和绑扎长度是否达到规范要求，模板的搭设是否牢固紧密等。质量管理人员还应在现场给工人做正确操作的示范，遇到质量难题，质量管理人员要同施工人员一起研究解决，出现质量问题，不能把责任全部推向施工人员。质量管理者只有经过深入细致的调查研究工作，才能做到工程质量管理奖罚分明，措施得当。

在现场质量控制的过程中，还应该采取合理的手段和方法。比如在工程施工过程中，往往一些分项分部工程已完成，而其他一些工程尚在施工中；有些专业已施工结束，而有的专业尚在进行。在这种情况下，应该对已完成的部分采取有效措施，予以成品保护，防止已完成的工程或部位遭到破坏，避免成品因缺乏必要保护，而造成损坏和污染，影响整体工程质量。此时施工单位就应该自觉地加强成品保护的意识，舍得投入必要的财力人力，避免因小失大。科学合理地安排施工顺序，制订多工种交叉施工作业计划时，既要在时间上保证工程进度顺利进行，又要保证交叉施工不产生相互干扰；工序之间、工种之间交接时手续规范，责任明确；提倡文明施工，制定成品保护的具体措施和奖惩制度。

在工程施工过程中，运用全面质量管理的知识，可以采用因果分析图、鱼刺图等方

法，对工程质量影响因素进行认真细致的分析，确定质量控制的措施和目标，使工程质量控制有的放矢，达到事前预防、事中严格控制，避免事后检测不达标的被动局面，提高工程质量控制的水平和效率。

第三节 水利工程安全管理与项目风险管理

一、水利工程施工安全管理

（一）施工安全管理的目的和任务

施工项目安全管理的目的是最大限度地保护生产者的人身安全，控制影响工作环境内所有员工（包括临时工作人员、合同方人员、访问者和其他有关人员）安全的条件和因素，避免因使用不当对使用者造成安全隐患，防止安全事故的发生。

施工安全管理的任务是建筑生产安全企业为达到建筑施工过程安全的目的所进行的组织、控制和协调活动，主要内容包括制定、实施、实现、评审和保持安全方针所需的组织机构、策划活动、管理职责、实施程序、所需资源等。施工企业应根据自身实际情况制定方针，并通过实施、实现、评审、保持、改进来建立组织机构、策划活动、明确职责、遵守安全法律法规、编制程序控制文件、实施过程控制，提供人员、设备、资金、信息等资源，对安全与环境管理体系按国家标准进行评审，按计划、实施、检查、总结循环过程进行提高。

（二）施工安全管理的特点

1.安全管理的复杂性

水利工程施工项目是固定性、生产的流动性、外部环境影响的不确定性，这些决定了施工安全管理的复杂性。

（1）生产的流动性主要是指生产要素的流动性，它是指生产过程中人员、工具和设备的流动，主要表现有以下几个方面：

①同一工地不同工序之间的流动；

②同一工序不同工程部位之间的流动；

③同一工程部位不同时间段之间的流动；

④施工企业向新建项目迁移的流动。

（2）外部环境影响施工安全的因素有很多，主要表现在：

①露天作业多；

②气候变化大；

③地质条件变化；

④地形条件影响；

⑤地域、人员交流障碍影响。

以上生产因素和环境因素的影响，使施工安全管理变得复杂，如果考虑不周会出现安全问题。

2.安全管理的多样性

受客观因素影响，水利工程项目具有多样性的特点，使得建筑产品具有单件性，每一个施工项目都要根据特定条件和要求进行施工生产，安全管理具有多样性特点，表现在以下几个方面：

（1）不能按相同的图纸、工艺和设备进行批量重复生产；

（2）因项目需要设置组织机构，项目结束组织机构即不复存在，生产经营的一次性特征突出；

（3）新技术、新工艺、新设备、新材料的应用给安全管理带来新的难题；

（4）人员的改变、安全意识、经验不同带来安全隐患。

3.安全管理的协调性

施工过程的连续性和分工决定了施工安全管理的协调性。水利施工项目不能像其他工业产品一样可以分成若干部分或零部件同时生产，而是必须在同一个固定的场地按严格的程序连续生产，上一道工序完成才能进行下一道工序，上一道工序生产的结果往往被下一道工序所掩盖，而每一道工序都是由不同的部门和人员来完成的，这样，就要求在安全管理中，不同部门和人员做好横向配合和协调，共同注意各施工生产过程接口部分的安全管理的协调，确保整个生产过程和安全。

4.安全管理的强制性

工程建设项目建设前，已经通过招标投标程序确定了施工单位。由于目前建筑市场供大于求，施工单位大多以较低的标价中标，项目实施中安全管理费用投入严重不足，不符合安全管理规定的现象时有发生，从而要求建设单位和施工单位重视安全管理经费的投入，达到安全管理的要求，政府也要加大对安全生产的监管力度。

（三）施工安全控制的特点、程序、要求

1.基本概念

（1）安全生产的概念

安全生产是指施工企业使生产过程避免人身伤害、设备损害及其不可接受的损害风险的状态。

不可接受的损害风险通常是指超出了法律、法规和规章的要求，超出了方针、目标和企业规定的其他要求，超出了人们普遍接受的要求（通常是隐含的要求）。

安全与否是一个相对的概念，往往根据风险接受程度来判断。

（2）安全控制的概念

安全控制是指企业通过对安全生产过程中涉及的计划、组织、监控、调节和改进等一系列致力于满足施工安全措施所进行的管理活动。

2.安全控制的方针与目标

（1）安全控制的方针

安全控制的目的是安全生产，因此安全控制的方针是“安全第一，预防为主”。

安全第一是指把人身的安全放在第一位，安全为了生产，生产必须保证人身安全，充分体现以人为本的理念。

预防为主是实现安全第一的手段，采取正确的措施和方法进行安全控制，从而减少直至消除事故隐患，尽量把事故消除在萌芽状态，这是安全控制最重要的思想。

（2）安全控制的目标

安全控制的目标是减少和消除生产过程中的事故，保证人员健康安全，避免财产损失。安全控制目标具体包括：

减少和消除人的不安全行为的目标；

减少和消除设备、材料的不安全状态的目标；

改善生产环境和保护自然环境的目标；

安全管理的目标。

3.施工安全控制的特点

（1）安全控制面大

水利工程，由于规模大、生产工序多、工艺复杂、流动施工作业多、野外作业多、高空作业多、作业位置多、施工中不确定因素多，因此施工中，安全控制涉及范围广，控制面大。

（2）安全控制动态性强

水利工程建设项目的单件性，使得每个工程所处的条件不同，危险因素和应对措施也会有所不同，员工进驻一个新的工地，面对新的环境，需要时间去熟悉，对工作制度和安全措施进行调整。

工程施工项目施工的分散性，现场施工分散于场地的不同位置和建筑物的不同部位，面对新的具体的生产环境，除了需要熟悉各种安全规章制度和技术措施外，还需做出自己的研判和处理。有经验的人员也必须适应不断变化的新问题、新情况。

（3）安全控制体系交叉性

工程项目施工是一个系统工程，受自然和社会环境影响大，施工安全控制和工程系统、质量管理体系、环境和社会系统联系密切，交叉影响，建立和运行安全控制体系要相互结合。

（4）安全控制的严谨性

安全事故的出现是随机的，偶然中存在必然性，一旦失控，就会造成伤害和损失，因此安全状态的控制必须严谨。

4.施工安全控制程序

（1）确定项目的安全目标

按目标管理的方法，在以项目经理为首的项目管理系统内进行分解，从而确定每个岗位的安全目标，实现全员安全控制。

（2）编制项目安全技术措施计划

对生产过程中的不安全因素，应采取技术手段加以控制和消除，并采用书面文件的形式，作为工程项目安全控制的指导性文件，落实预防为主的方针。

（3）落实项目安全技术措施计划

安全技术措施包括安全生产责任制、安全生产设施、安全教育和培训、安全信息的沟通和交流，安全控制使生产作业的安全状况处于可控状态。

（4）安全技术措施计划的验证

安全技术措施计划的验证包括安全检查、纠正不符合因素、检查安全记录、安全技术措施修改与再验证。

（5）安全生产控制的持续改进

安全生产控制应持续改进，直到工程项目全部结束。

二、水利工程项目风险管理

（一）水利工程风险的定义及分类

依据风险的不确定性，可以把工程项目风险定义为：“在整个工程寿命周期内所发生的、对工程项目的目标（质量、成本和工期）的实现及生产运营过程中可能产生的干扰的

不确定性的影响，或者可能导致工程项目受到损害失或损失的事件。”水利工程风险指的是从水利工程准备阶段到其竣工验收阶段的全部过程中可能发生的威胁。

根据项目风险管理者不同的角度，不同的项目生命周期的阶段，风险来源不同，按照风险可能发生的风险事件等方面，采取不同管理策略对工程进行管理，对工程风险常见的分类如下：

（1）按工程项目的各参与单位分类：业主风险、勘察单位的风险、设计单位的风险、承办商的风险、监理方的风险等。

（2）按风险的来源分类：社会风险、自然风险、经济风险、法律风险等。

（3）按风险可控性分类：核心风险和环境风险。

（4）按工程项目全生命周期不同阶段分类：可行性研究分析阶段的风险、设计阶段的风险、施工准备阶段的风险、施工阶段的风险、竣工阶段的风险、运营阶段的风险等。

（5）按风险导致的风险事件分类：进度风险、成本风险、质量风险、安全风险、环境污染的风险等。

（二）水利工程风险的特点

水利工程风险除了具有破坏性、不确定性、危害性这几个特点之外，还有以下几个特点：

1.专业性强

水利工程工作环境、施工技术及其所需设备等的复杂性，决定了其风险的专业性强。所以很多复杂的施工环节都需要专门的人员才能胜任。由于专业性的限制，水利工程施工人员都是要经过职业培训的，只有业务和专业上对口，才能胜任水利工程的相关工作。在风险的管理过程中，质量、设计规划、合同、财务管理等都是人为性质的风险，因为专业性较强，这些人为性风险很难管理，外行人难以对它进行有效的监督。

2.发生频率高

因为水利工程项目的工期一般较长，不确定的因素较多，特别是对于一些大型的工程，人为或者自然的原因导致的工程风险交替发生，这就造成风险的损失频繁发生。而且我们所处的市场是有很大变数的，很多发包人一般较喜欢签订固定总价的合同，并且一般在合同中都会有“遇到政策及文件不再调整”条款，其实意图很简单，就是他们担心因为政策的变化等一些外力的介入会妨碍其利益的获得，特别是担心国家或省级、行业建设主管部门或其他授权的工程造价管理机构发布工程造价调整文件，所带来的风险浮动的市场价格与固定的合同价格之间势必出现矛盾，利润风险自然会产生。再者，现在的很多工程项目的特点是参与方多、投入的资金巨大、资金链较长、工程监管难以到位、质量水平参差不齐、工期长、变化多端的市场价格、复杂的环境接口，存在着这么多不确定性因素，

在项目工程实施过程中可以说是危机重重。

3.承担者的综合性

水利工程是一个庞大的系统工程，其各参与方很多，其中任何一方在工作中都有可能发生风险，只要有一个环节出现问题，整个系统都受其影响。因为风险事件经常是多方原因导致的，因此一个项目一般都有多个风险共同承担者，这方面与别的行业对比，突出性尤其明显。

4.监管难度较大，寻租空间较大

因为水利工程涉猎的范围广泛，专业分布和人员流动都较密集，从横向范围来看，材料供应商、公关费用、日常开销等项目繁多；从纵向流程来看，与招标投标、工程监理、项目负责、融资投资、业主、工程师、项目经理、财务等多个方面有关系，范围加大，监管的战线拉长，因此其监管的难度较大。正是由于监管有一定难度，作为利益最大化法律主体，受利益驱动，在诱惑面前势必导致寻租可能性加大。

5.复杂性

水利工程有着工期较长、参与单位多、涉及的范围广的特点，其中人文、气候和物价等等不可预见和不可抗力的事件几乎是不可避免的，所以其风险的变化是相当复杂的。工程风险与施工分工、设计的质量、方案是否可行、监管的力度、资金到位情况、执行力是否到位、施工单位资质等各种各样问题息息相关。这就是说风险一直存在，并且其发生的流程也很繁复。

（三）水利工程项目风险管理实施

1.风险识别

水利工程风险的识别是其风险管理的第一步，是基础性工作，它是从定性的角度来了解和认识风险因素，加上之后的风险评估的量化，这对于我们更好地认识风险因素有很大的帮助。风险识别是指工程项目管理人员根据各种历史资料和相关类似工程的工程档案进行统计分析，或者通过查找和阅读已出版的相关资料书籍和公开的统计数据来获得风险资料的方法，并在具体管理人员以往的工程项目经验的基础上，对工程项目风险因素及其可能产生的风险事件进行系统、全面、科学的判断、归纳和总结的过程，对工程项目各项风险因素进行定性分析。如果风险识别做得不是很好，往往可以预判其风险评估也做得不是很好，对风险的错误认识将导致更大的风险。风险识别一般包含确定风险因素、分析风险产生的条件、描述风险特征和可能发生的结果这几个方面，以及分类识别出的风险。风险识别不是完成一次就结束了，而是在风险管理过程当中的一项持续进行的工作，应当在工程建设过程中从始至终定期进行。

2.风险评估

（1）风险估计

风险估计一般是对单个的意见辨识的风险因素进行风险估计，通常可分为主观估计与客观估计两种，主观估计是在研究信息不够充足的情况下，应用专家的一些经验及决策者的一些决策技巧来，对风险事件风险度做出主观的判断与预测；客观风险的估计是指经过对一些历史数据资料进行分析，从中找到风险事件的规律性，进一步对风险事件发生的概率及严重程度也就是风险度做出估计判断和预测。风险估计大概有以下几方面内容：

①对风险的存在做出分析，找出工程具体在什么时间、地点及方面有可能出现风险，接着应对风险进行量化处理，对风险事件发生的概率进行估算。

②对风险发生后产生的后果大小进行估计，并对各个因素大小确定和轻重缓急程度进行排序。

③对风险有可能出现的大概时间及其影响的范围进行认真确认。换句话说，风险估计其实就是以对单个的风险因素和影响程度进行量化为基础来构建风险的清单，最终为风险的控制给出参考，提供行动的路线及其方案的一个过程。依据事先选择好的计量方法和尺度，可以确定风险的后果的大小。在此期间，我们还要对有可能增加的或者是比较小的一些潜在风险加加以考量。

（2）风险评价

风险评价是综合权衡风险对工程实现既定目标的影响程度，换句话说，就是指工程的管理人员利用一些方法对可能引起损失的风险因素进行系统分析及权衡，对工程发生危险的一些可能性及其严重的程度进行评价，并对风险整体水平做出综合整体评价。

（3）风险估计和评价的常用方法

风险估计及风险评价是指利用各式各样的科学的管理技术，并且采取定性和定量相结合的方式，对风险的大小进行估计，进一步查找工程主要的风险源，并对风险的最终影响进行评价。当前估计与评价的方法具有代表性的有：模糊综合评判法、层次分析法、蒙特卡洛模拟法、事故树分析法、专家打分法、概率分析法、粗糙集、决策树分析法等。

3.风险控制

（1）风险转移

这是一种比较常用的风险控制方法。它主要是针对一些风险发生的概率不是很高而且就算发生导致的损失也不是很大的工程，通过发包、保险及担保的一些方式把工程遇到的一些潜在的风险转移给第三方。例如，总承包商可以把一些勘测设计、设备采购等部分包给第三方；保险是和保险公司就工程相关方面签订保险合同；一般在工程项目中，担保主要是银行为被担保人的债务、违约及失误承担间接责任的一种承诺。

（2）风险规避

这是一种面对一些风险发生的概率较高、后果比较严重的工程时，采取的主动放弃的方法。但是这种方法有一定局限性，因为我们知道，很多风险因素是可以相互转化的，消除了这个风险带来的损害的同时又会引起另一个风险的出现，假如我们因为某些高风险问题放弃了一个工程的建设，虽然直接消除了可能带来的损失，但是我们也不可能得到这个工程带来的盈利方面的收入。所以有时我们应该衡量好风险和利益之间的比率来选择风险控制的方法。

（3）风险预防

这种方法主要是采取一些措施来对工程的风险进行动态的控制，就是要尽可能消灭可以避免的风险的发生。第一是运用工程先进合理的技术手段对工程决策和实施阶段提前进行预防控制，降低损失；第二就是管理人员和施工人员要把实际的进度、资金、质量方面的情况与之前计划好了的相关目标机械能对比，要做到事前控制、过程控制和事后控制。发现计划有所偏离，应该立即采取有效的措施，防患于未然。第三就是要加强对管理人员及从事工程的各方人员进行风险教育，提高安全意识。

（4）损失控制

这种方法一般包括两个方面，第一是在风险事件还没发生之前就采取相应损失的预防措施，降低风险发生的概率，例如，对于高空作业的工作人员应该要做好高空防护措施，系好安全带等；第二是在风险事件发生之后采取相应措施来降低风险导致的损失，如一些自然灾害导致的风险事件。

（5）风险储备

这种方法就是在对一些经过分析判断后，一些风险事件发生后对工程的影响范围和危害都不是很确定的情况下，事前制定出多种的预防和控制措施，也就是主控制措施和备用的控制措施。例如，很多施工和资金等方面的风险问题都可以采取备用方案。

（6）风险自留

风险自留是选择自愿承担风险带来损失的一种方法。一般包括主动自留和被动自留两种，是企业自行准备的风险基金。主动自留相对于目标的实现更有利，而被动自留主要是一些以往工程中未出现过的或者出现的概率非常低的风险事件，还有就是因为对项目的风险管理的前几个环节中出现遗漏和判断失误的情形下发生的风险事件，事件发生后其他的风险措施难以解决的，选择了风险自留的方式。

（7）风险利用

这种方法一般只针对投机风险的情况。在衡量利弊之后，认为其风险造成的损失小于风险带来的价值，那就可以尝试着对该风险加以利用，转危为机。这种方法比较难掌握，采取这种方法应该具备以下几个条件：首先，此风险有无转化价值的可能性，并判断可能

性的大小；其次，实际转化的价值和预计转化的价值之间的比例占多少；再次，项目风险管理者是否具备辨识、认知和应变等方面的能力；最后，要考虑到企业自身是否有这样的一个能力，也就是是否具备转危为机的能力。

上面描述的风险应对措施都会有存在着一定的局限性，因此处理实际的问题时，一般采取组合的方式，也就是采用两种或者两种以上的应对方法来处理问题，因为对于简单的事件，单一的方法可以解决简单的问题，但是复杂的就很棘手，采用组合的方式可以弥补各自的不足，使得目标效益最大化。

第九章 河道工程的治理

第一节　传统河道治理

传统河道治理是为防洪、航运、保护码头、桥渡等涉河建筑物及航道治理的要求，按河道演变规律，因势利导，调整、稳定河道主流位置，以改善水流、泥沙运动和河床冲淤部位而采取的工程措施。

一、传统河道治理规划

（一）传统河道治理原则

河道治理首要的是拟定治理规划，包括全河规划和分段规划。规划的原则是全面规划、综合治理、因势利导、因地制宜。

1.全面规划

全面规划就是规划中要统筹兼顾上下游、左右岸的关系，调查了解社会经济、河势变化及已有的河道治理工程情况，进行水文、泥沙、地质、地形的勘测，分析研究河床演变的规律，确定规划的主要参数，如设计流量、设计水位、比降、水深、河道平面和断面形态指标等，提出治理方案。对于重要的工程，在方案比较选定阶段，还需进行数学模型计算和物理模型试验，拟订方案，通过比较选取优化方案，使实施后的效益最大。

2.综合治理

综合治理就是要结合具体情况，采取各种措施进行治理，如修建各类坝垛工程、平顺

护岸工程，以及实施人工裁弯或爆破、清障等。对于河道由河槽与滩地共同组成的河段，治槽是治滩的基础，而治滩有助于稳定河槽，因此必须进行滩槽综合治理。

3.因势利导

“因势”就是遵循河流总的规律性、总的趋势，“利导”就是朝着有利于建设要求的方向、目标加以治导。然而，“势”是动态可变的，而规划工作一般是依据当前河势而论，这就要求必须对河势变化做出正确判断，抓住有利时机，勘测、规划、设计、施工，连续进行。

河流治理规划强调因势利导。只有顺乎河势，才能在关键性控导工程完成之后，利用水流的力量与河道自身的演变规律，逐步实现规划意图，以收到事半功倍的效果；否则，逆其河性，强堵硬挑，将会导致河势走向恶化，从而造成人力物力的极大浪费和不必要的治河纠纷。

4.因地制宜

治河工程往往量大面广，工期紧张，交通不便。因此，在工程材料及结构型式上，应尽量因地制宜，就地取材，降低造价，保证工程需要。在用材取料方面，过去是土石树草，现在应注意吸纳各类新技术、新材料、新工艺，并应根据本地情况加以借鉴和改进。

（二）河道治理的要求

治理河道首先要考虑防洪需要。治理航道及设计保护码头、桥渡等的治理建筑物时，要符合防洪安全的要求，不能单纯考虑航运和码头桥渡的安全需要。

1.防洪对河道的要求

基本要求是：河道应有足够的过流断面，能安全通过设计洪水流量；河道较顺畅，无过分弯曲或束窄段。在两岸修筑的堤防工程，应具有足够的强度和稳定性，能安全挡御设计的洪水水位；河势稳定，河岸不因水流顶冲而崩塌。

2.航运对河道的要求

从提高航道通航保证率及航行安全出发，航运对河流的基本要求是：满足通航规定的航道尺度，包括航深、航宽及弯曲半径等；河道平顺稳定，流速不能过大，流态不能太乱；码头作业区深槽稳定，水流平稳；跨河建筑物应满足船舶的水上净空要求。

3.其他部门对河道的要求

最常遇到的其他工程有桥梁及取水口等。

桥梁工程对河流的要求，主要是桥渡附近的河势应该稳定，防止因河道主流摆动造成主通航桥孔航道淤塞，或桥头引堤冲毁而中断运输。同时，桥渡附近水流必须平缓过渡，主流向与桥轴线法向交角不能过大，以免造成船舶航行时撞击桥墩。

取水工程对河道的要求是：取水口所在河段的河势必须稳定，既不能脱溜淤积无法取水，也不能大溜顶冲危及取水建筑物的安全；河道必须有足够的水位，以保证设计最低水位的取水，这点对无坝取水工程和泵站尤为重要；取水口附近的河道水流泥沙运动，应尽可能使进入取水口的水流含沙量较低，避免引水渠道严重淤积，减少泵站机械的磨蚀。

（三）河流治理规划的关键步骤

1.河道基本特性及演变趋势分析

河道基本特性及演变趋势分析包括对河道自然地理概况，来水、来沙特性，河岸土质、河床形态、历史演变、近期演变等特点和规律的分析，以及对河道演变趋势的预测。对拟建水利工程的河道上下游，还要就可能产生的变化做出定量评估。这项工作一般采用实测资料分析、数学模型计算、实体模型试验相结合的方法。

2.河道两岸社会经济、生态环境情况调查分析

河道两岸社会经济、生态环境情况调查分析包括对沿岸城镇、工农业生产、堤防、航运等建设现状和发展规划的了解与分析。

3.河道治理现状调查及问题分析

通过对已建河道治理工程现状的调查，探讨其实施过程、工程效果与主要的经验教训。

4.河道治理任务与治理措施的确定

根据各方面提出的要求，结合河道特点，确定本河段治理的基本任务，并拟定治理的主要工程措施。

5.治理工程的经济效益和社会效益、环境效益分析

治理工程的经济效益和社会效益、环境效益分析包括通过河道治理后可能减少的淹没损失来论证防洪经济效益；治理后增加的航道和港口水深、改善航运水流条件、增加单位功率的拖载量、缩短船舶运输周期、提高航行安全保证率等方面，论证航运经济效益。此外，还应分析对取水、城市建设等方面的效益。

6.规划实施程序的安排

治河工程是动态工程，具有很强的时机性。应在治理河道有利时机的基础上，对整个实施程序做出轮廓安排，以降低治理难度，节约投资。

（四）河流治理规划的主要内容

1.拟定防洪设计流量及水位

洪水河槽整治的设计流量，是指某一频率或重现期的洪峰流量，它与防洪保护地区的防洪标准相对应，该流量也称河道安全泄量；与之相应的水位，称为设计洪水位，它是堤防工程设计中确定堤顶高程的依据，此水位在汛期又称防汛保证水位。

中水河槽整治的设计流量，常采用造床流量。这是因为中水河槽是在造床流量的长期作用下形成的。通常取平滩流量为造床流量、与河漫滩齐平的水位作为整治水位，该水位与整治工程建筑物如丁坝坝头高程大致齐平。

枯水河槽治理的主要目的是解决航运问题，特别是保证枯水航深问题。设计枯水位一般应根据长系列日均水位的某一保证率即通航保证率来确定。通航保证率应根据河流实际可能通航的条件和航运的要求，以及技术的可行性和经济的合理性来确定。设计枯水位确定之后，再求其相应的设计流量。

2.拟定治导线

治导线又称整治线，是布置整治建筑物的重要依据，在规划中必须确定治导线的位置。山区河道整治的任务一般仅需要规划其枯水河槽治导线。平原河道治导线有洪水河槽治导线、中水河槽治导线和枯水河槽治导线，中水河槽通常是指与造床流量相应的河槽，固定中水河槽的治导线对防洪至关重要，它既能控导中水流路，又对洪、枯水流向产生重要影响，对河势起控制作用。河口治导线的确定取决于河口类型与整治目的。对有通航要求的分汊型三角洲河口，宜选择相对稳定的主槽作为通航河汊。对于喇叭形河口，治导线的平面形式宜自上而下逐渐放宽呈喇叭形，放宽率应能满足涨落潮时保持一定的水深和流速，使河床达到冲淤相对平衡。对有围垦要求的河口，应使口门整治与滩涂围垦相结合，合理开发利用滩涂资源。

平原河道整治的洪水河槽一般以两岸堤防的平面轮廓为其设计治导线。两岸堤防的间距应经分析，使其能满足宣泄设计洪水和防止洪水期水流冲刷堤岸的要求。中水河槽一般以曲率适度的连续曲线和两曲线间适当长度的直线段为其设计治导线。有航运与取水要求的河道，需确定枯水河槽治导线，一般可在中水河槽治导线的基础上，根据航道和取水建筑物的具体要求，结合河道边界条件确定。一般应使整治后的枯水河槽流向与中水河槽流向的交角不大。

对平原地区的单一河道，其治导线沿流向是直线段与曲线段相间的曲线形态。对分汊河段，有整治成单股和双汊之分。相应的治导线即为单股，或为双股。由于每个分汊河段的特点和演变规律不同，规划时需要根据整治的不同目的来确定工程布局。一般双汊道有周期性主、支汊交替问题，规划成双汊河道时，往往需根据两岸经济建设的现状和要求，兴建稳定主、支汊的工程。

3.拟定工程措施

在工程布置上，应根据河势特点采取工程措施，形成控制性节点以稳定有利河势，在河势基本控制的基础上，再对局部河段进行整治。建筑物的位置及修筑顺序，需要结合河势现状及发展趋势确定。以防洪为目的的河道整治，要保证有足够的行洪断面，避免过分弯曲和狭窄的河段，以免影响宣泄洪水，通过整治建筑物保持主槽相对稳定。以航运为目的的河道整治，要保证航道水流平顺、深槽稳定，具有满足通航要求的水深、宽度、河湾半径和流速流态，还应注意船行波对河岸的影响；以引水为目的的河道整治，要保证取水口段的河道稳定及无严重的淤积，使之达到设计的取水保证率。

二、常见传统河道治理工程

（一）护岸工程

1.平顺护岸工程

（1）护脚工程

护脚工程是抑制河道横向变形的关键工程，是整个护岸工程的基础。因其常年潜没水中，时刻都受到水流的冲击及侵蚀作用，其稳固与否决定整个护岸工程的成败。

护脚工程及其建筑材料要求能抵御水流的冲刷及推移质的磨损，具有较好的整体性并能适应河床的变形，较好的水下防腐性能，便于水下施工并易于补充修复等。护脚工程的型式很多，如抛石护脚、石笼护脚、沉枕护脚、沉排护脚。

（2）护坡工程

护坡工程除受水流冲刷作用外，还要承受波浪的冲击力及地下水外渗的侵蚀。此外，因护坡工程处于河道水位变动区，时干时湿，因此要求建筑材料坚硬、密实、耐淹、耐风化。护坡工程的型式与材料很多，如混凝土护坡、混凝土异形块护坡，以及条石、块石护坡等。

块石护坡又分抛石护坡、干砌石护坡和浆砌石护坡三类。其中抛石和干砌石，能适应河床变形，施工简便，造价较低，故应用最为广泛。干砌石护坡相对而言，所需块石质量较小，石方也较为节省，外形整齐美观，但需手工劳动，要有技术熟练的施工队伍。而抛石护坡可采用机械化施工，其最大优点是当坡面局部损坏走石时，可自动调整弥合。因此，在我国一些地方，常常是先用抛石护坡，经过一段时间的沉陷变形，根基稳定下来后，再进行人工干砌整坡。

护坡工程的结构，一般由枯水平台、脚槽、坡身、导滤沟、排水沟和滩顶工程等部分组成。枯水平台、脚槽或其他支承体等位于护坡工程下部，起到使支承坡面不致坍塌的作用。

（3）护岸新材料、新技术

随着科学技术的发展，护岸工程新材料、新技术不断涌现。主要有以下几种：土工织物软体排固脚护岸、钢筋混凝土板护岸、铰链混凝土排护脚、模袋混凝土（砂）护坡、四面六边透水框架群护脚、网石笼结构护岸、铰接式或超强连锁式护坡砖护坡、土工网垫草皮及人工海草护坡等。

2.坝垛式护岸工程

（1）丁坝

丁坝由坝头、坝身和坝根三部分组成，坝根与河岸相连，坝头伸向河槽，在平面上呈丁字形。

按丁坝坝顶高程与水位的关系，丁坝可分为淹没式和非淹没式两种。用于航道枯水整治的丁坝，经常处于水下，为淹没式丁坝；用于中水整治的丁坝，洪水期一般不全淹没，或淹没历时较短，这类丁坝可视为非淹没式丁坝。

根据丁坝对水流的影响程度，可分为长丁坝和短丁坝。长丁坝有束窄河槽，改变主流线位置的功效；短丁坝只起迎托主流、保护滩岸的作用，特别短的丁坝，又有矶头、垛、盘头之类。

按照坝轴线与水流方向的交角，可将丁坝分为上挑、下挑和正挑3种。根据丁坝附近水流泥沙运动规律和河床冲淤特性分析，对于淹没式丁坝，以上挑形式最好；对于非淹没式丁坝，则以下挑形式为好。因此，在丁坝设计时，凡非淹没式丁坝，均设计成下挑形式；而淹没式丁坝一般都设计成上挑或正挑形式。

丁坝的类型和结构型式很多。传统的有沉排丁坝、抛石丁坝、土心丁坝等。此外，近代还出现了一些轻型的丁坝，如井柱坝、网坝等。

（2）顺坝

顺坝又称导流坝。它是一种纵向整治建筑物，由坝头、坝身和坝根三部分组成。顺坝坝身一般较长，与水流方向大致平行或有很小交角。其顺导水流的效能，主要取决于顺坝的位置、坝高、轴线方向与形状。较长的顺坝，在平面上多呈微曲状。

（3）矶头（垛）

矶头（垛）这类工程属于特短丁坝，它起着保护河岸免遭水流冲刷的作用。这类形式的特短丁坝，在黄河中下游干支流河道有很多。其材料可以是抛石、埽工或埽工护石。其平面形状有挑水坝、人字坝、月牙坝、雁翅坝、磨盘坝等。这种坝工因坝身较短，一般无远挑主流作用，只起迎托水流、消杀水势、防止岸线崩退的作用。但是如果布置得当，且坝头能连成一平顺河湾，则整体导流作用仍很可观。同时，由于施工简便，耗费工料不多，防塌效果迅速，在稳定河湾和汛期抢险中经常采用。其中特别是雁翅坝，因其效能较大而使用最多。

（二）裁弯取直工程

1.河道裁弯取直的特点

对于弯曲河段治理的方法，目前我国主要是采取裁弯取直的工程措施。但是，在河流进行裁弯取直时，将涉及很多不利的方面，所以采用河流的裁弯取直工程要充分论证，采取极其慎重的态度。河流的裁弯取直工程彻底改变了河流蜿蜒的基本形态，使河道的横断面规则化，使原来急流、缓流、弯道及浅滩相间的格局消失，水域生态系统的结构与功能也会随之发生变化。所以，在一些国家和地区，提出要把已经取直的河道恢复为原来自然的弯曲，还河流以自然的姿态。

2.河道裁弯取直的方法

根据多年治理河流的实践经验，河道裁弯取直的方法大体上可以分为两种：一种是自然裁弯，另一种是人工裁弯。

当河环起点和终点距离很近时，洪水漫滩时由于水流趋向于坡降最大的流线，在一定条件下，会在河漫滩上开辟出新的流路，沟通畸湾河环的两个端点，这种现象称为河流的自然裁弯。自然裁弯往往为大洪水所致，裁弯点由洪水控制，常会带来一定的洪水灾害现象。其结果可使河势发生变化，发生强烈的冲淤现象，给河流的治理带来被动，同时会侵蚀农田等其他设施，在有通航要求的河道，还会严重影响航运。为了防止自然裁弯所带来的弊害，一些河流常采取人工裁弯措施。

人工裁弯取直是一项改变河道天然形状的大型工程措施，应遵循因势利导的治河原则，使裁弯新河与上、下游河道平顺衔接，形成顺乎自然的发展河势。常采用的方法是“引河法”。所谓“引河法”，即在选定的河湾狭颈处，先开挖一较小断面的引河，利用水流自身的动力使引河逐渐冲刷发展，老河自行淤废，从而使新河逐步通过全部流量而成为主河道。引河的平面布置有内裁和外裁两种形式。

裁弯取直始于19世纪末期，当时一些裁弯取直工程曾把新河设计成直线，且按过水流量需要的断面全部开挖，同时为促进弯曲老河段淤死，采取在老河段上修筑拦河坝的方法，一旦新河开通，让河水从新河中流过。但是，这些做法造成裁弯取直后的河滩岸变化巨大，不仅对航运不利，而且维持新河稳定所需费用较大。20世纪初期，人们总结河道裁弯取直的经验和教训后改变了以上做法，对于新河线路的设计，按照上下河势成微弯的河线，先开挖小断面引河，借助水流冲至设计断面，这种方法取得较好的效果，得到广泛的应用。

人工裁弯工程的规划设计，主要包括引河定线、引河断面设计和引河崩岸防护三个方面。人工裁弯存在的问题，主要是新河控制工程不能及时跟上，回弯迅速；其次是对上下游河势变化难以准确预测，以致出现新的险工，有时为了防止崩塌而投入的护岸工程费用，甚至大大超过裁弯工程，并形成被动局面。因此，需要特别强调的是，在大江大河实施人工裁弯工程须谨慎。在规划设计时，需对新河、老河、上下游、左右岸，以及近期和远期可能产生的有利因素和不利因素，予以认真研究和高度重视。

在进行河道裁弯取直的实践中，我们可以深刻地体会到，当将裁弯取直作为一种主要的河道整治工程措施时，应当全面进行规划，上下游通盘考虑，充分考虑上下游河势变化

及其所造成的影响。盲目地遇到弯曲就裁直，将违背河流的自然规律，最终会以失败而告终。在裁弯取直工程实施过程中，还应保持对河势的变化进行密切观测，根据河势的变化情况，对原设计方案进行修正或调整。

3.裁弯工程规划设计要点

河流裁弯取直的效果涉及各个方面，想要科学地进行裁弯工程的规划设计，掌握规划设计的要点是非常必要的。

（1）首先要明确进行河道裁弯取直的目的，目的不同，所采用的裁弯线路、工程量和实施方法也不相同。

（2）对河道的上下游、左右岸、当前与长远、对环境和生态产生的利弊、对取得的经济效益、工程投资等方面，要进行认真分析和研究，要使裁弯取直后的河道很好地发挥综合效益。

（3）引河进口、出口的位置要尽量与原河道平顺连接。进口布置在上游弯道顶点的稍下方，引河轴线与老河轴线的交角以较小为好。

（4）裁弯取直后的河道应能与上下游河段形成比较平顺的衔接，可以避免产生河势的剧烈变化和长久不利的影响。

（5）人工河道裁弯取直是一项工程量巨大、投资较大、效果多样的工程，应拟订几种不同的规划设计方案进行优选确定。

（6）在确定规划设计方案后，需要对新挖河道的断面尺寸、护岸位置长度以及其他相关项目进行设计。

（7）河道裁弯取直通水后，需要对河道水位、流量、泥沙、河床冲淤变化等进行观测，为今后的河道管理提供参考。

4.取直河道的“复弯”工程

河道裁弯取直使河流的输水能力增强，也可以减少占地面积，易于施工，但是裁弯取直工程也会造成一定的不利影响。如中游河道的坡降增加或裁弯取直会导致洪水流速加快，加大中下游洪水灾害，减少本地降雨入渗量和地下水的补给量，从而改变水循环状态，最直接的后果是地下水位下降，以及湿地面积大幅度减少、生态系统严重退化。

在十分必要的情况下，对于取直河道可以进行“复弯”工程。弯曲河道的恢复是比较复杂的，同样有很多工程和其他问题需要研究与分析，如原河道修复后的冲刷稳定问题、现有河道和原河道的分流比例问题、原河道的生态恢复问题等。有时还需要在分析计算或模型试验的基础上进行规划和设计。

（三）拓宽河道工程

拓宽河道工程主要适用于河道过窄的或有少数突出山嘴的卡口河段。通过退堤、劈山

等以拓宽河道，扩大行洪断面面积，使之与上下游河段的过水能力相适应。拓宽河道的办法有：两岸退堤建堤防或一岸退堤建堤防、切滩、劈山、改道，当卡口河段无法退堤、切滩、劈山或采取上述措施不经济时，可局部改道。河道拓宽后的堤距，要与上下游大部分河段的宽度相适应。

（四）疏浚、爆破及清淤工程

疏浚工程是指利用挖泥船等设备，进行航道、港口水域的水下土石方挖除并处理的工程。航道疏浚主要限于河道通航水域范围内。实施航道疏浚工程，首先要进行规划设计。设计内容主要包括挖槽定线、挖槽断面尺寸确定、挖泥船选择和弃土处理方法等。挖槽定线须尽量选择航行便利、安全和泥沙回淤率小的挖槽轴线。挖槽断面尺寸的确定，既要满足船舶安全行驶，又要避免尺寸过大导致疏浚量过多，它包括挖槽的宽度、深度及断面形状等。挖泥船有自航式耙吸挖泥船、铰吸挖泥船、铲斗挖泥船、抓斗挖泥船等不同类型。选用时，应根据疏浚物质的性质，以及施工水域的气象、水文、地理环境等条件而定。

爆破工程需事先根据工程情况设计好实施方案，岸上可采用空压机打眼或人工挖孔等方式成孔装药进行爆破；水下按装药与爆破目标的相对位置，分为水下非接触爆破、水下接触爆破和水下岩层内部爆破三种。河道爆破工程的主要目的是爆开淤塞体、炸除河道卡口、爆除水下暗礁，扩大过水断面，降低局部壅水，提高河道泄流能力，或改善航行条件。

清淤工程是指利用挖掘机等机械设备，进行河道淤积体清除的工程。目的是疏通河道，恢复或扩大泄流。例如，山区河道因地震山崩，或因山洪泥石流，都有可能堵江断流而形成堰塞湖。堰塞湖形成之后，必须尽快清除堰塞体，而机械挖除通常是首选的方案之一。

对于山区河道，通过爆破和机械开挖，切除有害的石梁、暗礁，以治理滩险，满足行洪和航运的要求；对于平原河道，可采用挖泥船等机械疏浚，切除弯道内的不利滩地，浚深扩宽河道，以提高河道的行洪、通航能力。

第二节 河道生态治理

一、生态河道的内涵与特征

（一）生态河道的内涵

生态河道的构建起源于生态修复，是时下的热门话题，但生态河道目前尚无公认的、统一的界定。多数学者认为生态河道是指在保证河道安全的前提下，以满足资源、环境的可持续发展和多功能开发为目标，通过建设生态河床和生态护岸等工程技术手段，重塑一个相对自然稳定和健康开放的河流生态系统，以实现河流生态系统的可持续发展，最终构建一个人水和谐的理想生活环境。

生态河道是具有完整生态系统和较强社会服务功能的河流，包括自然生态河道和人工建设或修复的生态河道。自然生态河道指不受人类活动影响，其发展和演化的过程完全是自然的，其生态系统的平衡和结构完全不受人为影响的河道。人工建设或修复的生态河道，是指通过人工建设或修复，河道的结构类似自然河道，同时能为人类提供诸如供水、排水、航运、娱乐与旅游等诸多社会服务功能的河道。

由此可见，在生态河流建设中，特别强调河流的自然特性、社会特性及其生态系统完整性的恢复。生态河道是河流健康的表现，是水利建设发展到相对高级阶段的产物，是现代人渴望回归自然和与自然和谐相处的要求，是河道传统治理技术向现代综合治理技术转变的必然趋势。

（二）生态河道的特征

1.形态结构稳定

生态河道往往具有供水、除涝、防洪等功能，为了保证这些功能的正常发挥，河道的形态结构必须相对稳定。在平面形态上，应避免发生摆动；在横断面形态上，应保证河滩地和堤岸的稳定；在纵断面形态上，应不发生严重的冲刷或淤积，或保证冲淤平衡。

2.生态系统完整

河道生态系统完整包括河道形态完整和生物结构完整两个方面。源头、湿地、湖泊及干支流等构成了完整的河流形态，动物、植物及各种浮游微生物构成了河流完整的生物结构。在生态河道中，这些生态要素齐全，生物相互依存、相互制约、相互作用，发挥生态系统的整体功能，使河流具备良好的自我调控能力和自我修复功能，促进生态系统的可持续发展。

3.河道功能多样化

传统的人工河道功能单一，可持续发展能力差。而生态河道在具备自然功能和社会功能的同时，还具备生态功能。

4.体现生物本地化和多样性

生态河道河岸选择栽种林草，应尽可能用本地的、土生土长的、成活率高的、便于管理的林草，甚至可以选择当地的杂树杂草。生物多样性包括基因多样性、物种多样性和生态系统多样性。生态河道生物多样性丰富，能够使河流生物有稳定的基因遗传和食物网络，维持系统的可持续发展。水利工程本身是对自然原生态的一种破坏，但是从整体上权衡利弊得失时，对于人类一般利大于弊。生态也不是一成不变的，而是动态平衡的。因此，建设生态河道时必须极大地关注恢复或重建陆域和水体的生物多样性形态，尽可能地减少那些不必要的硬质工程。

5.体现形态结构自然化与多样化

生态河道以蜿蜒性为平面形态基本特征，强调以曲为美，应尽量保持原河道的蜿蜒性。不宜把河道整治成河床平坦、水流极浅的单调河道，致使鱼类生息的浅滩、深潭及植物生长的河滩全部消失，这样的河道既不适于生物栖息，也无优美的景观可言。生态河道应具有天然河流的形态结构，水陆交错，蜿蜒曲折，形成主流、支流、河湾、沼泽、急流和浅滩等丰富多样的生境，为众多的河流动物、植物和微生物创造赖以生长、生活、繁衍的宝贵栖息地。

6.体现人与自然和谐共处

一般认为，生态河道就是亲水型的，体现以人为本的理念。这种认识并不全面，以人为本不能涵盖人与自然的关系，它主要是侧重于人类社会关系中的人文关怀，现代社会中河道治理不再是改造自然、征服自然，因此不是强调以人为本，而是提倡人与自然和谐共处。强调人与自然和谐相处，可以避免水利工程建设中的盲目性，也可以避免水利工程园林化的倾向。

二、河道生态治理的基本概念

河道生态治理，又称为生态治河或生态型河流建设等，它是融治河工程学、环境科学、生物学、生态学、园林学、美学等学科于一体的系统水利工程，是综合采取工程措施、植物措施、景观营造等多项技术措施而进行的多样性河道建设。经过治理后的河流，

不仅具有防洪排涝等基本功能，还有良好的确保生物生长的自然环境，同时能创造出美丽的河流景观，在经历一定时间的自然修复之后，可逐渐恢复河流的自然生态特性。

河道生态治理的目标是，实现河道水清、流畅、岸绿、景美。水清是指采取截污、清淤、净化及生物治理等措施，或通过调水补水、增加流量，改善水质，达到河道水功能区划要求。流畅是指采取拓宽、筑堤、护岸、疏浚等措施，提高河道行洪排涝能力，确保河道的防洪要求。岸绿即指绿化，通过在河道岸坡、堤防及护堤地上植树种草，防止水土流失，绿化美化环境。景美是结合城区公园或现代化新农村建设，以亲水平台、文化长廊、旅游景点等形式，营建水景、挖掘文化、展现风貌，把河道建设成为人水和谐的优美环境。

（一）水清

水清是指水流的清洁性，它反映了水体环境的特征，决定了河流的自净能力大小。河流的自净能力在一定程度上反映河流的纳污能力，而河流纳污能力又受到河川径流量以及社会经济对河流废污水排放量的影响。当社会经济活动所产生的未达标的污水、废水等污染物大量排放到河流时，一旦污水、废水的排放量超过河流的水环境容量或水环境承载能力，河流的自净能力将会减弱或丧失，导致水体受污、水质恶化，进而丧失河流的社会经济服务功能。因此，河流水环境承载能力是影响河流清洁性的主要因素。水清主要体现在水质良好和水面清洁两个方面，它描述了河流健康对水环境状况的要求。

1.良好的水质

河流中生物的生长、发育和繁殖都依赖于良好的水环境条件，农田灌溉、工业生产等社会生产活动以及居民用水、休闲娱乐等社会生活也同样需要良好的水环境条件，河流自净能力的强弱也与水环境条件密切相关。可见，良好的水质是河流提供良好生态功能和社会功能的基本保障。健康的河流应该能够保持良好的水体环境，满足饮用水源、工农业生产、生物生存、景观用水等功能要求的水质。

2.清洁的水面

水面是河流的呼吸通道，健康的河流应该保持这一通道的通畅，即保证水体与大气氧气交换通道的畅通。如果河道水面的水草、藻类大量繁殖，水葫芦、水花生等植物疯长，甚至将整个水面完全覆盖，将阻断水体与大气间的氧气交换通道，使水体富营养化进入恶性循环。因此，健康的河流应该保持清洁的水面，没有杂草丛生，也没有过度繁殖的水花生、水葫芦、水藻等富营养化生物，更没有杂乱漂浮的生活垃圾。

（二）流畅

流畅包含了流和畅的双层含义。流是指水体连续的流动性，水体营养物质的输送和

生物群体迁移通道的通畅，水体生态系统的物质循环、能量流动、信息传递的顺畅，水体自净能力的不断增强；畅是指水流的顺畅和结构的通畅，使河流具有足够的泄洪、排水能力，从而为人类社会活动提供一定的安全保障。由此可见，流畅反映了河流的水文条件和形态结构特征。具体地讲，就是在水文特征上体现为水量安全、流态正常和水沙动态平衡；在形态结构上体现为横向结构稳定、纵向连通顺畅以及适宜的调节工程。

1.安全的水量

水是河流生命的最基本要素，河道内生物生存、河道自然形态的变化以及各种功能均需要河流保持一定的水量。河流只有在维持基本水量以上水平时，才能保证河道的产流、汇流、输沙、冲淤过程的正常运转，才能维持生物正常的新陈代谢和种群演替，从而保证河道各项功能的正常发挥。另外，河道的水量也并非越大越好。在汛期，洪水对河道稳定、生物生存以及社会生产均会造成很大的危害。可见，水量的安全性要求控制在基本水量和最大水量范围之内。

2.连续的径流

河道水流流动表征着河流生命的活力。没有流动，河流就丧失了在全球范围内进行水文循环的功能；没有流动，河床缺少冲刷，河流挟沙入海的能力就会削弱；没有流动，水体复氧能力就会下降，水体自净作用就会减缓，水质就要退化，成为一潭死水；没有流动，湿地得不到水体和营养物质补充，依赖于湿地的生物群落就丧失了家园。与此同时，河流径流应保持适度的年内和年际变化。适度的年内和年际径流变化对河流的生态系统起着重要的作用，生活在给定河流内的植物、鱼类和野生动物经过长时间的进化已经适应了该河流特有的水力条件。如洪水期的水流会刺激鱼类产卵，并提示某类昆虫进入其生命循环的下一阶段，流量较小时，此时的水流条件有利于河边植物数量的增长。

3.顺畅的结构形态

河道结构是河水的载体和生物的栖息地，河道结构的状况会直接决定河水能否畅通无阻地流动和宣泄以及生物能否正常生存和迁徙。流畅的河道结构是保证水量安全、河水流畅和生物流畅的基础条件。河道结构流畅是指在水沙动态平衡条件下，河岸、河床相对稳定，形成良好的水流形态，从而促进河流功能的正常发挥，包括横向结构稳定、纵向形态自然流畅。河道横向结构状态是水流条件对河岸、河床的冲击和人类活动对河岸、河床改造的综合结果。健康的河流要求河岸带与河床均能保持动态的稳定性，即河岸带不会发生崩塌、严重淘刷等现象，水体的挟沙能力处于动态平衡状态，河床不发生严重淤积或冲坑，以保证水体的正常流动空间。纵向形态自然流畅是指河流系统的上中下游及河口等不同区段保持通畅性，而且不同层次级别的系统间又是相互连通的。河流纵向连通顺畅是水体保持流畅的前提，并能保证物质循环和生物迁徙通道的顺畅，形成多样的、适宜的栖息环境，从而促进河流生物的多样发展，充分体现了河流的健康。

4.适宜的调节工程

天然河流的发展，无法有效地为人类社会经济的发展提供服务。为了充分发挥河流的各项社会功能，通常会在河流系统上兴建一些调节工程，如闸站、堰坝、电站、水库等，各类调节工程在完成蓄水、防洪、灌溉、发电的同时，在不同程度上也必然对生态环境造成一定的负面影响。因此，在河流系统中兴建跨河调节工程应在充分考虑各方面因素的基础上，保持适宜的数量和规模。

（三）岸绿

岸绿是从营造良好生态系统的角度描述河流的健康特征的，这里的“绿”并不是单纯的“感官上的绿色”，更重要的是“完整生态系统的营造”，是一种“生态建设的理念”。这一特征既表示了健康河流系统应具有的较高的植被覆盖率，又表征了健康河流具有良好的植被配置和栖息环境。河流的绝大部分植被是生存在河岸带区域的，该区域是水域生态系统与陆地生态系统间的过渡带，它既是生物廊道和栖息地，又是河流的重要屏障和缓冲区，对维护河流的健康具有极为重要的作用。因此，岸绿的特征主要是通过良好的河岸带生态系统来体现的。良好的河岸带生态系统应保证河岸带具有较高的植被覆盖率、良好的植被组成、适宜的河岸带宽度以及适度的硬质防护工程，这不仅能为多种生物提供良好的栖息地，增加生物多样性，提高生态系统的生产力，还可以有效地保护岸坡稳定性，吸收或拦截污染物，调节水体微气候。综上所述，岸绿既是河道结构和调节工程等结构健康内涵的体现，又是生态功能健康内涵的体现。岸绿主要体现在较高的植被覆盖率、良好的植被组成、适宜的河岸带宽度和适度的硬质防护工程4个方面。

1.较高的植被覆盖率

河岸带内植被可以有效地减缓水流冲刷，减少水土流失，从而增强岸坡稳定性。植被的根、茎、叶可以拦截或吸收径流所挟带的污染物质，可以过滤或缓冲进入河流水体的径流，有效地减轻面源污染对河流水体的破坏，从而有效保护河流水体环境。一定量的植被可以为生物提供良好栖息地和繁育场所，一些鸟类在夜晚将栖息地选择在河边芦苇丛中，许多龟类喜欢将卵产在水边的草丛中。它还可以有效补给地下水，涵养水源。因此，保持较高的河岸带植被覆盖率是岸绿的首要要求。

2.良好的植被组成

组成部件单一的系统其自我组织、自我调节能力也相对较差，所以良好的生态系统不仅要保证植被达到一定数量，要求具有较高的植被覆盖率，还要保证植被的合理配置，这就要求植被组成不能过于单一，而应当具有丰富的植被种群和较高的生物多样性，以增强生态系统的自我组织能力。因此，河岸带植被应合理配置，保证良好的植被组成。良好的植被组成不仅可以使河岸保持良好绿色景观效果，更重要的是可以营造良好的生物生存环

境，完善生态系统的组成，增强生态系统的复杂程度，提高生态系统的初级生产力，从而提高河流的生态承载力和自我恢复能力。

3.适宜的河岸带宽度

河岸带是河流的边缘区域，它是生物的主要廊道与栖息地，也是河流的屏障与缓冲带，其宽度大小将直接影响河流的稳定性、生物多样性、生态安全性以及水质状况。只有保持适宜的河岸带宽度，才能充分发挥河岸带的通道与栖息地功能以及屏障与缓冲功能，以保证河流结构稳定、维持防洪安全、保持水土、减少面源污染、保护生物多样性，从而有效地发挥河流的自然调节功能、生态功能以及社会功能。

4.适度的硬质防护工程

河道稳定性是生物生存的首要条件。对于一些地质条件、水文条件较差的区段，稳定性要求得不到满足，这些区段应通过实施一定的硬质防护工程，以增强河岸的稳定性。硬质防护工程的实施有利于保护河岸或堤防的稳定，但是也造会不可避免地成生物栖息地的丧失、水体与土壤间物质交换路径的阻断、水体自净能力的下降等问题的出现。因此，对一条健康河流来说，在保证河岸安全稳定的条件下，应保持适度的河岸硬质防护工程，尽量避免过度硬质化工程。

（四）景美

景美是指河流的结构形态、水体特征、生物分布、建筑设施等给人以美观舒心、和谐舒适、安全便利的感受。它是人们对河流自然结构、生态结构、文化结构与调节工程的直接感受，是河流建设成效的综合体现，也是前三个特征的综合反映。结构形态、水体特征、生物分布、调节工程在前面三个特征中已阐述，以下重点说明建筑设施和文化结构。良好的建筑设施和文化结构必须具有多样性、适宜性、亲水性等特点，与周围环境相协调，成为人与自然和谐的优美生活环境的组成部分。它可以给人们带来安逸、舒适的生活环境，可以为人们提供休闲娱乐的亲水平台和休憩场所，提供学习历史、宣传环保知识的平台。它主要体现在丰富多样的自然形态、和谐的人水空间、完备的景观与便民设施、充分的文化内涵表现等方面。

1.丰富多样的自然形态

景美的河道在纵向上应保持多样的自然弯曲形态，在横向上具有多样变化的结构。

2.和谐的人水空间

景美的河道在滨水区，在保证安全的基础上，应保证足够的亲水空间和亲水设施，满足人亲水的天性要求。它是人们日常生活不可缺少的部分，是人们娱乐休闲和接触大自然的便利场所。

3.完备的景观与便民设施

景美的河流具有良好的景观资源和便民的设施，健康的河流能给人们的日常生活提供便利，具有较齐全的河埠头、生活码头、休憩场所等便民与休闲设施。

4.丰富的文化内涵表现

河流凝聚着其所在区域深厚的文化底蕴，既包括历史文化，又包括现代文明。景美的河流应能充分表现历史文化与现代文明的内涵。

因此，在河道规划设计与建设中，要按照科学发展、可持续发展的要求，体现人与自然和谐共生的治水理念，在恢复和强化河道行洪、排涝、供水、航运等基本功能的同时，重视河道的生态、景观建设，尽量满足河道的自然性、安全性、生态性、观赏性和亲水性要求。

三、生态河道治理规划设计

（一）生态河道治理的原则

1.自然法则

（1）地域性原则

由于不同区域具有不同的生态背景，如气候条件、地貌和水文条件等，这种地域差异性和特殊性要求在恢复与重建退化生态系统的时候，要因地制宜，具体问题具体分析，在定位试验或实地调查的基础上，确定优化模式。

（2）生态学原则

生态学原则包括生态演替原则、保护食物链和食物网原则、生态位原则、阶段性原则、限制因子原则、功能协调原则等。这些原则要求我们根据生态系统的演替规律，分步骤、分阶段，循序渐进，不能急于求成。生态治理要从生态系统的层次开始，从系统的角度，根据生物之间、生物与环境之间的关系，利用生态学相关原则，构建生态系统，使物质循环和能量流动处于最大利用和最优状态，使恢复后的生态系统能稳定、持续地维持和发展。

（3）顺应自然原则

充分利用和发挥生态系统的自净能力和自我调节能力，适当采用自然演替的自我恢复方式，不仅可以节约大量的投资，而且可以顺应自然和环境的发展，使生态系统能够恢复到最自然的状态。

（4）本地化原则

许多外来物种与本土的对应物种竞争，影响其生存，进而影响相关物种的生存和生态系统结构功能的稳定，对环境造成极大的损害。生态恢复应该慎用非本土物种，防止外来

物种的入侵，以恢复河流生态系统原有的功能。

2.社会经济技术原则

（1）可持续发展原则

实现流域的可持续发展，是河流生态治理的主要目的。河流生态治理是流域范围的生态建设活动，涉及面广、影响深远，必须通过深入调查、分析和研究，制订详细而长远的恢复计划，并进行相应的影响分析和评价。

（2）风险最小和效益最大原则

由于生态系统的复杂性以及某些环境要素的突变性，人们难以准确估计和把握生态治理的结果和最终的演替方向，退化生态系统的恢复具有一定的风险。同时，生态治理往往具有高投入的特点，在考虑当前经济承受能力的同时，还要考虑生态治理的经济效益和收益周期。保持最小风险并获得最大效益是生态系统恢复的重要目标之一，是实现生态效益、经济效益和社会效益完美统一的必然要求。

（3）生态技术和工程技术结合原则

河流生态治理是高投入、长期性的工程，结合生态技术不仅能大大降低建设成本，还有助于生态功能的恢复，并降低维护成本。生态恢复强调“师法自然”，并不追求高技术，实用技术组合常常更加有效。

（4）社会可接受性原则

河流是社会、经济发展的重要资源，恢复河流的生态功能对流域具有积极的意义，也可能影响部分居民的实际效益。河流生态治理计划应该争取当地居民的积极参与，得到公众的广泛认可。

（5）美学原则

河流常常是流域景观的重要组成部分，美学原则要求退化生态系统的恢复重建应给人以美好的享受。

（二）生态河道治理规划设计的要求

1.确保防洪安全，兼顾其他功能

在生态河道治理规划设计中，防洪安全应放在首位，同时须兼顾河道的其他功能，也就是要尽可能地照顾其他部门的利益。例如，不能确保了防洪安全，却影响了通航要求；不能整治了河道，却造成了工农业生产和生活引水的困难等。

2.增强河流活力，确保河流健康

生态功能正常是河流健康的基本要求。河流健康的关键在于水的流动。因此，规划设计时，需要明确维持河流活力的基本流量（或称生态用水流量），并采取措施确保河道流量不小于这个流量。

3.改造传统护岸，建造生态河岸

传统的护岸工程多采用砌石、混凝土等硬质材料施工，这样的河岸，生物无法自然生长栖息。生态型河道建设，应尽量选用天然材料构造多孔质河岸，或对现有硬质护岸工程进行改造，如在砌石、混凝土护岸上面覆土，使之变成隐性护岸，再在其上面种草实现绿色河岸。

4.营造亲水环境，构建河流景观

生态河流应有舒适、安全的水边环境和具有美感的河流景观，适宜人们亲水、休闲和旅游。但在营造河流水边环境及景观时，应注意与周围环境相融合、相协调。设计时，最好事先绘制效果图，并在充分征求有关部门和当地居民意见的基础上修改定案。

5.重视生物多样性，保护生物栖息地

在生态型河流建设中，对于河流生物的栖息地，要尽可能地加以保护，或只能最小限度地改变。若河流形态过于规则单一，则可能造成生物种类减少。确保生物多样性，需要构造多样性的河道形态。例如，连续而不规则的河岸；丰富多样的断面形态；有滩有槽的河床；泥沙有的地方冲刷，有的地方淤积等。这样的河流环境，有利于不同种类生物的生存与繁衍。

（三）生态河道治理规划设计的总体布局

1.保——防洪保安

防止洪水侵袭两岸保护区，保证防洪安全及人们沿河的活动安全。河道应有足够的行洪断面，满足两岸保护区行洪排涝的需要，河道护岸及堤防结构必须安全。在满足河道防洪、排涝、蓄水等功能的前提下，建立生态性护岸系统满足人们亲水的要求。采取疏浚、拓宽、筑堤、护岸等工程手段，提高河道的泄洪、排水能力，稳定河势，避免水流对堤岸及涉河建筑物的冲刷，使河道两岸保护区达到国家及行业规定的防洪排涝标准。

2.截——截污水、截漂流物

摸清河道两岸污染物来源，进行河道集水范围内的污染源整治，撤销无排水许可的排污口，满足最严格水资源管理的“水功能区限制纳污红线”要求。对工农业及生产生活污染源进行整治，新建、改建污水管道及兴建污水泵站和污水处理厂，提高污水处理率，通过对沿河地块的污水截污纳管，逐步改善河道水质；兴建垃圾填埋场及农村垃圾收集点，建立垃圾收集、清运、处理处置系统。

3.引——引水配水

对水体流动性不强，季节性降水补充不足的平原河网和城市内河的治理，需从天然水源比较充沛的河道，引入一定量的清洁水源，解决流速较小水量不充沛的问题，补充生态用水，并对河道污染起到一定的稀释作用。

4.疏——疏浚

对河岸进行衬砌和底泥清淤，改变水体黑臭现象。

5.拆——拆违

拆即集中拆除沿河两侧违章建筑，还河道原有面貌，并为河道综合治理提供必要的土地和空间。

6.景——景观建设

加强对滨水建筑、水工构筑物等景观元素的设计，恢复河道生态功能，改善滨水区环境，优化滨水景观环境。河道应具有亲水性、临水性和可及性，沿岸开辟一定的绿化面积，美化河道景观，尽可能保持河道原有的自然风光和自然形态，设置亲水景点，在河道的平面、断面设计及建筑材料的运用中注重体现美学效果，并与周边的山峰、村落、集镇、城市相协调。

7.态——保护生态

建设生态河道，保护河道中生物多样性，为鱼类、鸟类、昆虫、小型哺乳动物及各种植物提供良好的生活及生长空间，改善水域生态环境。

8.用——开发利用

开发利用沿河的旅游资源和历史文化遗存，注重对历史文化的传承，充分挖掘河道的历史文化内涵。开发利用河道两岸的土地，从各地的河道综合整治实例看，河道整治后，河道两岸保护区原来受洪水威胁的土地大幅度增值，临近河道区块成为各类用地的黄金地带。

在河道治理规划设计中要充分开发和利用这些新增和增值的土地，采用招商引资的办法，使公益性的河道治理工程产生经济效益，走开发性治理的新路子。

9.管——长效管理

理顺管理体制，落实管理机构、人员、经费，划定河道管理和保护范围，明确管理职责，建立规章制度，强化监督管理。开展河道养护维修、巡查执法、保洁疏浚，巩固治理效果，发挥治理效益。

（四）生态河道治理规划设计的内容

1.平面布置

在平面布置上，尽量将沿岸两侧滩地纳入规划河道范围之内，并尽可能地保留河畔林。主河槽轮廓以现行河道的中水河槽为依据，河道形态应有滩有槽、宽窄相间、自然曲折。必要时，可用卵石或泥沙在河槽中央堆造江心滩，或在河槽两侧构造边滩，使河道形成类似自然河道的分汊或弯曲形态。

2.堤（岸）线布置

堤（岸）线的布置与拆迁量、工程量、工程实施难易、工程造价等密切相关，同时是景观和生态设计的要素，流畅和弯曲变化的防洪堤纵向布置有助于与周边景观相协调，堤线的蜿蜒曲折也是河流生态系统多样性的基础。

堤（岸）线应顺河势，尽可能地保留河道的天然形态。山区河流保持两岸陡峭的形态，顺直型及蜿蜒型河道维持其河槽边滩交错的分布，游荡型河道在采取工程措施稳定主槽的基础上，尽可能地保留其宽浅的河床。

3.堤距设计

在确定堤防间距时，遵循宜宽则宽的原则，尽量给洪水以出路，处理好行洪、土地开发利用与生态保护的关系。在确保河道行洪安全的前提下，兼顾生态保护、土地开发利用等要求，尽可能保持一定的浅滩宽度和植被空间，为生物的生长发育提供栖息地，发挥河流自净功能。

在不设堤防的河段，因地制宜，结合林地、湖泊、低洼地、滩涂、沙洲，形成湿地、河湾；在建堤的河段，可在堤后设置城市休闲广场、公共绿地等，以满足超标准洪水时洪水的淹没。

4.堤防型式

堤防型式有很多，常见的有直立式、斜坡式、复合式，应根据河道的具体情况进行选择。选择时，除了满足工程渗透稳定和抗滑、抗倾稳定外，还应结合生态保护或恢复技术要求，尽量采用当地材料和缓坡，为植被生长创造条件，保持河流的侧向连通性。

5.断面设计

断面设计包括河床纵断面与横断面设计。自然河流的纵、横断面浅滩与深潭相间，高低起伏，呈现多样性和非规则化的形态。天然河道断面滩地和深槽相间及形态尺寸多样是河流生物群落多样性的基础，因此应尽可能地维持断面原有的自然形态和断面型式。

河床纵剖面应尽可能接近自然形态，有起伏交替的浅滩和深槽，不做跌水工程，不设堰坝挡水建筑物。

横断面设计，在满足河道行洪泄洪要求前提下，尽量做到河床的非平坦化，采用非规则断面，确定断面设计的基本参数，包括主槽河底高程、滩地高程、不同设计水位对应的河宽、水深和过水断面面积等。根据其不同综合功能、设计流量、工程地形、地质情况，确定不同类型的断面形式，如选用准天然断面、不对称断面、复式断面或多层台阶式结构，尽量不用矩形断面，特别是宽浅式矩形断面。不用硬质材料护底，岸坡最好用多孔性材料衬砌，为鱼类、两栖动物、水禽和水生植物创造丰富多样的生态环境。

6.护岸设计

在河流治理工程中，对生态系统冲击最大的因素是水陆交错带的岸坡防护结构。水陆

交错带是动物觅食、栖息、产卵的地方及避难所，植物繁茂发育地，也是陆生、水生动植物的生活迁移区。岸坡防护工程材料设计在满足工程安全的前提下，应尽量使用具有良好反滤和垫层结构的堆石，多孔混凝土构件和自然材质制成的柔性结构，尽可能避免使用硬质不透水材料，如混凝土、浆砌块石等，为植物生长，鱼类、两栖类动物和昆虫的栖息与繁殖创造条件。

护岸设计应有利于岸滩稳定、易于维护加固和生态保护。易冲刷地基上的护岸，应采取护底措施，护底范围应根据波浪、水流、冲刷强度和床质条件确定。护底宜采用块石、软体排和石笼等结构。河道护砌以生态护砌为主，可采用预制混凝土网格、土工格栅、草皮结构，低矮灌木结合卵石游步路，使河道具有防洪、休闲和亲水功能。

据有关资料，采用水生植物护坡，具有净化水质、为水生动物提供栖息地、固堤保土、美化环境的功能，是目前河道生态护坡的主要型式。

第十章 河道工程的维护

第一节 河道水工程病害的观测

一、水工程病害检查观测项目

（一）堤坝病害检查观测项目

堤坝基础检查是一项至关重要的任务，主要应关注的是其稳定性、变形、管涌和渗漏等。以下是主要检查观测项目。

（1）两岸坝肩区：主要包括绕渗、管涌、溶蚀、裂缝、沉陷和滑坡等。

（2）下游坝脚：主要包括渗流量变化、集中渗流、渗漏水的管涌、水质、沉陷，坝基淘刷、冲刷等。

（3）坝体与岸坡的交接处：主要包括坝体与岩体结合处错动、渗流、脱离，以及稳定情况。

（4）灌浆及基础排水廊道：主要包括排水量的变化、浑浊度、水质，基础岩石挤压、鼓出、松动和错动情况。

（5）坝基中的其他异常现象。

（二）土石坝病害检查观测项目

土石坝检查需要关注其坝坡不稳定、过量渗流、溶化、可溶性物质与固体材料的流失

和坝坡冲刷等。主要检查观测项目如下。

（1）坝顶：主要包括坝顶的高程、沉降、位移、平整度、裂缝等。

（2）上游面：主要包括护面破坏、裂缝、滑坡、沉陷、鼓胀或凹凸、堆积、冲刷、动物洞穴、植物生长。

（3）下游面及坝趾区：主要包括坝坡位移、裂缝、滑坡，泉水、水点、渗水坑、湿斑、下陷区，渗水颜色，浑浊度、管涌，植物生长，动物洞穴。

（4）下游排水反滤系统：主要包括堵塞或排水不畅，化学沉淀物、微生物，排水、渗水量的变化，测压管水位变化。

（5）土石坝的接头：主要包括土石坝与其他建筑物接头、界面工作状况及缺陷。

（6）观测仪器、设备：主要包括设置的合理性、工作状况。

（7）土石坝其他异常现象。

（三）混凝土坝病害检查观测项目

混凝土坝检查应注意沉陷，坝体渗漏，渗透的扬压力、水压力，施工期的裂缝以及混凝土的碱骨料和其他化学反应，冻融、溶蚀、水流侵蚀、气蚀等。主要检查观测项目如下：

（1）坝顶：主要包括坝面及防浪墙的裂缝、错动，坝体位移，相邻两坝段之间不均匀位移，沉陷变形、伸缩缝开合情况，止水破坏或失效。

（2）上游面：主要包括坝面裂缝，剥蚀，膨胀、伸缩缝开合。

（3）下游面：主要包括混凝土松软、脱落、剥蚀，裂缝、露筋，渗漏，杂草生长，膨胀、溶蚀、钙质离析、碱骨料反应，冻融破坏、溢流面冲蚀、磨损、气蚀。

（4）廊道：主要包括混凝土裂缝、漏水，剥蚀，伸缩缝开合情况。

（5）排水系统：主要包括排水不畅或堵塞、排水量的变化情况。

（6）观测仪器、设备：主要包括设置的合理性、工作状况。

（7）混凝土坝其他异常现象。

（四）溢洪设施病害检查观测项目

1.开敞式溢洪道

（1）进水渠：主要包括进口附近库岸滑坡、塌方，堆积物、漂浮物、水草生长，渠道边坡稳定，护坡混凝土衬砌裂缝、沉陷，边坡及附近渗水坑、管涌、冒泡，动物洞穴，流态不良或恶化。

（2）溢流堰、边墙、堰顶桥：主要包括混凝土气蚀、磨损、冲刷，裂缝、漏水，通气孔淤积，边墙不稳定，流态不良或恶化。

（3）泄水槽：主要包括漂浮物、混凝土气蚀（尤其是接缝处与弯道后）、冲刷、裂缝。

（4）消能设施（包括消力池、鼻坎、护坦）：主要包括堆积物；裂缝、沉陷、位移、接缝破坏、冲刷、磨损、鼻坎或消力库振动气蚀、下游基础淘蚀、流态不良或恶化。

（5）下游河床及岸坡：主要包括冲刷、变形，危及堤顷基的淘刷。

（6）开敞式溢洪道的其他异常现象。

2.泄洪隧洞或管道

（1）进水口：主要包括漂浮物、堆积物，流态不良或恶化，闸门振动，通气孔（槽）通气不畅，混凝土气蚀。

（2）隧洞、竖井：主要包括混凝土衬砌剥落、裂缝、漏水，气蚀、冲蚀，围岩崩塌、掉块、淤积，排水孔堵塞，流态不良或恶化。

（3）混凝土管道：主要包括裂缝、鼓胀、扭变，漏水及混凝土破坏。

（4）泄洪隧洞或管道的其他异常现象。

3.闸门及控制设备

（1）闸门、阀门：主要包括变形、裂纹、螺（铆）钉松动，焊缝开裂，油漆剥落、锈蚀，钢丝绳锈蚀、磨损、断裂，止水损坏、老化、漏水，闸门振动、气蚀。

（2）控制设备：主要包括变形、裂纹、螺（铆）钉松动，焊缝开裂，锈蚀，润滑不良、磨损，电、油、气、水系统故障，操作运行情况。

（3）备用电源：主要包括容量、燃料油量，防火、排气及保卫措施，自动化系统故障。

（4）闸门及控制设备的其他异常现象。

（五）道路交通病害检查观测项目

道路交通指坝区为观测和事故处理所必须的主要交通干道。主要检查观测项目如下。

（1）公路：主要包括路面情况、路基及上方边坡稳定情况、排水沟堵塞或不畅。

（2）桥梁：主要包括地基情况、支承结构总的情况、桥墩冲刷、混凝土破坏、桥面情况。

（3）道路交通的其他异常现象。

（六）堤防工程观测项目

（1）三级以上的堤防工程，一般应设置以下基本观测项目：①堤身沉降、位移；②水位、潮位；③堤身浸润线；④表面观测（包括堤身堤基范围内的裂缝、洞穴、滑动、隆起及翻砂涌水等渗透变形现象）。

（2）三级以下的堤防工程，根据工程安全和管理运行的需要，应有选择地设置下列专门观测项目：①近岸河床冲淤变化；②水流形态及河势变化；③附属建筑物垂直、水平位移；④渗透压力；⑤减压排渗工程的渗控效果；⑥崩岸险工段土体崩塌情况；⑦冰冻情况；⑧波浪情况。

二、土石坝的病害观测

由于自然和人为因素的破坏，许多土石坝都存在不同程度的裂缝、渗漏、滑坡和护坡破坏等潜在危险，使其成为具有潜在危险的河道或水库堤坝。准确、及时诊断土石坝的潜在危险和病害，采取及时的处理和加固措施，对保证土石坝的安全具有极其重要的意义。土石坝病害的观测重点主要集中在水平位移、垂直位移、固结和渗流等四类病害的监测。这些观测有助于全面了解土石坝的健康状况，为采取必要的维护和修复提供科学依据。

（一）土石坝水平位移观测

土石坝水平位移观测的方法通常涉及光学或机械手段，其基本步骤是设置一个基准线，然后通过每次测量土石坝上各测点相对于基准线的位置，计算得到测点的水平位移。根据设置的基准线类型的不同，可以采用垂线、引张线、视准线和激光准直线等方法。

依据《土石坝安全监测技术规范》的规定，水平位移的正负号分别表示向下游和向左岸的方向为正，相反方向为负。通过观测土石坝上各测点与工作基点之间相对位置的变化，可以获得各测点的水平位移。目前在工程中常用的方法包括激光经纬仪准直观测法、激光波带板准直观测法和水平位移真空激光准直观测法等。

1.水平位移激光经纬仪准直观测法

激光经纬仪准直观测法的本质是利用可见的准直射线来测量土石坝的位移。具体而言，激光经纬仪是在普通经纬仪上安装了一个激光管，例如，在J2型经纬仪的望远镜上安装一个氦氖激光管，这样就形成了J_2—J_D型激光经纬仪。

在激光经纬准直观测法中，当需要达到10^{-5}～10^{-4}量级的准直精度时，可以使用DJ_2型经纬仪配置氦氖激光器的激光经纬仪以及光电探测或目测有机玻璃方格网板；而当需要达到10^{-6}量级的准直精度时，可以采用DJ_1型经纬仪配置高稳性氦氖激光器的激光经纬仪和高精度光电探测系统。

在进行观测时，激光经纬仪发射一条可见的红色激光束照准目标，其原理与活动觇标视准线法完全相同。观测过程中，在土石坝一端的固定工作基点上设置激光经纬仪，而在另一端的固定工作基点上设置固定觇标。激光管通电预热后，激光束照射固定觇标，观测者通过调整使激光光斑中心与觇标重合，从而固定激光经纬仪的照准部，完成准直线方向的标定。这一过程使用了简单的目视法。

为了准确确定光斑中心并提高照准精度，可以采用光电接收靶进行接收。这种靶设置在觇标上，内置硒光电池。当指针偏离零位时，表示光斑未照准硒光电池的中心。硒光电池中心与觇标中心重合时，测微鼓上的相应读数是预先测定的。

在标定准直线方向时，首先将接收靶安置于固定工作基点并调平，然后转动测微鼓，使读数恰好为硒光电池中心与觇标中心重合时的数值。接下来，指挥司仪者转动仪器的水平微动螺旋，将激光束移动到照准硒光电池的位置，直至检流表的指针处于零位，这样就标定了准直线的方向。标定准直线方向后，激光经纬仪在水平方向不能再转动。

如果使用目视法，在位移标点上安置精密活动觇标，俯下望远镜，将激光投射在觇标上。通过转动活动觇标的微动螺旋，用目测使觇标的中心与光斑中心重合，然后按觇标上的游标读取偏离值。如果采用光电接收靶，则转动接收靶上的测微鼓，直至检流表的指针指向零，然后从测微鼓读取偏离值。对每个位移标点进行2～4次的重合，记录2～4个读数，然后取平均值。为了消除系统误差，采用正倒镜方法进行观测，并按照精度要求进行多次测回，取多次观测的平均值作为最终的观测结果。

2.水平位移真空激光准直观测法

（1）真空激光准直观测法的主要特点

我国首创的真空激光准直观测法采用了三点法准直原理，将整个光路放置于真空管道中。相较于其他方法，这种方法具有以下特点。

①高封闭性：光路在真空中传播，因此不受大气湍流、温度梯度、结露冰冻以及降雨、降雪和扬尘等气候影响。同时，它具备了设计成完全封闭系统的基本条件。

②高精度：基于系统的封闭性和现代光电检测设备的应用，真空激光准直观测法的精度可达到（1～2）$\times 10^{-7}$。

③稳定性：基于系统光路的封闭性和合理的系统设计，该方法能够将系统的光学和机械系统全部密封在真空环境中，不会受潮湿、霉菌和尘埃等因素的影响。这样可以极大程度地排除自然条件和人为干扰，实现长期稳定运行的效果。

（2）NJG型真空激光准直系统

NJG型真空激光准直系统的工作原理是利用氦氖激光器发射一束激光，该激光穿过与大坝待测部位牢固结合的波带板。在接收端的成像屏上形成一个衍射光斑，通过CCD坐标仪测量光斑在成像屏上的位移变化，得出大坝待测部位相对于激光轴线的位移变化。

①NJG型真空激光准直系统的构成

A.激光点光源。我们选用氦氖激光器作为准直系统的光源。这种激光器具有较好的单色性，而且光束的光强分布非常均匀。激光管被支撑在一个支架上，该支架具有方向调节功能，以便人们对激光管进行维修和更换。

B.波带板及可控翻转机构。在大坝待测部位设置了一块波带板，以及由单片机控制的可控翻转机构。在测量时，微机发送命令，启动相应测点的单片机，使波带板升起进入激光束内进行测量。测量完成后，波带板倒下退出激光束。每次测量时，只有一块波带板升起进入光束。

CCD坐标仪主要包括成像屏和CCD成像系统两部分。成像屏通过特殊工艺制造，其主要功能是确保激光束经过波带板后形成的衍射图像在成像屏上留下一个清晰的光斑。成像屏的测量范围为200mm×200mm。而CCD成像系统则将成像屏上的光斑转化为相应的视频信号，随后输出到计算机进行处理。

C.数据采集及控制系统。该系统包括工控机、图像卡、专用图像分析处理软件和系统控制软件。图像卡将CCD坐标仪传来的视频信号转换成数字信号，然后交由专用图像分析处理软件进行处理，以获取各测点的位移量。

在控制箱内，配备有NDA6700智能模块，用于控制真空泵、冷却水和激光系统的电气箱。该控制箱设有人工操作按钮，可在需要时手动启动，以控制真空激光系统的运行。在工控机的支持下，专用应用软件协调系统各组件有序运行。工作程序包括：启动激光电源，按时启动冷却水泵，启动真空泵，关闭真空泵，关闭冷却水泵，然后依次控制各测点进行测量，处理获得的观测数据，并通过光缆连接到监控中心，将数据保存到服务器数据库，并实时显示和打印输出。

D.真空设备。真空设备主要包括真空管道、平晶、不锈波纹管、真空泵和麦氏真空表。

②NJG型真空激光准直系统技术指标

NJG型真空激光准直系统最小读数为0.01mm；测量范围为200mm×200mm；真空管道漏气率小于10Pa/d；测量精度为0.1mm；真空管道工作真空度为10～40Pa。

（二）土石坝垂直位移观测

土石坝垂直位移观测的周期通常与水平位移观测相同，一般会同时进行。按照一般规定，垂直位移向下测量为正，向上为负。

观测土石坝垂直位移的原理是在坝体上设置位移标点，然后在两岸坡布置起测基点，同时在受水位变化影响较小的地基稳定处设置水准基点。首先，通过水准基点引测起测基点的高程，其次由起测基点引测位移标点的高程。测得的位移标点高程的变化即为测点处的坝体垂直位移。高程的引测通常采用水准测量法。

土石坝垂直位移观测分为三个步骤：首先，通过水准基点对各起测基点的高程进行校测；其次，由起测基点测定各垂直位移标点的高程；最后，计算得出标点的垂直位移。

1.起测基点校测

对于校测起测基点，建议使用二等水准测量。通过将水准基点的主点与所有起测基点构成水准环网进行联测，此过程中最好选用S1级精密水准仪，并配备铟钢水准尺进行施测。

水准测量的技术要求因水准等级的不同而有所区别。由于观测路线保持不变，为提高观测的精度，可以考虑将测站和转点固定。对起测基点的校测应当采用精密水准测量，并根据需要每年进行一次校测。

2.垂直位移标点的观测

垂直位移标点的测量通常采用三等普通水准测量，选择的仪器望远镜的放大倍数最好不小于30倍。在施测过程中，从坝的一端的起测基点开始，逐一测量各位移标点，直至到达坝的另一端的起测基点，然后进行返测。为提高观测的精度和效率，应坚持“四固定”原则，即固定人员、仪器、测站和时间，并确保每个测站的前后视距相等。具体的施测方法和技术要求与普通水准测量相同，可参考《国家一、二等水准测量规范》和《国家三、四等水准测量规范》。

坝体各垂直位移标点的高程是通过起测基点进行测算的。如果起测基点校测时出现沉降，则需要计算出起测基点的沉降量。在计算出坝体各标点的垂直位移后，需要对每个标点的垂直位移进行修正，方可得到以首次观测为参考的垂直位移数据。

三、土坝的渗流病害观测

（一）土坝坝体的渗流观测

土坝坝体的渗流观测主要通过埋设一定数量的测压管来实现。通过测量测压管内的水位及其变化，可以了解坝体内的渗流情况以及浸润线的位置。测压管的布置应根据水库的重要性和规模、土坝的坝型、断面尺寸、坝基的地质条件以及坝体的防渗和排水结构等因素来确定。

观测断面布置测压管时，通常选择在最为重要、具有代表性、能够控制主要渗流情况以及能够估计异常渗流情况的横断面上，例如最大坝高断面以及地质情况相对复杂的断面。布置测点断面的间距一般为100～200m，如果坝体长度较长且各断面情况基本相似，断面间距可适当增大。

对于大型河流（水库）的堤坝，每个断面至少应该安装3根测压管。在每个观测断面内，测压管的数量和安装位置应根据坝型、坝体尺寸、防渗设施、排水设备类型以及地基情况等因素来确定。这样的布置应确保观测结果能够真实地反映各观测断面内浸润线的几何形状和其变化，同时能够准确记录坝体各部分（坝身、防渗结构和排水设施）的工作情况。

（二）土坝坝基的渗流观测

土坝坝基渗流压力观测的目的在于了解坝基透水层中渗水压力的沿程分布，以评估坝基防渗和排水设施的工作效果，并决定是否应在下游渗流出口处采取必要的导渗措施。为实现这一目标，需要选择几个有代表性的渗流断面，在每个断面上布置若干测压管，用于观测各测点处的渗流压力水头。测压管的构造与坝体渗流观测相同。

在坝基中布置测压管的方式主要取决于坝基土层状况、防渗及排水设施的结构形式，以及坝基可能发生渗透破坏的部位。对于相对均匀的透水地基，通常沿坝轴线选择2～3个有不同代表性的横断面，每个断面可以根据需要布置3～5根测压管。而对于较为复杂的透水地基，应根据具体情况适当增加观测断面的数量和每个断面布置测点的个数。

（三）土坝绕坝渗流的观测

水在河道行洪（或水库蓄水）后，流经坝体防渗设备两端与建筑物接触的部分并向下游渗透的现象被称为绕坝渗流。绕坝渗流观测的主要目的是分析这些区域防渗和排水措施的工作状况，以预防可能出现的渗透破坏。观测绕坝渗流通常通过埋设测压管或孔隙水压力计在上述位置进行，布置测点的原则是能够记录渗流水面并分析其变化规律。

绕坝渗流测点的布置应根据坝体与坝基防渗和排水设施的型式与特点、两岸的地质情况或建筑物的轮廓形状而确定。一般来说，应满足以下要求：

（1）两岸绕渗的测点应沿流线布置成2～3排，每排设置3～4根测压管。

（2）如果河槽两侧存在台地，对于台地绕渗区的观测，应在垂直坝轴线方向设置2～3排测压管，每排测压管至少设3个测点。

（3）针对可能比较集中的透水层，应布设1～2排测压管。

（4）对于具有自由水面的绕渗观测，测点的埋设深度应根据地下水情况确定，至少应深入筑坝前的地下水位以下。在涉及不同透水层的渗流观测中，测压管应深入各透水层中。

四、堤防工程的病害观测

（一）堤防工程观测设计的要求

堤防工程观测设计的内容应涵盖观测项目选定、仪器设备选型、观测设施整体设计与布置、设备材料清单和工程概算的编制，以及提出施工安装与观测操作的技术要求等方面。埋设的观测设备应该安装可靠、经久耐用，并能满足以下要求：

（1）观测项目站点的布置应具备良好的控制性和代表性，既能反映堤防工程的主要运行状况，又能观测到潜在病害的先兆。

（2）堤防工程观测剖面应着重布置在工程结构和地形地质环境中具有显著特征和特殊变化的堤段或建筑物处，力求让一种观测设施同时具备多种用途。

（3）面对地形地质条件相对复杂的地段，根据实际需要，可以适当增加观测项目和观测剖面。

（4）观测设施的场地设置应具备良好的交通、照明和通信等工作条件，以确保在恶劣天气条件下能够正常进行观测。

堤防工程沿线的观测网点应建立一个统一的测量控制系统。起测点和工作基点应考虑布置在堤防背水侧地基比较坚实且容易引测的地点。各专门观测项目应进行统一规划，突出重点，并在前期进行充分的地质勘探和试验等基础工作。观测项目的选点布置及布设方式应经过必要的技术经济论证。

（二）堤防工程观测的具体设计

1.堤身沉降和位移观测

（1）堤身沉降量观测：可以利用沿堤顶埋设的里程碑或专门设置的固定测量标点，定期或不定期进行观测。对于地形地质条件较为复杂的堤段，应适当增加测量标点以提高观测精度。

（2）堤身位移观测：在进行堤身位移观测时，应选择在堤基地质条件较为复杂、存在渗流位势异常变化、有潜在滑移危险的堤段。每个代表性堤段的位移观测断面数量不应少于3个，每个观测断面的位移观测点不宜少于4个，以确保全面了解堤身的位移情况。

2.堤防工程的渗流观测

（1）针对汛期受洪水浸泡时间较长，可能发生渗透破坏的堤段，应当选择若干有代表性和控制性的断面进行渗流观测。

（2）堤防工程渗流观测项目，主要包括堤身浸润线、堤基渗透压力及减压排渗工程渗控效果等。必要时，还应当配合进行渗流量、地下水水质等项目的观测。

（3）渗流观测项目一般应当统一布置、相互配合进行观测。必要时，也可以选择单一项目进行观测。

（4）渗流观测断面，应布置在有显著地形地质弱点，如堤基透水性大、渗径比较短，对控制渗流变化有代表性的堤段。

（5）每一代表性堤段布置的观测断面应不少于3个。观测断面的间距一般为300～500m。如地形地质条件无异常变化，观测断面的间距可适当扩大。

（6）渗流观测断面上设置的测压管位置、数量、埋深等，应当根据场地的水文和工程地质条件，堤身断面结构形式及渗控措施的设计要求等进行综合分析确定。

（7）渗流观测应结合进行现场和试验室的渗流破坏性试验，测定和分析堤基土壤的渗流出逸坡降和允许水力坡降，据此判别堤基渗流的稳定性。

3.堤防的水、潮位观测

（1）在堤防工程沿线，应选择适当的地点和关键工程部位进行水位或潮位的观测。主要关注以下部位进行观测：① 水位或潮位变化显著的区域；② 需要观测水流流态的工程控制剖面；③ 水闸、泵站等水工建筑物的进出口；④ 进洪、泄洪工程口门的上下游；⑤ 与工程观测项目相关的水位观测点；⑥ 其他需要观测水位、潮位的地点或工程部位。

（2）水位、潮位观测设备的选型、布置以及水尺零点高程的校测和改正等技术要求，应按照国家标准《水位观测标准》中的相关规定执行。

4.堤防工程专门观测项目

（1）在汛期，需要对堤岸防护工程区域的近岸水流流向、流速、波浪、漩涡、回流以及折冲水流等流态变化进行观测，以了解水流的变化趋势，并监测工程防护效果。

（2）针对河型变化较为剧烈的河段，应对水流的流态变化、主流走向、横向摆幅以及岸滩冲淤情况进行常年观测或汛期跟踪观测，以监测河势的变化及其发展趋势。

（3）在汛期，对受水流冲刷岸崩现象较为剧烈的河段，应对崩岸段崩塌体形态、规模、发展趋势以及渗水点出逸位置等进行跟踪监测。

（4）针对受冻冰影响较为剧烈的河流，在凌汛期应定期进行冰情观测，包括：① 结冰期水流冰盖层的厚度和冰压力；② 淌冰期浮冰体整体移动的尺寸和数量；③ 发生冰塞、冰坝河段的冰凌阻水情况和壅水高度；④ 冰凌对河岸、堤身及附属建筑物的侵蚀破坏情况。

（5）针对受波浪影响较为剧烈的堤防工程，应选择适当的地点进行波浪情况的观测。①波浪观测的项目包括波向、波速、波高、波长、波浪周期以及沿堤坡或建筑物表面的风浪爬高等。②波浪观测站应设置在堤防或建筑物的迎风面水域比较开阔、水深适宜、水下地形较平坦的地方。

第二节 河道病害水工程维护与管理

河道工程建成后，若经过长期运行或管理不善，工程可能会出现各种问题。如果平时不对工程进行维护和管理，对已经出现问题的工程不及时进行维护和抢修，就会导致工程迅速损坏，失去原设计的功能，甚至给社会和群众带来灾害。因此，对河道病害水工程的维护与管理是一项极其重要的工作，必须引起高度重视。

一、病害水工程的管理分类与趋势

根据国务院《水利工程管理体制改革实施意见》、水利部《水利工程管理单位定岗标准》以及地方相关管理规定，对病害水工程的管理重点主要集中在管养分离后的水库水坝、大中型泵站、大中型水闸、大中型灌区，以及一至四级堤防（海塘）中的公益性工程。

二、病害水工程管理目标与内容

水工程建成后，能够发挥多方面的作用，包括航运、防洪、蓄水灌溉、供水、发电、养殖、环保、娱乐等。与此同时，水工程的维护与管理牵涉防洪安全、水质控制、土地利用、气候调节、河道交通、动植物保护、经济发展等重要方面。因此，国际上对水工程的管理通常是多目标的，包括经营性管理目标如灌溉和发电，公益性管理目标如航运、防洪、水质控制、环境保护等。在水工程管理中，公益性管理目标占据主导地位，直接关系到整个社会以及广大群众的切身利益。对于公益性水工程管理项目，中央或地方政府应将其作为重点扶持项目，提供政策、资金等多方面的支持。

现代水工程管理的最终目标是实现水资源的有效管理。然而，在我国当前的水工程管理中，重点和目标仍然集中在工程技术管理上，因为只有通过良好的水工程，水资源才能发挥其最大效益。国内外水工程实践证明，水工程管理的多个目标和内容通常包括以下几个方面。

（1）水工程看管与运行。看管指对水工程的看护与保护，以确保工程在建成后不受人为和其他因素的破坏；运行主要指配套设施的操作运行，例如，河道的堤坝在行洪期间自然处于挡水运行状态。

（2）水工程检查与观测。检查与观测被视为工程管理的前提和基础，旨在确定工程设备的工作状态，并及时发现工程暴露出的潜在问题。确定工程设备的工作状态：通过检查与观测，确定工程设备性能的完好程度，为安全运行提供可靠的依据。通过检查与观测，及时发现可能存在的问题，为修理、除险加固甚至报废提供决策的依据。这些目标和内容可以划分为不同层次的管理，包括初级管理（水工程看管）、基本管理（水工程运行）、中间管理（水工程检查与观测）、基础管理（水工程维护保养），以及高级管理或终端管理（水工程安全鉴定至水工程报废）。

（3）水利工程的维护与保养是工程管理的基本部分。这包括工程设施在良好状态下进行的技术措施，而不是等到问题出现后再修复。其目的是保持工程设施的美观性和完整性，并延长其使用寿命。特别地，对于河道上的水闸启闭设备、机电设备和堤坝的观察设施，维护与保养显得尤为重要。

同时，水利工程的维护保养和监测观察共同构筑了工程管理的基础框架。它们是工程管理中常规的、规模大的、基本的工作内容，是良好工程管理的根本基础。因此，它们都是现代水利工程管理的重要焦点。

（4）水利工程的安全鉴定是一种最高级别的检查和认证。它是在常规的工程监测和维护保养的基础上，邀请相关专家对工程设施进行全方位的审查和分析，并最终得出设施是否运行安全的结论，进而确保工程设施的安全运行。经验充分说明，只有当我们认真执行工程监测和维护保养工作时，我们才真正遵循了“安全第一、预防为主”的全程管理原则。

（5）更改修理、除险加固是工程设施出现问题及性能改变不满足使用要求时，采取的恢复工程性能和状态的技术措施，它与维护保养完全不同。

三、病害水工程管理要点

基于我国的基本国情和管理经验，我们对病害国有水工程采取统一和分级管理原则相结合的方式。在一般情况下，国有水工程的管理责任由其服务和保护的行政区域内的水务管理部门承担，然而，对于跨越行政区域的水工程，则由共同的上级水务管理部门或受益主要地区的水务管理部门来负责。小型水工程，如果其服务和保护的范围仅限于乡镇规模，可以由乡镇人民政府进行管理。为了确保水工程得到有效的管理和使用，以下几个方面在管理工作中应予以注意。

（1）在制定国有水工程建设计划时，应同时制订切实可行的管理计划，明确管理架构、管理机构和管理费用的来源。如果没有制订管理计划或者没有管理费用的来源，项目不应启动。管理设施应与主要工程同步建设，如果管理设施尚未完工，不应进行工程竣工验收。

（2）建设单位在水工程竣工验收合格并正式移交管理单位时，需要同时移交水工程土地使用权证书、水工程建设档案，以及明确水工程管理和保护范围的文件。

（3）依据所承担的任务，国有水工程管理单位分为纯公益性、准公益性和经营性三类，应根据各自的类型分别进行管理。

①对于纯公益性水工程管理单位，其工程运营、维护和保养的费用，应由对应的地方财政部门负责承担，而工程更新和改造的费用应纳入基础设施投资计划中。

②对于准公益性水工程管理单位，其公益性功能部分所需的费用应根据之前的规定执行，而经营性功能部分所需的经费则由水工程管理单位自行承担。

③对于经营性水工程管理单位，其工程运行、维护保养的经费，应由水工程管理单位承担。

（4）县级及以上的地方人民政府水行政主管部门须加大水工程安全的监督和管理力度。应按照水工程的管理权进行定期的安全检查，并对有安全隐患的水工程在第一时间向同级人民政府报告，并且积极采取措施以消除安全隐患。同时，乡镇级人民政府也需要加大对小型水工程在本行政区域内的管理力度，明确管理责任主体，定期组织检查，确保工程设施的完善与正常运转。

（5）由县级及以上地方人民政府水行政主管部门设立的水工程管理单位，负责国有水工程的全面管理、运营和维护。国有水工程管理单位应服从水资源的防洪抗旱等方面的指挥，建立和完善管理制度，并根据相关技术标准对水工程进行定期安全监测，以确保水工程的安全和正常运行。在发现有安全隐患的水工程时，应立即采取应对措施，并将情况报告给有管辖权的水行政主管部门。同时，国有水工程管理单位应秉承效能化与精简化的原则，推行管理与养护的分离，以提高维护水平并降低运营成本。

（6）非国有水工程通过法定方式由其所有者自行管理和运营。所有者和经营者都应确保该工程的完整性和安全运行，遵守防洪抗旱等水源管理的法规，并接受县级及以上水行政主管部门的专业指导和监督。

（7）国有水工程管理单位可以在其管理范围内充分利用水土资源、设施和设备，根据地理条件进行相关业务活动。纯公益性的水工程管理单位需对管理和经营行为进行区分。其他单位和个人在执行国有水工程范围内的水土资源业务活动时，须得到水工程管理单位的允许，并实现有偿使用。

①利用国有水工程范围内的水土资源进行商业活动，必须得到具有管辖权的水行政主管部门的批准。如果商业活动涉及其他部门，水行政主管部门需要与相关部门共同审批。

②由国有水工程管理单位获得的收益应用于水工程的运行、管理和维护。

③在水工程范围内进行商业活动，不能对工程的安全和正常运行产生影响，不能违反水功能区的划分，不能破坏生态环境并污染水资源。

（8）国有的中小型水工程和非国有水工程可以通过合法途径进行转让、租赁、承包。若要改变工程原设计的主要功能，则必须按照国家相关规定上报水行政主管部门并获得批准。

四、河道工程的管理要点

（一）河道堤防的管理要点

河道和堤防构成了一个密不可分的管理系统。为了确保河道的畅通，两岸需要建有稳固的堤防以安全控制水流。同样，为了保证堤防工程的稳定性，河道必须安全有效地排放洪水。这两个要素是互相依赖的，缺一不可。在这个河道管理系统中，首先要明确护堤地的界限，其次确定工程保护的具体范围，最后，才会涉及堤顶、堤坡、跌水坝、交通和通信设施、生物工程以及其他必要的维护设施的管理。

1.护堤地范围

护堤地的范围应基于水工程级别，并结合当地自然条件、历史习惯以及土地资源的开发利用来确定。以下是具体的分析方法和原则。

（1）护堤地的顺堤方向布置应与堤防走向保持一致。

（2）护堤地的横向宽度，从堤防内外坡的脚线开始计算。对于设有戗堤或防渗压重铺盖的堤段，宽度应从这些结构的坡脚线开始计算。

（3）堤内外护堤地的宽度需明确。

（4）护堤地在堤防工程首尾端的纵向延伸长度，根据地形特点适当调整。一般可以参考相应护堤的横向宽度来确定。

（5）对于特别重要的堤防工程或关键危险段，考虑到工程安全和管理需求，可以适当扩大护堤地范围。

（6）海堤工程的护堤地范围，通常临海侧宽度为100米～200米，背海侧为20米～50米。若背海侧有海堤河，护堤地的宽度应以海堤河为界。

（7）城市堤防工程的护堤地宽度，在确保工程安全和便于管理的前提下，可根据城区土地利用情况来决定。

2.护岸控导工程的管理范围

护岸控导工程的管理范围需要根据不同情况进行明确定义，除了考虑工程本身的建筑范围外，具体可分为以下情况。

（1）邻近堤防工程或与堤防工程形成整体的护岸控导工程，其管理范围应从护岸控导工程基脚连线起，向外侧延伸30～50m。但延伸后的宽度，不应小于规定的护堤地范围。

（2）与堤防工程分建且超出护堤地范围以外的护岸控导工程，其管理的范围：横向宽度应从护岸控导工程的顶缘处和坡脚线起分别向内外侧各延伸30～50m；纵向长度应从工程两端点分别向上下游各延伸30～50m。

（3）在平面布置上不连续，独立建造的坝垛、石矶工程，其管理范围应从工程基脚轮廓线起沿周边向外扩展30～50m。

河势变化比较剧烈的河段，考虑工程安全方面的需要，其护岸控导工程的管理范围应适当扩大。

3.工程保护范围

（1）在堤防工程背水侧紧邻护堤地边界线以外，应划定一定的区域，作为工程保护范围。

（2）堤防工程临水侧的保护范围，应按照国家颁布的《河道管理条例》有关规定执行。

4.堤顶及道路

（1）混凝土路面。混凝土路面应当完好，符合原设计的使用功能，破损面积不得大于2%，路面整洁、无杂物，堤肩线应顺直。

（2）碎石、土路面。碎石、土路面应平整，无大的坑坎，无杂草杂物，车辆以40km/h的速度行驶时无明显颠簸，坝肩线应顺直。

（3）无道路堤顶。无道路堤顶应平整，植被高度保持一致，坝肩线应顺直。

（4）集水沟。集水沟的集水槽应完好，其破损率不得大于5%，槽内部无杂物。

（5）边道。堤防的边道应表面平整，与混凝土路面、集水槽上顶高程一致，自然植被的高度保持一致。

（6）路牙。堤防的路牙应顺直平整，与路面高程保持一致，偏差不超过±10mm，砌筑比较牢固，弧线曲率变化均匀自然。

5.堤防的堤坡

（1）土质坡面。坡面植被修剪良好，高度保持一致，没有高秆杂草，也没有燎荒现象。坡面上不含块石、碎石及其他杂物。坡面相对平整，每处坑洼或突起的面积不超过$0.5m^2$，且没有雨淋冲沟和狼窝鼠洞。

（2）框格坡面。混凝土框格护坡的破损率不得超过2%，松动、隆起、塌陷率不大于5%。框格内草皮修剪良好，高度一致，没有高秆杂草，也没有燎荒现象。

（3）马道。堤防的马道坡肩线和坡脚线顺直，每处坑洼或突起的面积不超过$0.5m^2$。两侧的草皮修剪良好，高度保持一致，没有高秆杂草，也没有燎荒现象。

6.堤防的生产桥

（1）桥面。桥面破损面积每处不得超过$0.5m^2$，桥面排水系统应确保桥面污水及时排至堤外，同时桥面排水孔应保持封堵。在桥梁两侧应设置明显的禁行和限载标识。

（2）桥墩、栏杆、护栏。桥墩和栏杆应坚固无破损，混凝土不得出现破损和露筋现象。护栏应被牢固地安装，整洁且无破损。

7.河道中的水面

河道水体应保持清洁，漂浮物面积不得超过2m²，河床内不应出现明显淤积，且不允许有阻水的植物存在。

8.护砌堤防坡面

（1）浆砌石坡面。坡面护砌凸起、凹陷率不得超过2%，砌块缺失和破损率不得超过2%，勾缝破损率不得超过2%，坡面上不得有浮石和杂物。

（2）联锁板坡面。坡面护砌凸起、凹陷率不得超过5%，砌板应保持完好平整，缺失和破损率不得超过5%，坡面成片杂草的面积不得超过0.5m²。

9.堤防的跌水坝

（1）坝身。跌水坝的坝身应当比较完整，无缺损、无裂缝、无坍塌。

（2）消力池。跌水坝的消力池应无缺损、无裂缝，内部无淤积现象。

（3）海漫。跌水坝的海漫应完整，表面无杂物，抛石无缺失。

（4）消力坎（墩）。跌水坝的消力坎（墩）应完整，破损率不超过1%。

10.河道支流口

河道支流口周围环境保持整洁，没有杂物和浮石，杂草的高度保持一致。护砌坡面保持完好无损，表面没有杂草和杂物。挡土墙的破损面积不超过2m²，出水口处没有任何杂物。

11.交通与通信设施

①堤防交通管理系统是堤防管理的重要组成部分，主要包括对外交通和对内交通。

A.对外交通。根据工程管理和抗洪抢险的需求，需要沿堤线分段修建上堤公路，并与区域性水陆交通系统相连接，以确保对外交通的畅通。

B.对内交通。利用堤顶或背水坡沿堤顺势作为对内交通干道，连接河道各管理处、附属建筑物、附属设施、险工险段、场站码头、生产企业、土石料场等，以满足各管理点之间的交通联系。

②内外交通系统，要根据工程管理和防汛任务的需要，参考《公路工程技术标准》的有关规定，确定公路等级和其他有关设计参数。

③内外交通系统，要满足行车安全和运输质量的要求，同时设置必要的管理、维修、防护、监控等附属设施。

④河道堤防管理单位应建立为堤防工程的维修管理、抗洪抢险、防凌防潮服务的专用通信网络。

⑤河道堤防工程通信网的通信范围及应具备的功能：

A.国家、省（自治区、直辖市）、地（市）县（市）防汛指挥机构之间的专用通信。

B.各级河道堤防管理单位的内部通信，与邮电通信网的通信。

C.河道堤防通信网应具有群呼、选呼、电话会议等功能。分洪、蓄洪区的通信网应有预警、疏散广播功能。

D.河道堤防通信网一般应具有数据传输功能。而特别重要的河道堤防工程可增加图像传输功能。

⑥在河道防汛期间，堤防通信网的可通过率不得低于99.9%。应该注意的是，对于具体的技术规范和标准，建议咨询相关领域的专业人士或查阅最新的技术文件以确保准确性。

12.河道的生物工程

为了保护河道堤防的安全和生态环境，生物工程主要包括防浪林带、护堤林带、草皮护坡等项目。这些工程的防护效果应满足以下要求：

（1）消浪防冲，防止暴雨洪水、海潮、冰凌、风沙、波浪等对堤防工程的侵蚀破坏。

（2）拦沙固滩，保护河道堤防和护岸工程的基脚，确保其安全稳固。

（3）涵养水土资源、绿化堤容堤貌，通过实施生物工程，实现水土资源的保育，同时进行绿化，优化生态环境，创造美丽的旅游景色。

防浪林带和护堤林带应按照统一的规格和技术要求进行栽种，并覆盖堤防工程的临水和背水侧护堤地范围。临水侧的植被主要用于构建防浪林带，可以适当扩大其种植范围，以增强防冲效果。

大型河道堤防的防浪林带在优化结构时，宜采用乔木、灌木、草本植物相结合的立体紧密型生物防浪工程。防浪林的种植宽度、排数、株行距等，应根据满足消浪防冲要求并不影响安全行洪的原则来确定。在必要的情况下，可采用相似条件下的防浪林观测试验成果，进行类比分析后最终确定。

选择防浪林的苗木时，宜优先选用耐淹性好、材质柔韧、树冠发育、生长速度快的杨柳科，或其他适应当地生长条件的树种。这样的选择将有助于提高防浪林带的效益和生态效果。护堤林带的种植宽度和植株密度应根据堤防背水侧护堤地的土壤气候条件和防治风沙、保护水土等环境因素来确定。选择护堤林带的树种宜适应当地土壤气候、具有材质良好、快速生长、经济效益较高的特点。堤身和护堤基脚范围内不宜种植树木。对于已经种植了树木的堤防工程，需要进行必要的技术安全评估，以确定是否保留。

为了防止暴雨、洪水、风沙、冰凌、波浪等自然因素对土堤坡面的侵蚀和破坏，在种植防浪林带和护堤林带之外，一般还应该考虑种植草皮来进行护坡。选择用于护坡的草皮

应适应当地土壤气候条件，具有耐干旱、耐盐碱、抗潮湿、根系发达、生命力强的特性。

13.其他维护管理设施

（1）沿着河道堤防工程的整个长度，应从起点到终点依次进行计程编码，并埋设永久性的公里碑。每两块公里碑之间，根据实际需要，可以依次埋设设计百米断面桩。

（2）沿堤建造的堤岸防护工程和工程观测设施的观测站或观测剖面，应设立统一制作的标志牌和护栏，并进行统一编号，以便管理。

（3） 在河道堤防工程管理范围内，如果存在血吸虫等地方病疫区，应设置专门警示牌。

（4）沿着河道堤防工程的整个长度，在两个不同行政区划管辖的相邻堤段和沿护堤地的分界线处，应统一设置界碑和界标。

（5）沿着河道堤防工程的整个长度，每隔1 ~ 2km应建造一所护堤房（兼作防汛哨所），每所护堤房的建筑面积一般不小于60m²。房屋设计宜采用标准化结构型式。护堤房宜建造在堤防背水侧的墩台、隙地或专门加宽的堤顶上。

（6）堤防工程沿线与交通道路交叉的道路口，应设置交通管理标志牌和拦车卡。

（二）河道水闸的管理要点

河道上现代水闸的工程管理主要涵盖水闸、启闭机、混凝土建筑物和通信设施这四个方面，它们的管理要点可以分为以下几个方面。

1.水闸闸房

（1）闸房的门窗应保持齐全，封闭严密，内部保持清洁，无破损现象。

（2）闸房的高度和宽度应满足安装、检修和操作的需要。

（3）闸房内的照明应保持正常，以满足安装、检修和操作的需求。

2.水闸闸门

（1）闸门应采取有效的防腐措施，确保闸门表面清洁，没有水生物及大量泥沙、污垢、杂物等附着。同时，闸门不应有变形和锈蚀现象。

（2）闸门的所有运转部位应保持润滑完好，油路通畅，油压满足，油量适中，油质合格，运转速度正常。

（3）闸门的止水装置应密封完好且可靠。在闭门时，不应有翻滚和冒流的现象。当闸门后无水时，不应有明显的水流散射，每米的漏水量不得超过0.2L/s。

（4）闸门的行走支撑装置不得有锈蚀、磨损、裂缝和变形。其锁定装置应完备且运行可靠。冬季破冰装置的运行也应是可靠的。

3.启闭机

（1）启闭机的防护罩和机体表面应保持清洁无锈，连接件应保持牢固，没有松动

现象。

（2）启闭机应运行良好，制动装置可靠，传动部位应保持良好的润滑。

（3）启闭机的开度指示器应准确可靠，限位装置的运行也应是可靠的。

4.电气及控制设备

（1）水闸工程中的电气设备应确保接地可靠，绝缘性良好，触点紧密无烧结现象。

（2）电动机的外壳应保持无尘、无垢、无锈、油漆完好。接线盒应防潮防水，压线螺栓应保持牢固。

（3）电气屏柜应保持清洁，内部接线整齐有序，仪表指示应准确。

（4）变压器应保持清洁、无渗漏、无异响。设置在台上的变压器必须装备防护装置。

（5）电气设备必须安装合格的漏电保护器，并设置防雷保护装置。

（6）对于防洪泄洪及重要的闸涵，必须配置专用的备用电源。

5.启闭钢丝绳

（1）对于水闸中使用的启闭钢丝绳，要精心保养，确保不缺油、不断丝、不生锈。

（2）缠绕在启闭机滚筒上的预绕圈数应符合设计规定，如无具体规定，一般应不少于5圈。如果压板螺栓设在卷筒翼缘的侧面，并用鸡心铁挤压，则应不少于2.5圈。

（3）钢丝绳的型号、直径、规格、抗拉强度、伸长率和安全系数等均应符合设计要求。

6.混凝土建筑物

（1）水闸两侧的护坡不应出现松动、塌陷、隆起、底部淘空和垫层流失等问题，坡面上不得有杂草、杂物和垃圾。

（2）水闸的反滤设施、减压井、导渗沟、排水设施等应确保畅通，不得有阻塞现象。

（3）水闸的消力池、闸门前、闸门后及门槽范围内，不应存在大量杂草、垃圾及漂浮物。

（4）水闸的混凝土及钢筋混凝土建筑物不得剥落、裂缝，表面应保持清洁卫生。

7.水闸监控设施

在河道水闸的现代管理中，应朝着自动化、程序化、规范化的方向推进。对水闸进行有效监控是十分必要的。监控设施应尽量齐全，并确保完整清洁、运行可靠。

8.垂直位移观测

（1）根据河道水闸管理的经验，每年在汛期前后都应进行一次水闸的垂直位移观测，以分析并确认水闸的稳定性。

（2）当河道水闸所在地区发生地震或洪水超过设计最高水位、最大水位差时，应根据情况适当增加观测次数。

（3）进行水垂直位移观测时，基准点要完整无损，水准基点的高程应按时进行校测。

9.通信设施

水闸管理单位应配置完备的通信设施，以保证通信的可靠性，尤其是在汛期绝对不能出现通信中断的情况。

第三节 河道病害水工程养护与修理

水工程运行过程中，经常受到各种自然和人为因素的影响，导致其功能逐渐退化并呈现病害状态。若不进行常规养护和及时修理，情况可能会进一步恶化，最终可能导致水工程的损坏甚至溃决。

病害水工程的养护与修理是指在水工程兴建完成、验收合格后投入运行的过程中，由于受到各种自然和人为因素的影响而呈现病害状态，需要进行的保养与修理活动。这种养护修理与正常水工程的养护修理一样，一般可分为以下四类。

（1）经常性养护修理：根据巡视检查中发现的问题进行的日常保养维修和局部修补，以保持工程的完整和正常运行。

（2）岁修：指一年一度对水工程进行的全面整修工作，是水工程养护与修理的重要组成部分。

（3）大修：当水工程遭到较大程度的破坏后，需要进行工程加固和整修处理，以恢复工程的正常运行。

（4）抢修：在水工程发生意外破坏、导致一定程度的险情，危及工程安全时，需要进行紧急抢修措施。

经常性的养护修理不仅能防患于未然，还能阻止已出现病害的水工程进一步恶化。岁修是例行的定期保养修理，是非常必要的常规工作。大修针对水工程病害造成重大隐患，进行保养与修复。抢修则是面对工程出现险情时的紧急修复措施。

一、堤防工程养护与维修

（一）河道堤防工程的保养

在堤防工程的管养分离体制下，维护养护旨在对工程进行保养和防护。在实践中，必须遵循经常养护、及时修复、养修并重的原则，正确处理养和护之间的关系。我国目前对堤防工程养护的方法已经发生了变化，从过去粗放型的人工修补管理向精细化转变，同时从过去的人工作业方式转向机械化和现代化作业方式，以解决养护标准不高、劳动强度大的问题。

在保养阶段，需要做好前期工作，根据管理单位安排的项目，制订合理的施工组织计划，并根据变化的情况不断进行优化。这包括根据天气变化、降雨量和气温的高低及时安排和调整班组任务。同时，要妥善管理保养物料的储备，以确保保养工作的及时性。在维修养护方面，需要根据发展的实际情况考虑周围社会环境和沿河群众的生活习性，不仅考虑原标准和功能，还要顾及周边环境的实现变化。

为了逐步实现数字化管理，需要加强前期和保养过程中的资料整理和分析，积累维修保养方面的经验教训。同时，应当加大堤防隐患探测的力度，提升科技含量，有针对性地应对堤防工程老化的特点，以恢复原设计标准和功能。

（二）河道堤防工程的防护

（1）充分认识河道堤防工程看护的重要性。由于人们通常居住在靠近水源的地方，河道两岸的村庄密度很大，人口众多，因此沿河活动频繁。人类活动对堤防工程有着重大影响，一旦发生危险，对人的伤害也将十分严重。面对这一客观现实，我们必须努力克服过于重视维修而轻视看护的思维，因为如果看护不力，就无法保持维修成果，工程的效益和作用也难以充分发挥。

（2）加大堤防工程防护宣传力度的投入。在标志牌、警示牌和媒体报道上，我们需要创新方式和方法，收集通俗易懂、容易记忆和传播的宣传语言。通过这些手段，让广大民众了解保护河道和堤防的方法和重要性，达到广为人知的效果，提高沿河群众保护河道和堤防的自觉性。

（3）建立堤防联防看护体系。按照《国务院办公厅转发体改办的通知》的要求，我们需要建立较为完善的政策和法律支持体系，紧密依靠沿河地方政府和群众。争取制定针对性强、操作便捷的地方性法规和文件，结合水行政执行。此外，还应与沿河公安部门合作，共同建立河道堤防看护组织。

（4）在保护好河道堤防工程的同时，我们还要注重保护好河道、河岸、河坡、河道中的砂石和河道内的建筑物。同时，我们还需要加强对涉河项目的管理工作。

（5）组建专业化堤防维修养护队伍。自新中国成立以来，大多数河道堤防一直采用专管与群管相结合的管理体制。虽然组建专业化的堤防维修养护队伍是未来的发展方向，但我们也要充分考虑其发展历史和演变过程。我们需要根据不同地区的实际情况逐步形成专业化的养护队伍，避免一成不变的模式。

二、河道水闸的养护与修理

为了更有效地控制水流、发挥水工程的效益和较高的调节能力，河道和水库常使用闸门来进行水量的调节和控制。因此，对闸门和启闭机进行定期养护和修理至关重要，如此方可确保它们的启闭灵活便捷，避免因闸门和启闭机而发生意外事故。

衡量闸门和启闭机养护工作的好坏有以下标准：动力系统的可靠性、传动系统的良好运转、润滑系统的正常工作、制动系统的可靠性、操作的灵活性、结构的稳固性、启闭的顺畅性、支承结构的牢固性、埋设部件的耐久性、封闭性能的可靠性，以及清洁程度和防锈性。

（一）对闸门的养护

（1）经常清理闸门表面的水生物、污垢、泥土和杂草，以防止钢材腐蚀，保持闸门清洁、美观，并确保灵活运作。特别要注意门槽处可能出现的卡阻问题，定期用木竹等工具检查门槽，及时处理卡阻，防止因此导致闸门开度不足或关闭不严。

在泥沙丰富的河流中，如浮体闸和橡胶坝常遇到泥沙淤积问题，这会严重影响闸门正常启闭。遇到这种情况，需要定期使用高压水冲洗或机械清理。

（2）闸门的门叶作为主体，要求保持不生锈、不漏水。防止门叶发生变形、杆件弯曲或断裂、焊缝开裂以及气蚀等问题。为了防止振动，需要对刚度较小的闸门进行加固，改变结构的自振频率，降低振动发生的概率。

为预防气蚀，需要修正闸门的边界形状，消除引水结构表面的不平整度，改变闸门的底缘形式，采用抗蚀性能高的材料。对于已经发生气蚀的部位，要及时使用耐蚀材料进行修复或加固。

（3）闸门升降时的支承机构是主要活动和承力部件，需要定期进行保养和维修，防止滚轮生锈导致不灵活。同时，需注意对弧形闸门固定铰座进行润滑工作。

（4）保证门叶和门槽之间的止水（水封）装置不漏水。定期清理止水装置上的杂草、冰凌或其他障碍物，及时更换松动、锈蚀的螺栓，确保止水表面光滑平整，防止橡胶止水老化，对木质止水要进行防腐处理。

（5）对门槽及预埋件进行养护。对各种轮轨摩擦面采用涂油保护，预埋铁件要涂防锈漆。定期清理门槽中的淤积物和杂物，及时加固处理预埋件出现的松动、脱落、变形、

锈蚀等问题。

（二）启闭机的养护

（1）定期清扫电动机外壳上的灰尘和污物，确保轴承的润滑油脂足够并保持清洁。保持定子与转子之间的间隙均匀，检查并测量电动机相间以及相对铁芯的绝缘电阻，确保没有受潮。务必保持它们始终处于干燥状态。

（2）电动机的主要操作设备应该保持整洁有序，确保良好的接触。机械传动部件要保持灵活自如，接头要连接可靠，限位开关要定期检查和调整。严禁使用其他金属丝替代保险丝。

（3）在使用启闭机的润滑油料时，不得随意混用。对于高速滚动轴承，应使用润滑脂进行润滑。其中，钠基润滑脂由钠皂和润滑脂制成，具有较高的熔点，在温度达到100℃时仍能保持安全的润滑效果。另外，钙基润滑脂由钙皂和矿物性油混合制成，适用于水下和低速转动装置的润滑部件，例如启闭机的起重机构、齿轮、滑动轴承、起重螺杆、弧形闸门支铰、闸门滚轮和滑轮组等。对于封闭或半封闭的部件，如变速器和齿轮联轴节，通常使用润滑油进行润滑。

（三）金属结构养护

水闸的闸门、启闭机以及预埋件等金属结构，长时间处于自然环境中，受到风吹雨打、日晒露浸、干湿交替以及高速水流冲刷等影响，很容易发生锈蚀。一旦金属结构发生锈蚀，将严重影响其正常使用，因此必须及时采取防锈处理。

目前，我国对水工金属结构采取了两类防锈措施：一类是在金属表面涂覆一层覆盖物，以隔离基体与电解质，防止腐蚀电池的形成；另一类是通过提供适当的保护电能，使金属表面聚集足够的电子，人工使其成为一个整体阴极，从而实现保护，这种方法被称为电化学保护法。

涂覆金属表面的最简单方法之一是使用油漆材料。随着工业和科学的发展，现代油漆通常由人工合成的树脂和有机溶剂组成。在水工金属结构上使用的油漆需要达到一定的厚度，底漆和面漆必须相互匹配，以确保涂层具有良好的结合力和适应性。我们要求涂层均匀、无气孔、无流挂、无皱纹鼓包，并且具有良好的附着力。

另一种涂覆金属表面的方法是在钢材外表层上镀上防锈性能良好的金属，如铝、锌、铬、镍等。这种金属保护层可以通过浸镀、喷镀和电镀等方法实现。其中，浸镀和电镀适用于闸门零件，而喷镀则适用于较大尺寸的门叶或结构物。

外加电流阴极保护和涂料联合防腐是针对不同金属在同一介质中的阳离子迁移现象。基于这一原理，在两种不同金属材料表面人为地制造不同的电位差，同样可以实现相似的电化学效果。这就是外加电流阴极保护法。在水闸金属结构的维护和防锈方面，我国采用了外加电流阴极保护和涂料联合防护的方法，积累了成功的经验，并且获得了更好的经济效益。

（四）钢丝网水泥结构养护与修理

钢丝网水泥是我国在20世纪70年代后期引入的一种新型结构，具有重量轻、造价低、便于预制、弹性好、强度大、抗渗性和抗震性良好等优点。因此，在水利工程中得到广泛应用，常被用于制作闸门、渡槽和压力管道等结构。然而，钢丝网水泥结构相对较薄，保护层较小，因此常容易出现露网、裂缝、脱落、孔洞、破碎和钢丝网锈蚀等问题。对于这些问题，主要的处理方法包括：

（1）表面涂覆防腐材料以加强保护，这是最简便易行的方法。可以使用环氧沥青、聚苯乙烯、环氧煤焦油、环氧水泥砂浆等材料，以提高其抗渗性和耐久性。

（2）对于裂缝的修复，应根据裂缝的大小进行凿槽，并采用砂浆修补。

（3）对于露筋、钢丝网或钢筋的锈蚀和断裂，修复必须进行凿毛和清洗，再将锈蚀的部分割除，然后焊接新的钢丝网，最后浇筑高强度等级的水泥砂浆。

（五）木结构闸门的防腐防蛀

大中型水闸通常采用钢结构或钢丝网结构制造闸门。然而，由于木材质地轻且柔软，在一些小型水利工程中仍常用于制作闸门，这是由于它具有一定的强度且易于加工。然而，木材常常受到腐烂和虫蛀等病害的影响，常见的防治方法包括：

（1）干燥处理。这是最常见的防止木材腐朽的方法，通常采用大气干燥的方式，以防止腐朽和霉菌的滋生。

（2）防腐处理。这是一种主要通过毒杀微生物和真菌，采用浸泡、涂刷和热浸等的方法。水溶性防腐剂包括氟化钠、氟硅酸钠（铵、锌、镁）、二硝基碳酸钠等。防腐油剂包括煤酚油、页岩油、泥炭酚油、煤焦油等。

（3）油漆涂层保护。通过涂层的方式实现木材的完全填充和彻底封闭，以隔绝木材与外界的接触。常用涂料有油性调和漆、生桐油、沥青和水罗松等。

（4）虫害防治。在南方地区木材容易受到白蚁、蛀木水虱等虫害的侵害，可采用亚砷酸（砒霜）、氟化钠、五氯化酸钠、苯基苯酚钠、硫酸铜等材料进行防治。

（六）入海河口水工钢闸门腐蚀防护

（1）全浸区的钢闸门如果采用防腐绝缘涂层和阴极联合保护，能够取得良好的养护效果。这种方式通过在全浸区钢闸门表面覆盖防腐绝缘涂层来阻止铁离子的分离，起到隔

离腐蚀介质的作用。其缺点是涂层一旦破损，就会导致继续腐蚀的发生。特别是当出现涂层破损时，形成的露铁点会成为小面积的阳极，导致腐蚀电流密度大幅增加。举例来说，如果涂层中有1%的露铁，那么99%的腐蚀电流将集中在露铁点上，加快了这些点的腐蚀速度，可能最终导致穿孔腐蚀。在这种情况下，采取阴极联合保护能够有效解决这个问题。

阴极保护的原理是通过外加电流或者牺牲阳极的方式，向被保护的金属体提供电子。这些电子会聚集到露铁点，吸引铁离子，使其不溶于水，从而消除了露铁点处阳极与阴极之间的电位差。这样做就能消除腐蚀电流，防止进一步腐蚀的发生。涂层越完整无损，露铁点越少，所需的电流也就越少，从而使阴极保护更为经济高效。

此外，阴极保护对延长涂层寿命也起到了积极作用。因为在露铁点处发生锈蚀，锈的体积膨胀会导致涂层剥离。而阴极保护能防止铁的生锈，保持涂层附着力不被破坏，从而延长了涂层的使用寿命。这两种方式相辅相成，防腐绝缘涂层和阴极保护联合使用，是目前金属闸门防护技术上先进且经济上合理的防护措施。

（2）在大气区、飞溅区和潮差区，采用厚膜防腐涂层进行保护，既能够降低工程投资，又能有效延长闸门的使用寿命。常用的厚膜防腐涂料主要以双组分环氧涂料为首选。这类涂料具有以下特点：附着力强，环氧基质能与金属界面原子反应形成稳固的化学键结合，表现出出色的耐介质腐蚀性，同时具备坚硬柔韧、致密、隔离性强、防渗透性好，而且物理力学和电绝缘性能良好。

厚膜防腐涂层的作用主要通过形成一定厚度的保护层来实现。这个保护层的主要功能是隔离氧气、水分、盐雾、灰尘以及微生物等与金属结构的直接接触，从而阻止或者延缓这些因素对钢闸门的侵蚀和破坏的发生与发展。因此，厚膜防腐涂层起到了重要的保护作用，确保了金属结构在恶劣环境中的稳固运行。

（3）为了确保良好的防腐效果，切实延长钢闸门的腐蚀防护寿命，在具体的防腐工程施工中，需要关注以下技术和质量问题。

①底材表面处理。工程实践经验表明，大多数涂层缺陷源于不良的表面处理。任何涂料在不良表面上都难以发挥最佳性能，因此高等级的表面处理将有助于延长涂料的使用寿命。对于高性能涂料，金属表面处理必须达到Sa2.5级，以确保涂料与金属表面良好接触，有效发挥保护作用。因此，金属表面的除锈质量直接影响腐蚀防护的质量。常见的金属除锈方法中，喷砂除锈能够达到较好的表面处理效果。

②底漆。底漆采用环氧富锌涂料，通过阴极保护的持续性和锌腐蚀产物沉淀形成稳定的覆盖膜来保护。因此，涂料中锌粉的含量、纯度、颗粒度及分布，涂膜中锌粉的分布状况和成膜物固化状况等因素会影响富锌涂膜的耐久性，其中一个关键因素是确保锌粉有足够的添加量，以维持彼此之间的相互接触。

③中间漆。采用环氧云铁或环氧玻璃鳞片涂料，这种涂料具有屏蔽型防腐作用。该涂料能够形成致密的抗渗透性涂膜，有效地隔离水汽和氧气等腐蚀介质与金属表面的直接接触，从而预防腐蚀的发生。云铁或玻璃鳞片在涂膜中以层状水平排列，形成隔离层，显著延长水汽穿透涂膜的时间，具有卓越的屏蔽效果。

④面漆。选用环氧煤沥青涂料，适用于水下及淤泥环境，但不适用于大气区和潮差区，因为紫外线会导致涂膜龟裂。因此，在选择面漆时需考虑涂料性能。为防止紫外线引起环氧粉化，可选择脂肪族聚氨酯面漆、丙烯酸聚氨酯面漆、氯化橡胶厚膜型面漆、丙烯酸聚硅氧烷涂料和含氟树脂涂料等。

⑤涂层厚度。针对海洋环境，应根据不同区域设置不同的涂层厚度。例如，潮差区和飞溅区的涂层厚度应达到数毫米，而大气区、全浸区和海泥区的涂层厚度则应在几百微米至1毫米，以确保达到各自规定的使用寿命。

⑥阴极保护。阴极保护有两种方式：外加电流法和牺牲阳极法。在水工程中，通常采用牺牲阳极法，适用于海水环境的阳极材料主要有锌阳极和铝阳极两种。比较铝和锌两种阳极材料，发现铝阳极在工作电位和电容量方面都优于锌阳极，具有良好的电化学性能。此外，铝阳极的比重仅为锌阳极的1/3，重量轻，成本相对较低。因此，在海水中推荐使用铝阳极，但不适用于淡水环境。锌阳极适用于海水和咸水，而在淡水中则建议使用镁阳极。

⑦热喷涂锌、铝及其合金加涂料封闭。热喷涂锌、铝及其合金并加涂料封闭要求表面处理和施工环境条件非常苛刻。在水闸工程的现场施工中，很难保证达到这些环境要求。因此，对于已建成的工程进行热喷涂锌、铝涂层很难取得满意的防腐效果。当然，对于新建和进行除险加固的水闸工程的钢闸门，可以在金属结构制造厂内进行热喷涂锌、铝及其合金，并施加涂料进行封闭。在验收合格后，再将其运送到现场进行安装，可以获得较好的腐蚀防护效果。

结束语

保证水利工程施工工作的正常进行是提高工程建设质量、维护参建单位经济利益的有效途径。因此，相关部门需要加速推进水利工程施工管理体制，并引入新型施工理念和技术，根据工程的实际情况制订具有针对性的施工方案，这才是水利工程施工优化策略的重点所在。另外，为了构建良好的生态环境，开展河道维护工作也是极其必要的。为了保证河道治理工程建设顺利进行，需要相关工作人员制定完善的施工措施，为工程施工建设保驾护航，以此来确保改善水体质量。

参考文献

[1] 蔡松桃.水利工程施工现场监理机构工作概要[M].郑州：黄河水利出版社，2018.

[2] 魏温芝，任菲，袁波.水利水电工程与施工[M].北京：北京工业大学出版社，2018.

[3] 高占祥.水利水电工程施工项目管理[M].南昌：江西科学技术出版社，2018.

[4] 王东升，徐培蓁.水利水电工程施工安全生产技术[M].徐州：中国矿业大学出版社，2018.

[5] 史庆军，唐强，冯思远.水利工程施工技术与管理[M].北京：现代出版社，2019.

[6] 高喜永，段玉洁，于勉.水利工程施工技术与管理[M].长春：吉林科学技术出版社，2019.

[7] 牛广伟.水利工程施工技术与管理实践[M].北京：现代出版社，2019.

[8] 姬志军，邓世顺.水利工程与施工管理[M].哈尔滨：哈尔滨地图出版社，2019.

[9] 陈雪艳.水利工程施工与管理以及金属结构全过程技术[M].北京：中国大地出版社，2019.

[10] 高明强，曾政，王波.水利水电工程施工技术研究[M].延吉：延边大学出版社，2019.

[11] 张鹏.水利工程施工管理[M].郑州：黄河水利出版社，2020.

[12] 谢文鹏，苗兴皓，姜旭民.水利工程施工新技术[M].北京：中国建材工业出版社，2020.

[13] 赵永前.水利工程施工质量控制与安全管理[M].郑州：黄河水利出版社，2020.

[14] 张永昌，谢虹.基于生态环境的水利工程施工与创新管理[M].郑州：黄河水利出版社，2020.

[15] 马志登.水利工程隧洞开挖施工技术[M].北京：中国水利水电出版社，2020.

[16] 闫文涛，张海东.水利水电工程施工与项目管理[M].长春：吉林科学技术出版社，2020.

[17] 刘勇，郑鹏，王庆.水利工程与公路桥梁施工管理[M].长春：吉林科学技术出版社，2020.

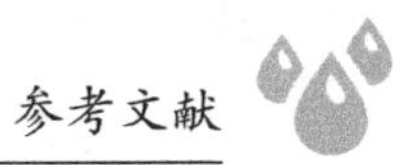

[18] 朱祺，张君，王云江.城市河道养护与维修[M].北京：中国建材工业出版社，2021.

[19] 张国只，任辉，钟凌.北方河道水环境与水生态治理探索[M].郑州：黄河水利出版社，2021.

[20] 姬昌辉.海河流域骨干河道泥沙运动及桥梁联合阻水[M].南京：河海大学出版社，2021.

[21] 陈海波，陆豪，徐涛.苏州市河道清淤与淤泥综合处置工程及应用[M].南京：河海大学出版社，2021.

[22] 赵静，盖海英，杨琳.水利工程施工与生态环境[M].长春：吉林科学技术出版社，2021.

[23] 谢金忠，郑星，刘桂莲.水利工程施工与水环境监督治理[M].汕头：汕头大学出版社，2021.

[24] 张燕明.水利工程施工与安全管理研究[M].长春：吉林科学技术出版社，2021.

[25] 贺国林，张飞，王飞.中小型水利工程施工监理技术指南[M].长春：吉林科学技术出版社，2021.

[26] 廖昌果.水利工程建设与施工优化[M].长春：吉林科学技术出版社，2021.

[27] 张新建.黄河水沙研究及河道治理技术（英文版）[M].郑州：黄河水利出版社，2022.

[28] 苏长城，闻云呈，周东泉.长江江苏段河道演变规律及综合治理关键[M].南京：河海大学出版社，2022.

[29] 张晓涛，高国芳，陈道宇.水利工程与施工管理应用实践[M].长春：吉林科学技术出版社，2022.

[30] 屈凤臣，王安，赵树.水利工程设计与施工[M].长春：吉林科学技术出版社，2022.

[31] 丁亮，谢琳琳，卢超.水利工程建设与施工技术[M].长春：吉林科学技术出版社，2022.

[32] 宋宏鹏，陈庆峰，崔新栋.水利工程项目施工技术[M].长春：吉林科学技术出版社，2022.

[33] 畅瑞锋.水利水电工程水闸施工技术控制措施及实践[M].郑州：黄河水利出版社，2022.